信息技术人才培养系列规划教材

慕课版

Bootstrap 响应式Web前端开发

王红 秦海玉 侯勇 ◎ 主编　万芳 黄继红 刘海燕 ◎ 副主编

明日科技 ◎ 策划

人 民 邮 电 出 版 社

北 京

图书在版编目（CIP）数据

Bootstrap响应式Web前端开发 : 慕课版 / 王红, 秦海玉, 侯勇主编. -- 北京 : 人民邮电出版社, 2022.8
信息技术人才培养系列规划教材
ISBN 978-7-115-58656-8

Ⅰ. ①B… Ⅱ. ①王… ②秦… ③侯… Ⅲ. ①网页制作工具－教材 Ⅳ. ①TP393.092.2

中国版本图书馆CIP数据核字(2022)第025159号

内 容 提 要

本书主要介绍Bootstrap的基础知识、基本语法和高级应用，并采用易于理解的方式讲解这些技术的使用技巧和注意事项。全书共14章，内容包括Bootstrap起步、Bootstrap中常用的基本样式、Bootstrap 4弹性盒、Bootstrap网格布局、Bootstrap表单、Bootstrap相关组件、Bootstrap徽章及加载动画、Bootstrap中的图文混排、设置Bootstrap中的公共样式、Bootstrap的窗口和提示工具、折叠面板与轮播组件、第三方插件的使用、综合案例——抖音秀、课程设计——吃了么外卖网。全书每章内容都与实例紧密结合，有助于读者理解并应用知识，进而达到学以致用的目的。

本书各章节主要内容配有以二维码为入口的微课，并在人邮学院（www.rymooc.com）平台上提供了慕课。此外，本书还提供了课程资源包，资源包中包含本书所有实例、上机指导、综合案例的源代码，制作精良的电子课件PPT，重点及难点教学视频，自测题库（包括选择题、填空题、操作题题库及自测试卷等内容），以及综合案例和课程设计。其中，源代码全部经过精心测试，能够在Windows 7、Windows 8、Windows 10等操作系统下编译和运行。

本书可作为高等院校计算机、软件工程等专业“Web前端开发”相关课程的教材，也可作为程序开发人员的参考用书。

◆ 主　　编　王　红　秦海玉　侯　勇
副 主 编　万　芳　黄继红　刘海燕
责任编辑　王　宣
责任印制　王　郁　陈　犇

◆ 人民邮电出版社出版发行　　北京市丰台区成寿寺路11号
邮编　100164　　电子邮件　315@ptpress.com.cn
网址　https://www.ptpress.com.cn
三河市中晟雅豪印务有限公司印刷

◆ 开本：787×1092　1/16
印张：19.5　　2022年8月第1版
字数：579千字　　2022年8月河北第1次印刷

定价：69.80元

读者服务热线：(010)81055256　印装质量热线：(010)81055316
反盗版热线：(010)81055315
广告经营许可证：京东市监广登字20170147号

前言
Preface

为了让读者能够快速且牢固地掌握 Bootstrap 响应式 Web 前端开发技术，人民邮电出版社充分发挥在线教育方面的技术优势、内容优势、人才优势，潜心研究，为读者提供一种“纸质图书与在线课程”相配套、全方位学习 Bootstrap 响应式 Web 前端开发的解决方案。读者可以根据个人需求，利用图书和“人邮学院”平台上的在线课程进行系统化、移动化的学习，以便快速而全面地掌握 Bootstrap 响应式 Web 前端开发技术。

一、慕课版课程的学习

本课程依托于人民邮电出版社自主开发的在线教育慕课平台——人邮学院（www.rymooc.com）。该平台为读者提供优质的课程，课程结构严谨；读者可以根据自身情况，自主安排学习进度。该平台具有完备的在线“学习、笔记、讨论、测验”功能，可为读者提供完善的一站式学习服务。

指导视频

为使读者更好地完成慕课课程的学习，人民邮电出版社录制了“人邮学院网站功能介绍（指导视频）”，视频中介绍了登录人邮学院观看慕课的具体操作步骤，读者可以扫码观看。

关于使用人邮学院平台的任何疑问，读者可以登录人邮学院网站咨询在线客服，或致电 010-81055236。

二、本书的特点

Bootstrap 是 Twitter 公司开发的基于 HTML、CSS 和 JavaScript 的响应式框架，既包含 HTML 中组件的样式，例如添加不同颜色的按钮、设置不同颜色的边框等，又包含网页中常见的功能插件，如轮播图、导航等。有了这些样式和功能插件，程序员在设计网页时，就可以快速构建自己的网页。

本书将 Bootstrap 知识和相关实例有机地结合起来，一方面适应教学需求，突出重点，强调实用，使知识讲解全面、系统；另一方面，全书通过“实例贯穿”的形式，始终围绕最后的综合案例，将实例融入知识讲解中，使知识与实例相辅相成。这样既有利于读者学习知识，又有利于指导读者实践。另外，本书前 12 章的每一章后面都附有上机指导和习题，方便读者及时验证自己的学习效果（包括动手实践能力和理论知识掌握情况）。

本书作为教材使用时，课堂教学建议 26～32 学时，上机指导教学建议 16～22 学时。各章主要内容和学时建议如下，教师可以根据实际教学情况进行调整。

学时建议

章	主要内容	课堂学时	上机指导学时
第 1 章	Bootstrap 是什么、Bootstrap 版本的“进化”、Bootstrap 的优点、Bootstrap 包含的内容、Bootstrap 的应用、Bootstrap 的下载及使用	1	1
第 2 章	排版样式、表格、图片、其他常用样式	3	1
第 3 章	响应式设计概述、弹性盒概述、项目的对齐与对准、项目的大小、项目的排列	3	2
第 4 章	网格系统概述，响应式的 class 选择器，自动布局列，项目的对齐处理，列的偏移、嵌套和重排序	3	1
第 5 章	表单的风格、下拉菜单、下拉菜单样式设置、按钮、按钮组、输入框组	2	2
第 6 章	导航菜单、导航栏、面包屑导航与分页	2	1
第 7 章	添加徽章、进度条、加载动画	1	1
第 8 章	媒体对象、列表组、卡片	2	1
第 9 章	边框样式、设置浮动与清除浮动、设置元素位置、display 属性	2	1
第 10 章	警告框、模态框、tosat 组件、tooiple 组件、popover 组件	2	2
第 11 章	滚动监听组件、折叠面板组件、轮播组件、大块屏组件	3	2
第 12 章	日期选择器、对话框插件、颜色选择器	2	1
第 13 章	项目概述、设计流程、系统预览、开发工具准备、页头页尾区、视频功能区、挂件功能区	2	
第 14 章	课程设计目的，系统设计，首页、登录页面以及注册页面的实现，商家版功能实现，买家版功能实现	4	

本书配套 PPT、源代码、自测题库、综合案例和课程设计等教辅资源。院校教师可通过人邮教育社区（www.ryjiaoyu.com）进行下载。

由于编者水平有限，书中难免存在不足之处，敬请广大读者批评指正。

编　者

2022 年 1 月

目录
Contents

Chapter 01

第1章 Bootstrap起步

本章要点

- Bootstrap概述
- Bootstrap的优点
- 下载与使用Bootstrap的方法

1.1 Bootstrap 概述

Bootstrap 是 Twitter 公司的设计师马克·奥托（Mark Otto）和雅各布·桑顿（Jacob Thornton）合作开发的一款基于 HTML、CSS 和 JavaScript 的开源工具集，是目前流行的前端框架结构。它是基于 HTML、CSS、JavaScript 的一个简洁、灵活的开源框架。

1.1.1 Bootstrap 是什么

Bootstrap 是什么

Bootstrap 是全球非常受欢迎的前端框架，用于开发响应式、移动设备优先的 Web 项目。2011 年 8 月，Bootstrap 在 GitHub 上发布，一经推出就颇受欢迎。

Bootstrap 中预定义了一套 CSS 样式和与样式对应的 jQuery 代码。在应用该框架时，只需提供固定的 HTML 结构，并且为各元素添加 Bootstrap 中提供的 class 名称，即可实现指定的效果。

Bootstrap 版本的“进化”

1.1.2 Bootstrap 版本的“进化”

1. Bootstrap 1

2011 年 8 月，Twitter 公司推出了快速搭建网页应用的轻量级前端开发工具 Bootstrap。Bootstrap 符合 HTML 和 CSS 要求，简洁且优美规范。Bootstrap 由动态 CSS 语言 Less 写成，在很多方面类似 CSS 框架 blueprint。经过编译后，Bootstrap 就是众多 CSS 的集合。

2. Bootstrap 2

2012 年 1 月，Twitter 公司正式发布了 Bootstrap 2.0 版本。

Bootstrap 参考了网络社区的建议和 Twitter 公司前端重构过程中积累的经验。Bootstrap 2 除了增加了新样式外，还修改了一些网页元素的默认样式，并且修改了上一版本中的一些错误，同时完善了说明文档。当然，Bootstrap 的重大改变在于添加了响应式设计特性，采用了更为灵活的 12 网格布局。

3. Bootstrap 3

2013 年 3 月，Twitter 公司发布了 Bootstrap 最新的 3.0 预览版本，主要更新包括以下几点。

☑ 文档发生变化，简化了页面组织和为其提供支持的工具。

☑ 不再支持 IE7 和 Firefox 3.6。

☑ 改善了整个插件的 noConflict，删除了 bootstrap-typeahead.js，使用 typehead.js 插件。

☑ 对网格系统进行了改进。

☑ 新增了一些组件，如 panels 和 list groups 等，同时删除了 accordion、submenus、typehead 和其他一些小项目。

☑ 将图标转换为 Glyphicons 字体图标。

☑ 排版中进行了大量的清理和小的改进，包括表、图片、按钮等。

4. Bootstrap 4

2015 年 8 月，Twitter 公司发布了 Bootstrap 第一个 4.0 内测版。Bootstrap 4 是一项改动几乎涉及每行代码的大型工作，它的更新主要包括以下几点。

☑ 从 Less 迁移到 Sass。迁移以后，Bootstrap 的编译速度比以往更快了。

☑ 改进了网格系统，新增了一个网格层，以更好地定位移动设备，并整顿语义混合。

☑ 加入了 flexbox 支持。这是个划时代的功能，程序员只需修改一个 boolean 变量，就可以利用 flexbox 的优势快速布局。

☑ 使用 cards 代替 well、thumbnails 和 panels。cards 是 Bootstrap 全新的组件，但是它们使用起来与 well、thumbnails 以及 panels 相像，并且更加方便好用。

☑ 将所有的 HTML 重置合并到一个新模块 reboot 中。在无法使用 normalize.css 的地方使用 reboot，可以提供更多选项。

☑ 使用全新的定制选项。不再像以前版本那样，将渐变、过渡、阴影等样式修饰降级为单独的样式表，而将它们移到一个 Sass 变量中。想要对内容设置默认的样式，只需要更新变量、重新编译即可。

☑ 删除了对 IE8 的支持，并且使用 rem 和 em 单位。删除对 IE8 的支持意味着开发人员可以放心地利用 CSS 的优点，而不用再受 CSS hack 和回退机制的干扰。在适当的情况下，可用 rem 和 em 替换 px，使响应式排版和控制组件大小变得更加容易。

☑ 重写了 JavaScript 插件。每个插件都在 ES6 中重写，以利用最新的 JavaScript 增强功能。现在还提供 UMD（Universal Madule Definition，通用模板定义规范）支持、泛型拆解方法和选项类型检查等。

☑ 增加了工具提示和 popovers 的自动定位。

☑ 改进了文档。在 Markdown 中重写所有内容，并添加了一些方便的插件来简化和演示示例代码片段，便于用户更轻松地阅读和使用文档。

☑ 其他修改包括自定义表单控件、边距和填充类、新的实用程序类等。

1.2 为什么使用 Bootstrap

Bootstrap 的优点

1.2.1 Bootstrap 的优点

众所周知，随着移动设备越来越受广大人民的喜欢，响应式网页设计也越来越流行。但是通过媒体查询，针对每种终端做相应的设计甚至网页布局，代码量比较多，开发和维护起来比较麻烦。使用 Bootstrap 就可以很好地解决这些问题。因为 Bootstrap 中包含很多现成的带有各种样式和功能的代码片段，并且这些代码都是已经封装好的，所以进行响应式设计时，仅需引入 Bootstrap 文件，然后添加 class 属性或者添加几行代码就可以实现某个功能，而不必花费很多时间和精力，这大大提高了 Web 开发的效率。而且使用 Bootstrap 可以构建出非常精美的前端界面，并且占用的资源非常少。当然，Bootstrap 的优势不止于此，它还有以下优点。

☑ 移动设备优先：自 Bootstrap 3 起，框架包含贯穿于整个库的移动设备优先的样式。

☑ 浏览器支持：所有的主流浏览器（包括 IE、Chrome、Safari、Firefox、Opera）都支持 Bootstrap。

☑ 容易上手：要使用 Bootstrap，只需具备 HTML、CSS 的基础知识就可以。

☑ 响应式设计：Bootstrap 的响应式 CSS 能够自适应于台式机、平板电脑和手机等设备的屏幕。

1.2.2 Bootstrap 包含的内容

Bootstrap 包含的内容

Bootstrap 包含的内容有重置样式、CSS 样式、工具、布局和组件等，具体如下。

☑ 重置样式：HTML 中的标签都有自己的样式，而 Bootstrap 则重置了这些标签的样式。

☑ CSS 样式：除了设置各标签的默认样式以外，Bootstrap 还提供了一些可选样式，以及设置组件样式，这些样式都可以在用户自己设计的网页中使用。

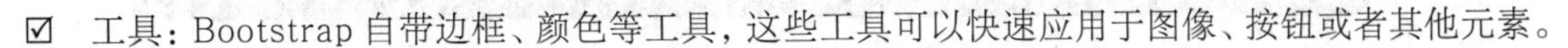

☑ 工具：Bootstrap 自带边框、颜色等工具，这些工具可以快速应用于图像、按钮或者其他元素。

☑ 布局：Bootstrap 包括包装容器、强大的网格系统、灵活的媒体查询以及多个响应式工具。

☑ 组件：Bootstrap 提供了二十多个组件，用户可以根据需要将这些组件应用到自己设计的网页中。

1.2.3 Bootstrap 的应用

Bootstrap 的应用

利用 Bootstrap 可以方便地设计精美的网页。例如国外乒乓球排行榜网站 Pong Up 使用 Bootstrap 布局页面，其首页部分内容如图 1-1 所示；图 1-2 所示为 DiviPay 网站首页的部分页面。

图 1-1　Bootstrap 的应用（1）

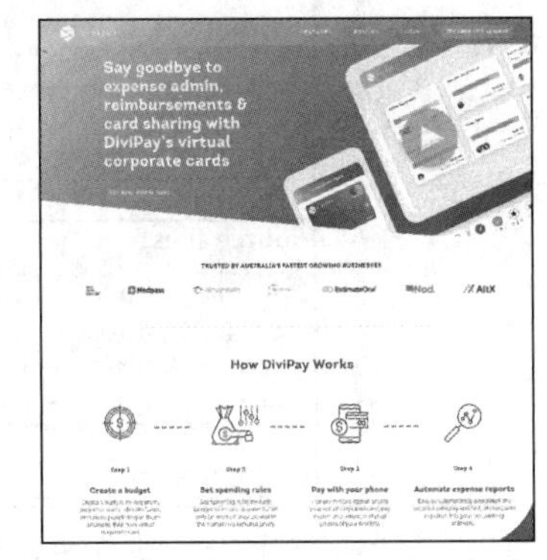

图 1-2　Bootstrap 的应用（2）

1.3 Bootstrap 的下载及使用

使用 Bootstrap 开发网页之前，首先要了解 Bootstrap 是如何下载的。本书主要讲解 Bootstrap 4.3 版本。

Bootstrap 的下载

1.3.1 Bootstrap 的下载

（1）打开浏览器，在地址栏中输入 Bootstrap 官方网址，进入 Bootstrap 官方网站主页，具体页面如图 1-3 所示。

图 1-3　Bootstrap 官网主页

（2）在主页中单击“Download”按钮进入下载页面，具体如图 1-4 所示。

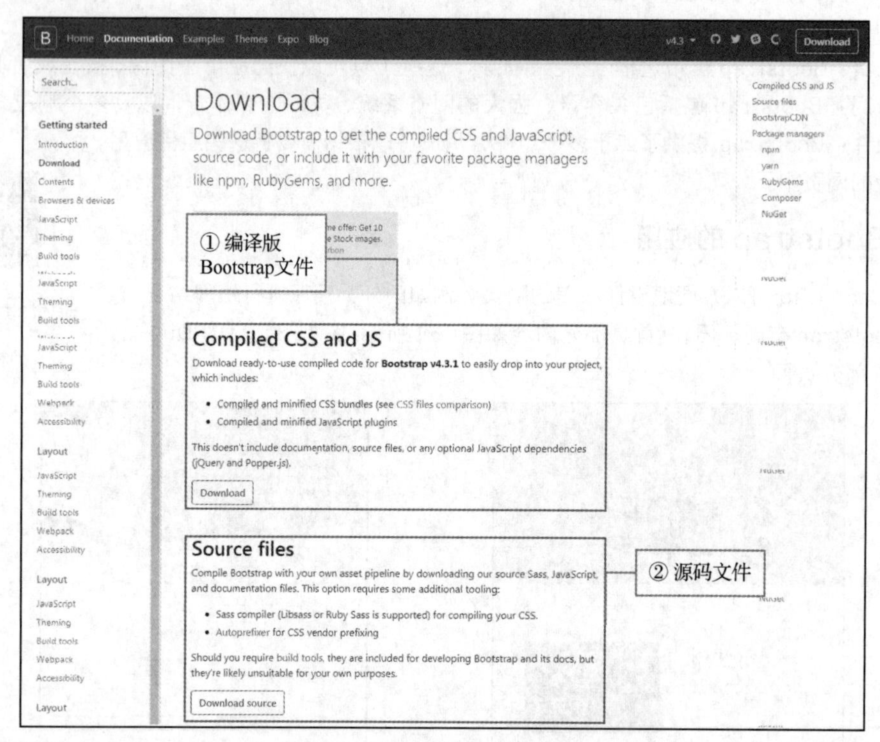

图 1-4　Bootstrap 下载页面

在 Bootstrap 下载页面中，有两个文件可供下载，第一个是编译版的 Bootstrap 文件，该文件中包含了编译并经过压缩的 CSS 文件和 JavaScript 文件，这些文件在下载后可以直接使用；第二个则是 Bootstrap 的源码文件，使用时用户需要利用下载的 Sass、JavaScript 源码和文档文件，通过自己的资源编译流程编译 Bootstrap。

1.3.2　Bootstrap 的文件结构

1. 预编译的 Bootstrap 的文件结构

下载完 Bootstrap 文件以后，需要将文件解压。解压后，可以看到 Bootstrap 的文件结构如图 1-5 所示。

Bootstrap 的文件结构

bootstrap-4.3.1-dist
css
bootstrap.css——未经压缩的完整的Bootstrap样式表
bootstrap.css.map——bootstrap.css的位置信息文件
bootstrap.min.css——压缩后的CSS文件
bootstrap.min.css.map——压缩后的CSS文件的源映射文件
bootstrap-grid.css——未经压缩的网格布局样式表
bootstrap-grid.css.map——bootstrap-grid.css的位置信息文件
bootstrap-grid.min.css——压缩后的网格布局样式表
bootstrap-grid.min.css.map——bootstrap-grid.min.css的位置信息文件
bootstrap-reboot.css——重置元素的样式
bootstrap-reboot.css.map——bootstrap-reboot.css的位置信息文件
bootstrap-reboot.min.css——压缩后的bootstrap-reboot重置元素样式表
bootstrap-reboot.min.css.map——信息文件bootstrap-reboot.min.css的位置信息文件
js
bootstrap.bundle.js——该文件中含有proper，添加弹窗、提示等效果时，需要引入此文件
bootstrap.bundle.js.map——bootstrap.bundle.js的位置信息文件
bootstrap.bundle.min.js——压缩后的bootstrap.bundle.js文件
bootstrap.bundle.min.js.map——bootstrap.bundle.min.js的位置信息文件
bootstrap.js——Bootstrap的核心JS文件
bootstrap.js.map——bootstrap.js的位置信息文件
bootstrap.min.js——编译后的bootstrap.js文件
bootstrap.min.js.map——bootstrap.min.js的位置信息文件

图 1-5　Bootstrap 的文件结构

在图 1-5 所示的 Bootstrap 文件结构中，所有的 bootstrap.*.map 文件为源映射文件，该文件可用作某些浏览器开发人员的工具；而 bootstrap.min.*文件是预编译且压缩后的文件，用户可以根据自己的需要引用。Bootstrap 有一些用于包含部分或全部预编译的 CSS 和 JavaScript 的选项，具体如表 1-1 和表 1-2 所示。

表 1-1　Bootstrap 中用于包含部分或全部预编译的 CSS 的选项

文件	布局	内容	组件	工具
bootstrap.css bootstrap.min.css	包含	包含	包含	包含
bootstrap-grid.css bootstrap-grid.min.css	只在网格系统中	不包含	不包含	只在 flex 工具中
bootstrap-reboot.css bootstrap-reboot.min.css	不包含	只在重置（reboot）中	不包含	不包含

表 1-2　Bootstrap 中用于包含部分或全部预编译的 JavaScript 的选项

文件	proper	jQuery
bootstrap.bundle.js bootstrap.bundle.min.js	包含	不包含
bootstrap.js bootstrap.min.css	不包含	不包含

2. Bootstrap 源码文件结构

图 1-6 所示为源码版的 Bootstrap 文件结构，其中 dist 文件夹内放置着预编译的 Bootstrap 下载文件；js 文件夹和 scss 文件夹中放置着 JavaScript 和 CSS 的源码；site 文件夹中的.docs 文件为开发者文件；其他文件则是为整个 Bootstrap 开发、编译提供支持的文件，其中包含授权信息、支持文档等。

Bootstrap 的使用

bootstrap-4.3.1
.github
build
dist——该文件中包含预编译的Bootstrap包内的所有文件
js——JavaScript源码文件
dist
src
tests
nuget
scss——CSS的源码文件
site

图 1-6　源码版的 Bootstrap 文件结构

1.3.3　Bootstrap 的使用

首先需要将 Bootstrap 引入自己的文档，然后才能使用 Bootstrap 中的组件等内容。一个使用

Bootstrap 的基本 HTML 模板如下：

```
<!DOCTYPE html>
<html lang="en">
<head>
    <meta charset="UTF-8">
    <meta name="viewport" content="width=device-width,initial-scale=1.0">
    <title>Title</title>
    <link href="css/bootstrap.min.css" type="text/css" rel="stylesheet">
    <style type="text/css">
        .cont {
            background-image: url("bg.jpg");
            background-size: 100% 100%;
        }
    </style>
</head>
<body>
<div class="container">
    <div class="row">
        <div class="col-12 col-sm-10 col-md-6 offset-sm-1 offset-md-3 cont">
            <h2 class="text-warning text-center">抽奖联</h2>
            <p class="small text-center">(此联投入奖箱内)</p>
            <form class=" text-left">
                <div class="form-group">
                    <label for="name">姓名</label>
                    <input type="text" class="form-control" id="name">
                </div>
                <div class="form-group">
                    <label for="number1">交易码</label>
                    <input type="text" class="form-control" id="number1">
                </div>
                <div class="form-group">
                    <label for="IDnumber">身份证号</label>
                    <input type="text" class="form-control" id="IDnumber">
                </div>
            </form>
        </div>
    </div>
</div>
<script type="text/javascript" src="js/jQuery-v3.4.0.js"></script>
<script type="text/javascript" src="js/bootstrap.min.js"></script>
<script type="text/javascript" src="js/bootstrap.bundle.min.js"></script>
</body>
</html>
```

通过上面的示例代码，读者不难看出，使用 Bootstrap 时，需要在 HTML 页面中引入 Bootstrap 文件，然后在 HTML 页面中添加网页内容，再添加类名，我们就可以调用 Bootstrap 中对应的标签样式了。上面代码的运行效果如图 1-7 所示。

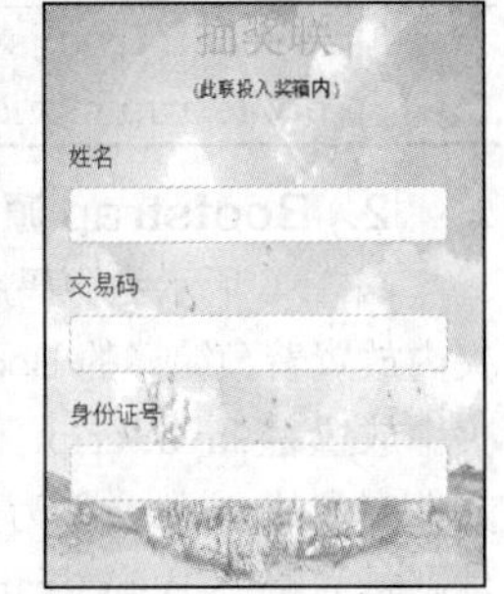

图 1-7　调用 Bootstrap

1.4　本章小结

本章首先介绍了什么是 Bootstrap 以及 Bootstrap 版本的“进化”，然后介绍了 Bootstrap 的优点、所包含的内容及其应用，接着介绍了如何下载 Bootstrap、Bootstrap 文件夹中各文件的功能及 Bootstrap 的使用方法，最后通过一个示例演示了如何使用 Bootstrap。本章内容比较基础，希望大家认真理解，为今后的学习打下良好的基础。

上机指导

本例将通过 Bootstrap 布局网页底部的广告页面，具体效果如图 1-8 所示。

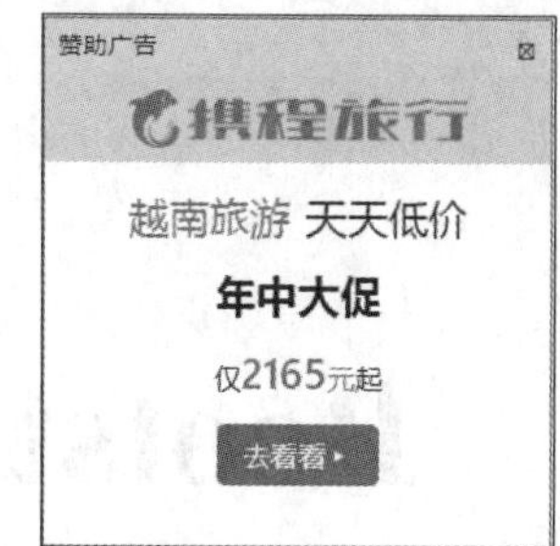

图 1-8　用 Bootstrap 实现的广告效果

开发步骤如下。

首先引入 Bootstrap 相关文件，然后添加代码实现广告的页面效果。具体代码如下：

```
<div class="border border-primary" style="width:300px;height: 300px;margin:0 auto;">
    <div class="d-flex justify-content-between py-1 px-2 table-secondary" >
        <span class="initialism">赞助广告</span><span>&timesb;</span>
    </div>
    <div class="table-danger text-center px-3 py-2"><img src="image/xc.png" alt="" width="200">
</div>
    <div class="bg-white text-center">
        <h4 class="my-3"><span class="text-danger">越南旅游</span><span class="ml-2">天天低价
</span></h4>
        <h4 class="my-3"><span class="font-weight-bold">年中大促</span></h4>
        <h6 class="my-3">仅<span class="text-danger h4">2165</span><span class="text-danger">元
</span>起</h6>
        <h6 class="d-inline-block bg-danger text-white rounded-lg py-2 px-3"><span>去看看
</span><span>&blacktriangleright;</span></h6>
    </div>
</div>
```

习题

（1）简述什么是 Bootstrap。

（2）从网格布局的角度讲，Bootstrap 4 与 Bootstrap 3 的区别是什么？

（3）Bootstrap 的优点有哪些？

（4）简述 Bootstrap 1 至 Bootstrap 4 各版本的特点。

（5）创建一个 HTML 文件，然后按顺序引用 Bootstrap 相关文件。

Chapter 02

第2章 Bootstrap中常用的基本样式

本章要点

- Bootstrap中常用的排版样式
- Bootstrap中的表格样式
- Bootstrap设置响应式图片、为图片添加圆角和边框的方法
- 设置元素的背景以及内外边距的方法

2.1 排版样式

Bootstrap 提供了一些排版样式，包括标题、地址、列表等。而要添加使用这些样式，只需在元素中添加对应的类名即可。下面做具体讲解。

2.1.1 标题样式

标题样式

1. 各级标题的基本样式

Bootstrap 中定义了所有 HTML 标题（<h1>～<h6>）的样式。除了设置各级标签的字号，Bootstrap 还设置了标题的底部外边距（margin-top）、行高（line-height）、字体粗细（为 500），具体标题样式如图 2-1 所示。在添加标题样式时，可以直接使用对应的标题标签，也可以在文字标签中添加类名，如<h1>、<h2>等。

【例 2-1】 使用 Bootstrap 各级标题样式添加古诗《游子吟》。在 HTML5 文件中引入 Bootstrap 文件，然后依次添加一级标题～六级标题，具体代码如下：

```
<h1>慈母手中线，</h1>
<h2>游子身上衣。</h2>
<h3>临行密密缝，</h3>
<h4>意恐迟迟归。</h4>
<h5>谁言寸草心，</h5>
<h6>报得三春晖。</h6>
```

上面代码的实现效果如图 2-2 所示。

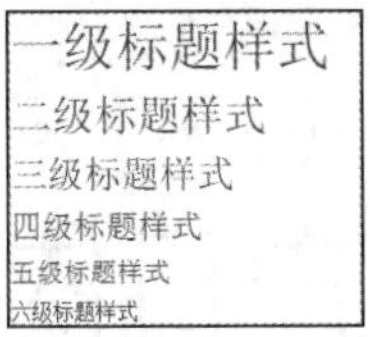

一级标题样式
二级标题样式
三级标题样式
四级标题样式
五级标题样式
六级标题样式

图 2-1　Bootstrap 中的标题样式

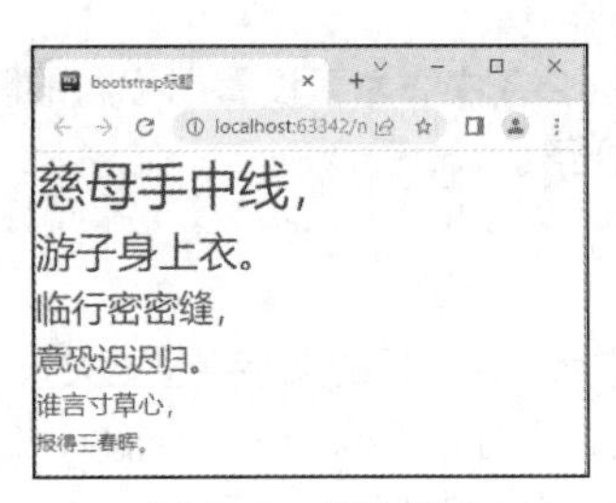

图 2-2　标题样式

图 2-2 所示效果是通过直接添加标题标签实现的，而通过在文字标签中添加标题类名，也可以实现同样的效果，例如下面的代码也可以实现图 2-2 所示的效果。

```
<p class="h1">慈母手中线，</p>
<p class="h2">游子身上衣。</p>
<p class="h3">临行密密缝，</p>
<p class="h4">意恐迟迟归。</p>
<p class="h5">谁言寸草心，</p>
<p class="h6">报得三春晖。</p>
```

2．添加副标题

Bootstrap 还提供了副标题样式。添加副标题时，读者需要使用<small>标签将副标题内容括起来，或者为标签设置类名.small。

【例 2-2】使用 Bootstrap 实现网购商城中好店推荐页面。实现时，读者可以直接在标题标签中添加<small>标签。具体代码如下：

```
<h3>每日好店<small class="text-info">发现深藏的好店</small></h3>
<div class="clearfix">
    <h4 class="float-left w-50">吃货推荐<small class="text-info">暂无店铺评价</small></h4>
    <h4 class="float-left w-50">爱家一族<small class="text-info">暂无店铺评价</small></h4>
</div>
<img src="images/1.png" alt="">
```

上述代码的运行效果如图 2-3 所示。

图 2-3　添加副标题

上述方法是通过<small>标签添加的副标题，读者也可以通过其他内联标签添加内联标题，然后在标签中设置类名.small。例如下面代码也可以实现图 2-3 所示的效果。

【例 2-3】通过设置 class 属性的值来实现图 2-3 所示效果。具体代码如下：

```
<h3>每日好店<small class="text-info">发现深藏的好店</small></h3>
<div class="clearfix">
    <h4 class="float-left w-50">吃货推荐<span class="small text-info">暂无店铺评价</span></h4>
    <h4 class="float-left w-50">爱家一族<span class="small text-info">暂无店铺评价</span></h4>
</div>
<img src="images/1.png" alt="">
```

例 2-2 和例 2-3 中，为了设置副标题的颜色，还添加了类名.text-info。关于类名，后面小节有具体介绍。

3. 显式标题

显式标题的文字字号比标题的文字字号更大。显式标题一共分为 4 个等级，其类名分别为 display-1、display-2、display-3、display-4，其字体大小分别为 6rem、5.5rem、4.5rem 和 3.5rem，其实现的文字样式如图 2-4 所示。

图 2-4　各级显式标题的实现样式

2.1.2　添加强调文本

添加强调文本

1. 为段落添加强调文本

Bootstrap 提供了多种标题文本的样式，在添加强调文本时，需要为文本设置类名.lead。强调文本预置的文本大小为 1.25rem，文字粗细为 300。具体样式如图 2-5 所示。

内容简介

《零基础学Android》是针对零基础编程学习者研发的Android入门教程。本书从初学者角度出发，通过通俗易懂的语言、流行有趣的实例，详细地介绍使用Android进行程序开发需要掌握的知识和技术。全书共分16章，包括开发环境的搭建、第一个Android应用、用户界面设计、常用UI组件、Android事件处理和手势、资源访问、动画与多媒体、数据存储技术，以及51商城App — 模拟手机京东等。书中所有知识都结合具体实例进行讲解，并给出设计的程序代码的详细注释，可以使读者轻松领会Android程序开发的精髓，快速提高开发技能。

图 2-5　强调文本的样式

【例 2-4】使用 Bootstrap 实现《零基础学 HTML5+CSS3》的图书简介。新建一个 HTML5 文件，在该文件中引入 Bootstrap 文件，然后在<body>标签中添加强调文本的样式。具体代码如下：

```
<img src="images/2.jpg" alt="" class="float-left" width="200">
<div class="float-left w-75">
    <h2>零基础学HTML5+CSS3</h2>
    <p class="lead">《零基础学HTML5+CSS3》是针对零基础编程学习者全新研发的HTML5+CSS3入门教程。本书通过通俗的语言、流行有趣的实例，详细地介绍使用HTML5+CSS3进行程序开发需要掌握的知识和技术。全书共分20章，包括HTML基础、文本、图像和超链接、CSS3概述、CSS3高级应用、多媒体、HTML5特性、离线Web应用程序、响应式网页设计，以及51购商城等。书中所有知识都结合具体示例进行讲解，并给出设计的程序代码的详细注释，可以使读者轻松领会网页设计的精髓，快速提高开发技能。</p>
</div>
```

上面代码的运行效果如图 2-6 所示。

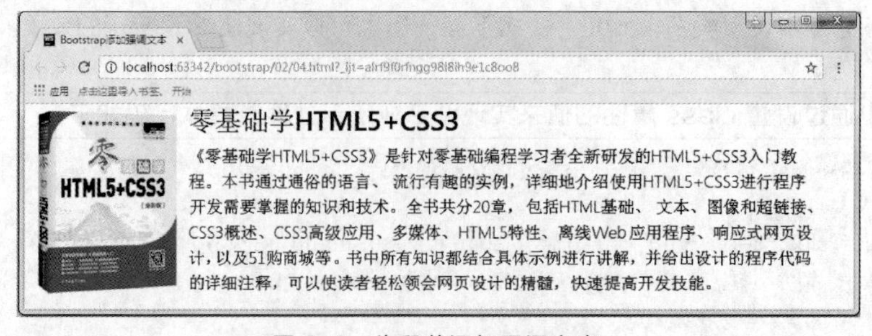

图 2-6　为段落添加强调文本

2. 文本内联元素

HTML 有一些添加文本样式的内联元素，例如<strong>、<em>和<del>等，使用这些元素可以自动为文本添加一些样式，例如加粗、斜体和删除线等。Bootstrap 中亦是如此，并且 Bootstrap 还对这些元素的样式进行了优化。当用户需要使用这些样式时，直接添加标签即可。

【例 2-5】使用 Bootstrap 制作明日学院联系页面。实现时，需要在 HTML 文件中引入 Bootstrap 文件，然后添加明日学院的 Logo 图片、联系方式等。关键代码如下：

```
<style type="text/css">
    body {
        background: url("images/5.jpg") no-repeat;
    }
</style>
<img src="images/3.png" alt="" class="img-fluid">
<div>
    <div>
        <strong>工作时间：周一至周五 08:30—17:00<br></strong>
        <em>客服E-mail：mingrisoft@******</em>
    </div>
    <br>
    <div>
        <small>公司地址：吉林省长春市南关区财富领域<br></small>
        <em>邮政编码：130000</em>
    </div>
</div>
<img src="images/4.png" alt="" class="img-fluid">
```

上面代码的效果如图 2-7 所示。

图 2-7 文本内联元素应用实例效果

该例中通过为<img>标签设置类名.img-fluid 来实现图片随浏览器的显示尺寸自动缩放。关于图片的样式，后面小节有具体介绍。

3. 通过类名设置强调文本的对齐方式

Bootstrap 中通过添加类名可以设置强调文本的对齐方式。设置文本的对齐方式时，其可选的类名如下所示。

☑ .text-left：设置文字水平向左对齐。

☑ .text-center：设置文字水平居中对齐。

☑ .text-right：设置文字水平向右对齐。

☑ .text-justify：设置文字两端对齐。

【例 2-6】使用 Bootstrap 实现支付宝蚂蚁森林模块中消息公告的效果。实现时，需要在 HTML 文件中引入 Bootstrap 文件，然后添加文字内容，并且通过<style>标签为网页自定义背景样式。具体代码如下：

```
<style type="text/css">
    body {
        background: url("images/6.jpg") no-repeat;
    }
</style>
<div class="pt-5">
    <br>
    <p class="text-left">木木对你说：你这偷能量贼</p>
    <p class="text-center">木木开启了森林防护罩</p>
    <p class="text-right">阿呆获得森林环卫的称号</p>
</div>
```

该例的运行效果如图 2-8 所示。

图 2-8 蚂蚁森林消息公告效果

当然，Bootstrap 还可以通过一些颜色来实现强调文本的效果，并且 Bootstrap 也提供了一些类名来设置文字的颜色。具体可见例 2-7。

具体预设的文字颜色属性值如下。

☑ .text-primary：设置文字颜色为#007bff。

☑ .text -secondary：设置文字颜色为#6c757d。

☑ .text -success：设置文字颜色为#28a745。

☑ .text -danger：设置文字颜色为#dc3545。

☑ .text -warning：设置文字颜色为#ffc107。

☑ .text -info：设置文字颜色为#17a2b8。

☑ .text -light：设置文字颜色为#f8f9fa。

☑ .text -dark：设置文字颜色为#343a40。

☑ .text -white：设置文字颜色为#fff（白色）。

☑ .text -black-50：设置文字颜色为 rgba(0,0,0,0.5)。

☑ .text -white-50：设置文字颜色为 rgba(255,255,255,0.5)。

☑ .text -muted：设置文字颜色为#6c757d。

☑ .text -body：设置文字颜色为#212529。

【例 2-7】使用 Bootstrap 制作拼多多中获取水滴的页面。实现时，需要在 HTML 文件中引入 Bootstrap 文件，然后添加文字内容，并且通过<style>标签为网页自定义背景样式。具体代码如下：

```
<style type="text/css">
    body{
        background: url("images/7.jpg") no-repeat;
    }
</style>
<div class="pt-4 mt-5  text-center">
    <p><strong>添加3名好友</strong></p>
    <p class="text-danger">未领取</p>
</div>
<div class="mt-5 text-center">
    <p class="mb-1 pt-3"><strong>每日免费领水</strong></p>
    <p class="text-muted">奖励10～20g,剩余2次</p>
</div>
<div  class="mt-5 text-center">
    <p class="mb-1 pt-3"><strong>浏览商品1分钟</strong></p>
    <p class="text-primary">奖励20g,剩余2次</p>
</div>
<div class="mt-5 text-center">
    <p class="mb-1 pt-3"><strong>收集水滴雨</strong></p>
    <p class="text-success">已完成</p>
</div>
<div class="mt-5 text-center">
    <p class="mb-1 pt-3"><strong>三日水滴礼包</strong></p>
    <p class="text-warning">还差一天</p>
</div>
<div class="mt-5 text-center">
    <p class="mb-1 pt-3"><strong>拼单领水滴</strong></p>
    <p class="text-info">去拼单</p>
</div>
```

上述代码的运行效果如图 2-9 所示。

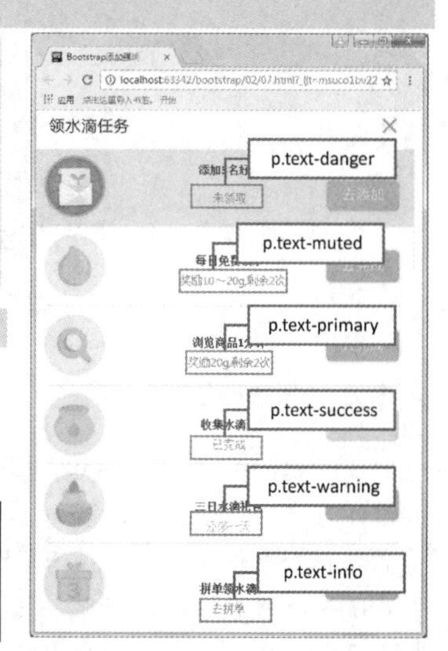

图 2-9　使用文字颜色强调文本

2.1.3　缩略语样式

缩略语样式

HTML 中使用<abbr>标签可以添加缩略语。Bootstrap 中该标签的使用语法与 HTML5 中的相同，具体使用语法如下：

```
<abbr title="World Wide Web">WWW</abbr>
```

上述语法中，WWW 为网页中显示的内容，而 title 属性的值为“WWW”的完整内容，当鼠标指针悬停在上面时会显示完整的文本。例如，图 2-10 所示就是 Bootstrap 中缩略语的样式。

【例 2-8】使用 Bootstrap 制作百度中搜索“零基础学 Python”的结果页面。实现时，需要在 HTML 文件中引入 Bootstrap 文件，然后添加文字内容。具体代码如下：

```
<abbr title="零基础学Python，有它就够了">
    <span class="text-danger">零基础学Python</span>
```

```
    <span class="text-primary">_百度百科</span>
</abbr><br>
<img src="images/8.png" alt="">
```

具体代码的实现效果如图 2-11 所示。

城会玩，一词出于 的博文"你们城里人真会闹"。
你们城里人真会玩

图 2-10　缩略语样式

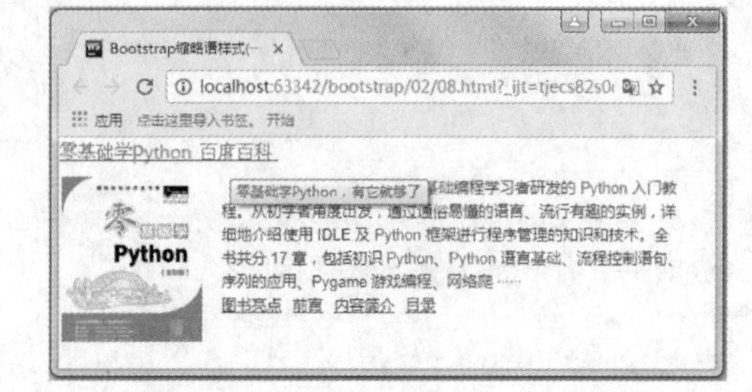

图 2-11　Bootstrap 中缩略语样式

Bootstrap 还提供了一个.initialism，可将文字大小设置为原文字的 90%，并且若文字中含有英文字母，则英文字母全部转换为大写字母。

【例 2-9】使用 Bootstrap 的.initialism 实现《零基础学 Python》的图书介绍。实现时，需要在 HTML 文件中引入 Bootstrap 文件，然后添加文字内容。具体代码如下：

```
<img src="images/9.png" class="float-left img-fluid w-25">
<div class="float-left w-75">
    <abbr title="零基础学Python，有它就够了" class="text-primary initialism">零基础学Python</abbr>
    <p>
        零基础学Python是针对零基础编程学习者研发的Python入门教程，从初学者角度出发，通过通俗易懂的语言、流行有趣的实例，详细地介绍使用IDLE及Python框架进行程序管理的知识和技术。
    </p>
</div>
```

具体实现效果如图 2-12 所示。

图 2-12　实现《零基础学 Python》的图书介绍

2.1.4　地址样式

Bootstrap 中可以通过<address>标签来添加地址（邮箱地址等），读者也可以用它来为网页添加联系信息。并且在 Bootstrap 中，<address>清除了斜体样式，设置了底部的外边距为 1rem，默认其显示方式 display 为 block，所以读者需要用
标签来使封闭的地址文本换行。例如，图 2-13 所示就是 Bootstrap 中地址的表现样式。

地址样式

图 2-13　Bootstrap 中的地址样式

【例 2-10】使用 Bootstrap 制作明日学院的联系方式页面。具体代码如下：

```
<style type="text/css">
    .bg{
        background: url("images/12.png") ;            /*自定义背景样式*/
    }
</style>
<div class="bg text-center">
    <img src="images/3.png" alt=""><br>
    <img src="images/10.jpg" alt="" width="150" class="mt-5">
<address class="mt-3 pb-5 mb-0">      <!--mt-3, pb-5, mb-0分别设置上外边距为1rem、上内边距为
3rem、底部外边距为0rem-->
    客服热线：400675****<br><br>
    邮箱地址：mingrisoft@******<br><br>
</address>
</div>
```

上述代码的运行效果如图 2-14 所示。

图 2-14　明日学院的联系方式页面

2.1.5　引用样式

引用样式

HTML 通过<blockquote>标签来标记长的引用，默认的<blockquote>引用块的外边距 margin 为 1rem 40px。Bootstrap 中重置了该标签的外边距，设置其外边距 margin 的值为 1rem，使其与其他元素更加一致，具体效果如图 2-15 所示。

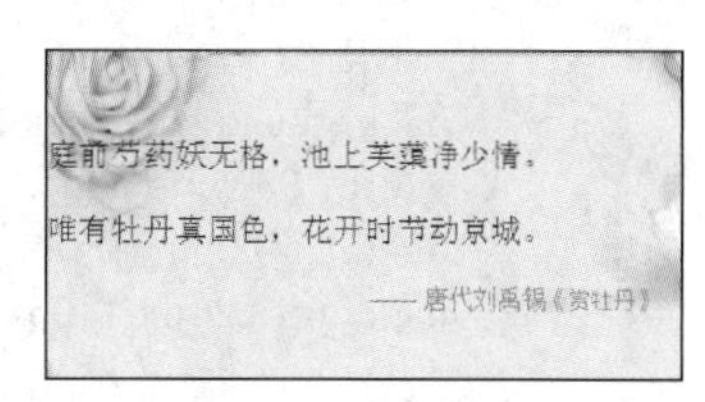

图 2-15　引用样式

【例 2-11】使用 Bootstrap 实现在网页中显示 2018 年和 2019 年上映的电影中的一些经典台词及其出处。具体代码如下：

```
<style type="text/css">
body{
    background: url("images/bg.png") no-repeat;
}
</style>
<body>
```

```
<blockquote class="blockquote">
    <p class="text-left">失败是迷雾，穿过它，我们就可以瞥见光明。 </p>
    <footer class="text-right">——<cite title="复仇者联盟">《复仇者联盟》</cite> </footer>
</blockquote>
<blockquote class="blockquote">
    <p class="text-left">金钱是冰冷的，爱人的手是温暖的。 </p>
    <footer class="text-right">——<cite title="西虹市首富">《西虹市首富》</cite> </footer>
</blockquote>
<!--此处省略相似代码-->
</body>
```

在浏览器中运行例 2-11，运行效果如图 2-16 所示。

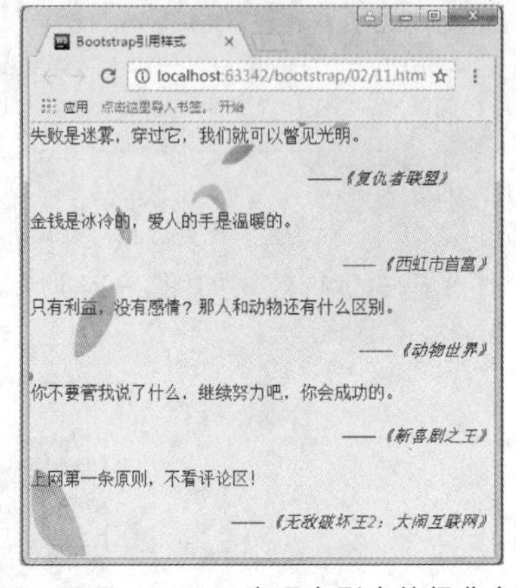

图 2-16　用 Bootstrap 实现电影中的经典台词显示

2.1.6　列表样式

列表样式

1．默认的列表样式

HTML 含有有序列表、无序列表和定义列表。Bootstrap 同样支持这 3 种列表，并且 Bootstrap 提供了一些列表的样式。用户要使用这些样式时，仅需为列表添加相应的类名即可。

如果没有为列表添加预定样式的类名，并且没有自定义列表样式，那么浏览器中显示的将是默认的列表样式。例如，图 2-17 所示就是 Bootstrap 中有序列表的样式。

1. 上联：Years months weeks day day no bug
2. 下联：Python Java C++ line line so easy
3. Happy New Year

图 2-17　默认的列表样式

2．清除列表的样式

在使用列表时，我们时常会需要清除列表的默认样式。要清除列表的样式，用户仅需在列表中添加类名.list-unstyled 即可。

【例 2-12】消除默认列表样式，制作售后服务卡片中五星好评部分内容。关键代码如下：

```
<style type="text/css">
    .appraise {
        background: url("images/15.jpg") no-repeat;
        width: 937px;
        height: 402px;
        padding: 220px 140px 0 0;
    }
</style>
<div class="appraise">
    <ul class="list-unstyled float-right">
        <li>宝贝描述相符： <img src="images/13.png" alt=""> <img src="images/13.png" 
alt=""> <img src="images/13.png" alt=""> <img src="images/13.png" alt=""> <img 
src="images/13.png" alt="">
        </li>
        <li>卖家服务态度： <img src="images/13.png" alt=""> <img src="images/13.png" 
alt=""> <img src="images/13.png" alt=""> <img src="images/13.png" alt=""> <img 
src="images/13.png" alt="">
        </li>
        <li>卖家发货速度： <img src="images/13.png" alt=""> <img src="images/13.png"
```

```
alt=""> <img src="images/13.png" alt=""> <img src="images/13.png" alt=""> <img src="images/13.png" alt="">
            </li>
            <li>物流发货速度： <img src="images/13.png" alt=""> <img src="images/13.png" alt=""> <img src="images/13.png" alt=""> <img src="images/13.png" alt=""> <img src="images/13.png" alt="">
            </li>
        </ul>
    </div>
```

上述代码清除了列表的默认样式，具体运行效果如图 2-18 所示。

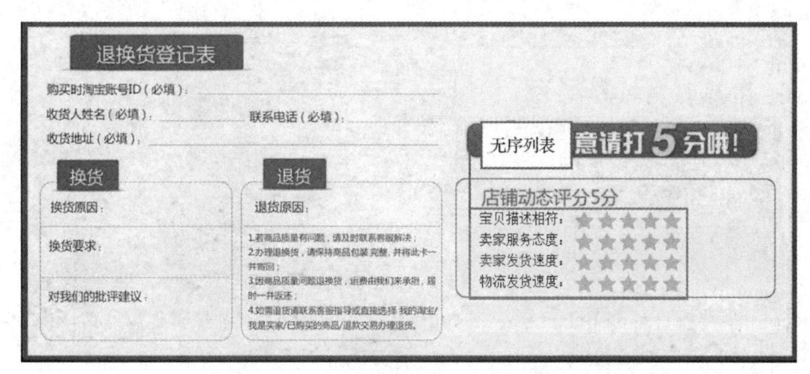

图 2-18　Bootstrap 清除列表的默认样式

3．内联列表样式

Bootstrap 还提供了内联列表的样式，应用内联列表样式能使各列表项在同一行显示。设置内联列表样式时，仅需在列表标签中添加类名.list-inline，并且为各列表项添加类名.list-inline-item 即可。

【例 2-13】使用 Bootstrap 制作明日学院官网首页的导航页面。关键代码如下：

```
<!--bg-dark设置列表的背景为黑色；text-white设置文字为白色，m-0设置外边距为0rem，pl-5设置向左的内边距为3rem-->
<ul class="list-inline bg-dark text-white m-0 pl-5">
    <li class="list-inline-item p-2">首页</li>
    <li class="list-inline-item p-2">课程</li>
    <li class="list-inline-item p-2">读书</li>
    <li class="list-inline-item p-2">社区</li>
    <li class="list-inline-item p-2">服务中心</li>
    <li class="list-inline-item p-2">App下载</li>
</ul>
<img src="images/20.jpg"alt="" class="img-fluid">
```

编写完代码后，在浏览器中运行本例，具体运行效果如图 2-19 所示。

图 2-19　Bootstrap 内联列表

4. 定义列表样式

Bootstrap 同样支持定义列表，并且 Bootstrap 设置定义列表的顶部外边距为 0rem，底部外边距为 1rem。

【例 2-14】使用 Bootstrap 制作旅游网站中的景点介绍页面。实现时，需要添加 4 个定义列表，然后为定义列表添加类名为 float-left，使定义列表向左浮动。关键代码如下：

```
    <style type="text/css">
        dl>:last-child,.color{
            color:#ff6701;
        }
        dl{
            padding: 10px;
            border: 1px solid transparent;
        }
        dl:hover{
          border-color: #ff6701;
        }
    </style>
    <body>
    <h2 class="color">特权日<span class="text-muted lead">意想不到的惊喜优惠  整月high不停
</span></h2>
    <div class="appraise">
        <dl class="float-left">
            <dt><img src="images/16.jpg" alt=""> </dt>
            <dd><a href="#">长春伪满皇宫博物院</a></dd>
            <dd class="initialism">主体部分以中和门为界，分为内廷和外廷两……</dd>
            <dd><span class="initialism">特权价￥</span>67</dd>
        </dl>
        <dl class="float-left">
            <dt><img src="images/17.jpg" alt=""> </dt>
            <dd><a href="#">魔界风景区</a></dd>
            <dd class="initialism">长白山魔界在长白山脚下，南边有一条河……</dd>
            <dd><span class="initialism">特权价￥</span>90</dd>
        </dl>
        <dl class="float-left">
            <dt><img src="images/18.jpg" alt=""> </dt>
            <dd><a href="#">长影世纪城</a></dd>
            <dd class="initialism">国内著名的电影主题公园</dd>
            <dd><span class="initialism">特权价￥</span>199</dd>
        </dl>
        <dl class="float-left">
            <dt><img src="images/19.jpg" alt=""> </dt>
            <dd><a href="#">世界雕塑公园</a></dd>
            <dd class="initialism">长春世界雕塑公园是国家4A级景区，是国家……</dd>
            <dd><span class="initialism">特权价￥</span>68</dd>
        </dl>
    </div>
    </body>
```

编写完代码后，在浏览器中运行本例，运行效果如图 2-20 所示。

图 2-20　Bootstrap 定义列表的使用

5. 水平的定义列表

Bootstrap 中如果要设置水平的定义列表样式，可以通过添加类名.col-*来实现。关于.col-*的具体讲解可参照网格系统的知识，这里主要讲解使用 Bootstrap 实现水平定义列表的方法。

【例 2-15】使用 Bootstrap 制作支付宝中查询快递信息的页面。实现时，需要在定义列表标签<dl>中设置类名.row，然后为<dt>标签和<dd>标签设置类名为.col-*。具体代码如下：

```
<img src="images/21.jpg"alt="" class="img-fluid">
<dl class="row m-0 pl-4">
    <dt class="col-3"><img src="images/22.jpg" alt=""/> </dt>
    <dd class="col-9"><h4>运输中</h4><p class="lead initialism">查|圆通快递：78****************
263</p> </dd>
</dl>
<dl class="row m-0 pl-4">
    <dt class="col-3"><img src="images/22.jpg" alt=""/> </dt>
    <dd class="col-9"><h4>运输中</h4><p class="lead initialism">淘宝|已离开[台州市]，正在发往吉林长
春分拨中心</p> </dd>
</dl>
```

上述代码添加了水平定义列表，具体运行效果如图 2-21 所示。

图 2-21　Bootstrap 中的水平定义列表

若设置一行中仅显示一个<dl>列表，则需要保证<dl>列表的子标签中.col-*的数字之和小于 12。具体原因及.row 等类名的含义可参照网格布局部分的内容。

2.2 表格

Bootstrap 中定义了表格的基本样式，以及几种常用的表格。使用这些表格时，读者仅需在表格标签中添加对应的类名即可。

2.2.1 基本的表格

Bootstrap 中设置了表格的基本样式。若用户没有为表格定义表格样式，则默认表格的底部外边距为 1rem，文字颜色为#212529。具体表格样式如图 2-22 所示。

基本的表格

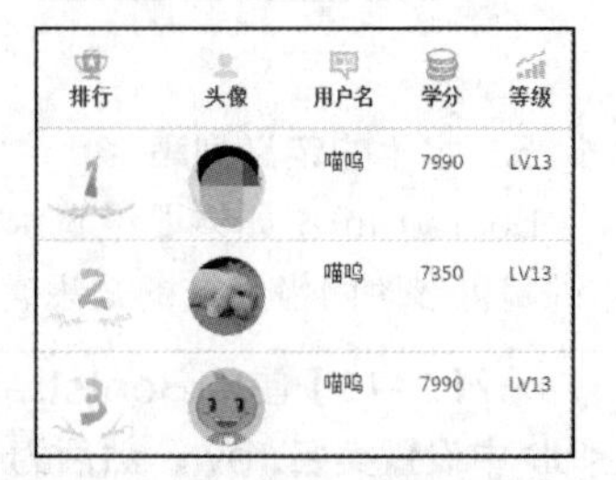

图 2-22 Bootstrap 表格的基本样式

【例 2-16】使用 Bootstrap 制作会员信息统计表。实现时，为了表格美观，设置表格顶部外边距为 3rem（仅需为<table>标签设置类名为.mt-5），自定义表格的背景样式。具体代码如下：

```
<style type="text/css">
    body {
        background: url("images/24.jpg") no-repeat;
    }
</style>
<table class="table mt-5">
    <thead>
    <th>姓名</th><th>会员号</th><th>会员类型</th><th>会员积分</th>
    </thead>
    <tbody>
    <tr><td>小仙女</td><td>v08001</td><td>白金会员</td><td>50</td></tr>
    <tr><td>ai小哥哥</td><td>v08034</td><td>钻石会员</td><td>3551</td></tr>
    <tr><td>一信鸽</td><td>v08021</td><td>黄金会员</td><td>290</td></tr>
    <tr><td>猫喵喵</td><td>v08002</td><td>白金会员</td><td>70</td></tr>
    </tbody>
</table>
```

编写完代码后，在浏览器中运行本例，具体运行效果如图 2-23 所示。

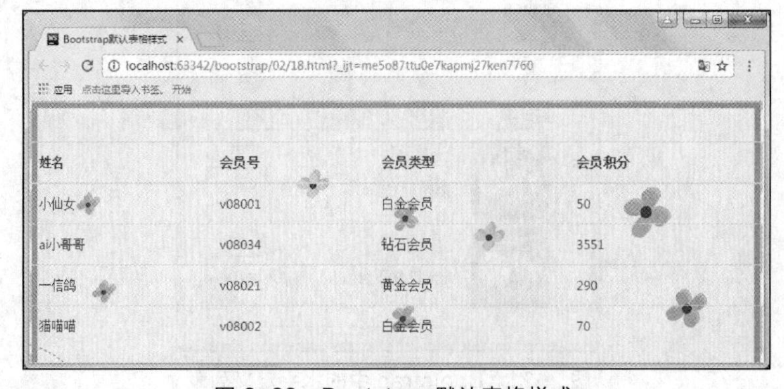

图 2-23 Bootstrap 默认表格样式

2.2.2 可选的表格样式

可选的表格样式

1. 颜色翻转对比风格的表格

颜色翻转对比风格的表格指的是以深色为背景色，浅色为文本色的表格。要制作颜色翻转对比风格的表格，只需添加类名.table-dark。

【例 2-17】使用 Bootstrap 实现黑色背景的歌单信息统计表。实现时，需要为<table>标签设置类名为.table-dark。具体代码如下：

```
<table class="table table-dark">
    <thead>
    <tr>
        <th>歌曲名</th><th>歌手</th>
        <th>热度</th><th>时长</th>
        <th>操作</th>
    </tr>
    </thead>
    <tbody>
    <tr>
        <td>最美情侣</td>
        <td>白小白</td>
        <td><img src="images/13.png"><img src="images/13.png"> <img src="images/13.png"> <img
src="images/13.png"></td>
        <td>04:02</td><td>播放</td>
    </tr>
    <tr>
        <td>让我做你的眼睛</td><td>子芮</td>
        <td><img src="images/13.png"> <img src="images/13.png"> <img src="images/13.png"> <img
src="images/13.png"> <img src="images/13.png"></td>
        <td>03:21</td><td>播放</td>
    </tr>
<!--表格后两行代码与上面类似，故省略-->
    </tbody>
</table>
```

在浏览器中运行本例，运行效果如图 2-24 所示。

2. 设置表格的表头

在网页中添加表格时，仅需一个类名就可以设置表头的样式。Bootstrap 中预设的表头样式有两种，第一种为深色（#343a40）背景和浅色文字。设置表头为该样式时，仅需在<thead>标签中添加类名.thead-dark。而第二种则与之相反，其样式为浅色（#454d55）背景和深色文字（#495057）。要使用这种样式，仅需在<thead>标签中添加类名.thead-light。图 2-25 所示为深色背景、浅色文字的表头样式。

歌曲名	歌手	热度	时长	操作
最美情侣	白小白	★★★★	04:02	播放
让我做你的眼睛	子芮	★★★★★	03:21	播放
咽喉另类	子芮	★★★★★	01:50	播放
巴黎夜雨	孙子涵	★★★	04:21	播放

图 2-24 颜色翻转对比风格的表格

产品	型号	数量
A	A1	89
	A2	85
B	B1	65
	B2	50
	B3	75
C	C3	38
D	D1	46
	D2	64

表头

图 2-25 在 Bootstrap 中设置表格的表头

【例 2-18】使用 Bootstrap 中的表头样式制作明日科技的明星讲师页面，并且为<thead>标签设置类名为.thead-dark。具体代码如下：

```
<table class="table">
    <thead class="thead-dark">
    <h3 class="text-center text-primary">明日科技的明星讲师</h3>
    <tr><th>讲师</th><th>擅长领域</th></tr>
    </thead>
    <tbody>
    <tr><td>小科老师</td><td>C语言、C#、ASP.NET</td></tr>
    <tr><td>大米粥</td><td>C语言、Oracle、MySQL</td></tr>
    <tr><td>根号申</td><td>Java、Java Web</td></tr>
    <tr><td>无语</td><td>Android、Java Web、JSP</td></tr>
    <tr><td>Andy</td><td>PHP、JavaScript、CSS</td></tbody>
</table>
```

在浏览器中运行本例，运行效果如图 2-26 所示。

3. 条纹状表格

条纹状表格指的是表格呈现为隔行变色，具体表格样式如图 2-27 所示。要制作条纹状表格，需要为表格标签<table>添加类名.table-striped。

图 2-26　设置表格的表头样式

图 2-27　Bootstrap 中的条纹状表格

【例 2-19】使用 Bootstrap 制作员工工作进度统计表。实现时，需要为表格标签添加类名.table-striped。具体代码如下：

```
<table class="table table-striped">
    <thead>
    <h3 class="text-center text-warning">2019年员工工作进度统计</h3>
    <tr>
        <th>月份</th><th>部门编号</th>
        <th>工作完成情况</th><th>未完成原因</th>
        <th>绩效考评</th>
    </tr>
    </thead>
    <tbody>
    <tr>
        <td>201901</td><td>BM01</td><td>80%</td>
        <td>B12</td><td>80</td>
    </tr>
    <tr>
```

```
            <td>201902</td><td>BM02</td><td>86%</td>
            <td>B13</td><td>85</td>
        </tr>
    <!--省略相似代码-->
      </tbody>
    </table>
```

在浏览器中运行本例，运行效果如图2-28所示。

图2-28　条纹状表格

4. 表格边框处理

使用Bootstrap时，通过添加类名.table-bordered，即可设置表格边框样式为“1px solide #dee2e6”。

【例2-20】 使用Bootstrap实现在网页中显示输入键盘的效果。实现时，为了键盘的美观，需要设置表格的背景颜色（设置类名为.bg-success）以及文字颜色（设置类名为.text-white），然后设置文本居中显示（设置类名为.text-center）和表格的边框。具体代码如下：

```
<table class="table bg-success text-white table-bordered text-center">
    <tr>
        <td>~<br/>、</td>
        <td>! <br/>1</td>
        <td>@<br/>2</td>
        <td>#<br/>3</td>
        <td>$<br/>4</td>
        <td>%<br/>5</td>
        <td>^<br/>6</td>
        <td>&<br/>7</td>
        <td>*<br/>8</td>
        <td>(<br/>9</td>
        <td>)<br/>0</td>
        <td>_<br/>-</td>
        <td>+<br/>=</td>
        <td>←Backspace</td>
    </tr>
    <tr>
        <td>Tab</td>
        <td>Q</td>
        <td>W</td>
        <td>E</td>
        <td>R</td>
        <td>T</td>
        <td>Y</td>
        <td>U</td>
        <td>I</td>
        <td>O</td>
        <td>P</td>
        <td>{<br>[</td>
        <td>}<br>]</td>
        <td rowspan="2">Enter</td>
      </tr>
      <!--省略相似代码-->
</table>
```

在浏览器中运行本例，运行效果如图 2-29 所示。

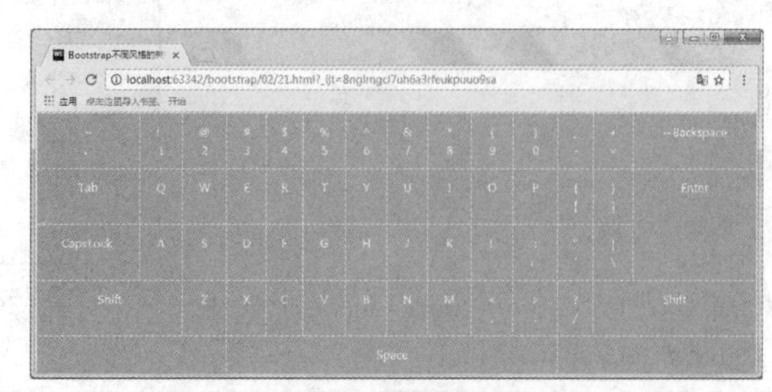

图 2-29　设置表格边框样式

5．清除表格边框

在 Bootstrap 中还可以清除表格的边框，清除表格边框时仅需添加类名.table-borderless 即可。

【例 2-21】使用 Bootstrap 实现蚂蚁庄园中爱心值的排名效果。实现时，为了美观，需要在<table>标签中添加类名.table-borderless。具体代码如下：

```
<img src="images/29.jpg" alt="" class="img-fluid">
<table class="table table-borderless">
    <tr>
        <td><img src="images/25.png"> </td>
        <td><h5>网红款仙女<br/><span class="initialism">累计献出爱心190颗</span> </h5></td>
        <td>爱心值<span class="text-warning">38</span></td>
    </tr>
    <tr>
        <td><img src="images/26.png"> </td>
        <td><h5>boom pow<br/><span class="initialism">累计献出爱心160颗</span> </h5></td>
        <td>爱心值<span class="text-warning">32</span></td>
    </tr>
<!--省略相似代码-->
</table>
```

在浏览器中运行本例，运行效果如图 2-30 所示。

6．鼠标指针悬停表格上的效果

Bootstrap 还提供了鼠标指针悬停表格上的效果。设置该效果后，当鼠标指针放置在表格上时，对应行就会出现状态提示。要设置悬停效果只需在<table>标签中添加类名.table-hover，具体样式可参考例 2-22。

【例 2-22】使用 Bootstrap 制作蒙牛酸奶的营养成分表。具体代码如下：

```
<table class="table table-hover table-danger text-center">
    <h3 class="text-center">蒙牛风味酸牛奶营养成分表</h3>
    <thead>
    <tr>
        <td>项目</td>
        <td>每100克</td>
        <td>营养参考值</td>
```

图 2-30　清除表格边框的爱心值排名效果

```
        </tr>
        </thead>
        <tbody>
        <tr>
            <td>能量</td>
            <td>307千焦</td>
            <td>4%</td>
        </tr>
        <tr>
            <td>蛋白质</td>
            <td>2.7克</td>
            <td>5%</td>
        </tr>
            <!--省略相似代码-->
        </tbody>
    </table>
```

在浏览器中运行本例，运行效果如图 2-31 所示。表格中第 4 行的样式为鼠标指针悬停时的样式。

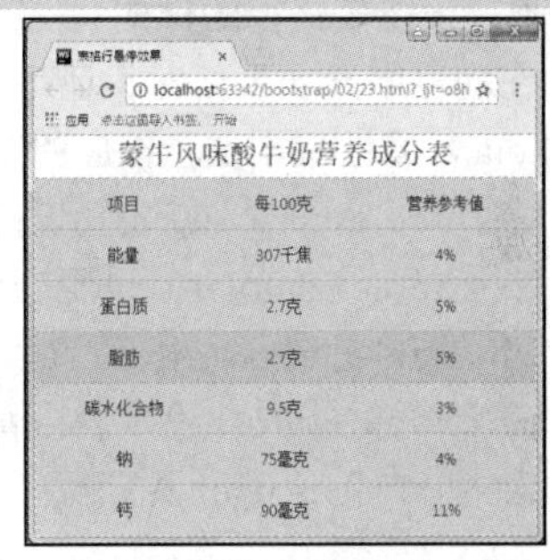

图 2-31　鼠标指针悬停表格上时的样式

7．设置表格紧缩效果

前面所介绍的表格样式中，表格内容与表格边框之间的内间距为 0.75rem。如果想要将表格的内间距缩小，则可以为<table>标签添加类名.table-sm，将表格的内间距修改为 0.3rem，从而实现表格的紧缩效果。

【例 2-23】使用 Bootstrap 制作车次信息表。实现时需要为<table>标签设置类名为.table-sm。具体代码如下：

```
        <style type="text/css">
            .cont{
                background: url("images/30.jpg");
                background-size: 100% 100%;
            }
        </style>
    <table class="table table-success text-center cont table-sm">
        <thead>
        <tr>
            <td>车次 </td>
            <td>出发站—到达站</td>
            <td>出发时间</td>
            <td>到达时间</td>
            <td>历时</td>
        </tr>
        </thead>
        <tbody>
        <tr>
            <td>D74 </td>
            <td>长春—北京</td>
            <td>11:04</td>
            <td>17:47</td>
            <td>6: 43</td>
```

```
    </tr>
      <!--省略相似代码-->
  </tbody>
</table>
```

在浏览器中运行本例，运行效果如图 2-32 所示。

车次	出发站—到达站	出发时间	到达时间	历时
D74	长春—北京	11:04	17:47	6:43
D26	长春—北京	11:05	17:28	6:23
G240	长春—北京	11:30	16:29	4:59
Z158	长春—北京	12:49	21:08	8:19
K1304	长春—北京	14:46	08:52	18:06
Z118	长春—北京	23:46	08:36	08:50

图 2-32　表格紧缩效果

8．设置表格行的样式

在网页中添加表格时，还可以设置表格行的背景颜色。在设置行的背景颜色时，可以通过添加不同的 class 属性值来设置相应的背景颜色，具体如下。

☑ .table-active：设置表格背景颜色为 rgba(0,0,0,0.075)。
☑ .table-danger：设置表格背景颜色为#f5c6cb。
☑ .table-success：设置表格背景颜色为#c3e6cb。
☑ .table-info：设置表格背景颜色为#bee5eb。
☑ .table-primary：设置表格背景颜色为#b8daff。

【例 2-24】使用 Bootstrap 制作微信运动排行榜页面，并且用不同的背景颜色显示微信用户的运动信息。具体代码如下：

```
<head>
    <style type="text/css">
        .bg {
            height: 180px;
            background: url("images/38.png") no-repeat;
            background-size: 100% 100%;
        }
    </style>
</head>
<body>
<table class="table text-center cont table-sm">
    <tr class="bg">
        <td colspan="5" class="pt-5">
            <img src="images/32.png" alt="" width="30"><span>布谷鸟占领了封面</span>
        </td>
    </tr>
    <tr class="table-active">
        <td></td>
        <td><img src="images/31.png" alt="" width="50"></td>
        <td>跟蜗牛赛跑<p class="text-muted">第8名</p></td>
        <td>8800</td>
        <td>3<br><img src="images/36.png" width="40" alt=""></td>
```

```
        </tr>
        <tr class="table-success">
            <td>1</td>
            <td><img src="images/32.png" alt="" width="50"></td>
            <td>布谷鸟<p class="text-muted">第1名</p></td>
            <td>18806</td>
            <td>10<br><img src="images/36.png" width="40" alt=""></td>
        </tr>
          <!--省略相似代码-->
        </table>
    </body>
```

编写完代码后在浏览器中运行本例，运行效果如图 2-33 所示。

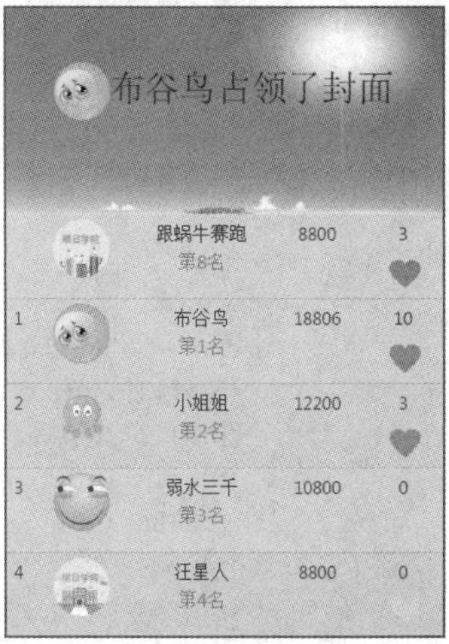

图 2-33　添加表格行的背景颜色

2.2.3　响应式表格

同样，通过添加类名还可以实现响应式表格的创建。响应式表格就是能根据浏览器屏幕的尺寸自动调节大小的表格，例如图 2-34 和图 2-35 所示的就是 Bootstrap 实现的同一表格在 iPhone 6 屏幕中和 iPad 屏幕中的不同样式。使用 Bootstrap 创建响应式表格仅需添加类名 .table-responsive 即可。此外，还可以使用 .table-responsive-sm、.table-responsive-md、.table-responsive-lg、.table-responsive-xl 等来设置各屏幕尺寸下表格的样式，具体说明如下。

☑　.table-responsive-sm：当浏览器窗口宽度小于 575.98px 且浏览器窗口中无法放置表格所有内容时，显示滚动条。

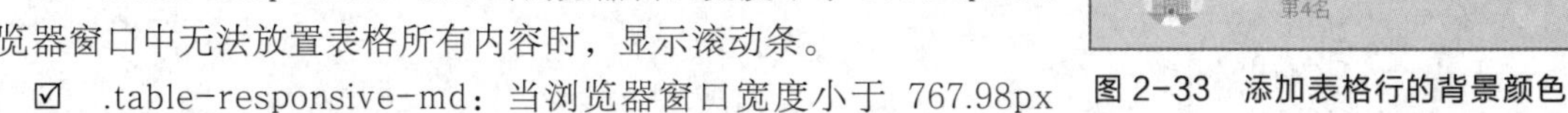

☑　.table-responsive-md：当浏览器窗口宽度小于 767.98px 且浏览器窗口中无法放置表格所有内容时，显示滚动条。

☑　.table-responsive-lg：当浏览器窗口宽度小于 991.98px 且浏览器窗口中无法放置表格所有内容时，显示滚动条。

☑　.table-responsive-xl：当浏览器窗口宽度小于 1199.98px 且浏览器窗口中无法放置表格所有内容时，显示滚动条。

拍照功能	
后置摄像头	4000万+1600万+800万
摄像头类型	四摄像头（前一后三）
显示	
分辨率	2340px×1080px
触摸屏类型	电容式
屏幕尺寸	6.1英寸
网络	
网络类型	4G全网通
网络模式	双卡双待

图 2-34　iPhone 6 屏幕中表格的样式

拍照功能	
后置摄像头	4000万+1600万+800万
摄像头类型	四摄像头（前一后三）
显示	
分辨率	2340px×1080px
触摸屏类型	电容式
屏幕尺寸	6.1英寸
网络	
网络类型	4G全网通
网络模式	双卡双待

图 2-35　iPad 屏幕中表格的样式

设置响应式表格需要在表格的外层添加<div>，然后在<div>标签中添加以上类名，而并非在<table>标签中直接添加。

【例 2-25】使用 Bootstrap 制作高考成绩信息表，并且设置表格为响应式表格。具体代码如下：

```
<div class=" table-responsive-lg table-responsive-md table-responsive-sm table-responsive-xl">
    <table class="table">
        <thead>
        <tr class="table-primary">
            <td>姓名</td>
            <td>语文</td>
            <td>数学</td>
            <td>英语</td>
            <td>历史</td>
            <td>地理</td>
            <td>政治</td>
            <td>化学</td>
            <td>生物</td>
            <td>物理</td>
        </tr>
        </thead>
        <tbody>
        <tr class="table-dark">
            <td>阿毛</td>
            <td>118</td>
            <td>119</td>
            <td>134</td>
            <td>80</td>
            <td>86</td>
            <td>70</td>
            <td>90</td>
            <td>80</td>
            <td>97</td>
        </tr>
        <tr class="table-warning">
            <td>脆猫</td>
            <td>114</td>
            <td>130</td>
            <td>110</td>
            <td>80</td>
            <td>85</td>
            <td>92</td>
            <td>86</td>
            <td>87</td>
            <td>87</td>
        </tr>
       <!--省略相似代码-->
        </tbody>
    </table>
</div>
```

在浏览器中运行本例时，当屏幕宽度大于或等于 575.98px 时，其运行效果如图 2-36 所示；反之，效果如图 2-37 所示。

姓名	语文	数学	英语	历史	地理	政治	化学	生物	物理
[illegible]	118	119	134	80	86	70	90	80	97
脆猫	114	130	110	80	85	92	86	87	87
Lily	106	103	100	87	77	86	70	79	80
Siriy	98	102	113	89	86	95	79	79	83
Mr.zhou	98	108	112	87	79	84	75	69	80

图 2-36　浏览器宽度大于或等于 575.98px 时的表格

姓名	语文	数学	英语	历史	地理	政治	化学
[illegible]	118	119	134	80	86	70	90
脆猫	114	130	110	80	85	92	86
Lily	106	103	100	87	77	86	70
Siriy	98	102	113	89	86	95	79
Mr.zhou	98	108	112	87	79	84	75

图 2-37　浏览器宽度小于 575.98px 时的表格

2.3　图片

Bootstrap 中对图片的设计主要包括设置响应式、圆角、圆形和镶边样式的图片。下面将具体介绍部分样式的使用方法以及表现形式。

响应式图片

2.3.1　响应式图片

图片是网页中不可或缺的一部分。如果创建响应式图片，那么图片在网页中会随浏览器的屏幕尺寸自动缩放。要创建响应式图片，仅需添加类名.img-fluid 即可。

【例 2-26】使用 Bootstrap 将明日科技网站的导航设置为响应式图片。具体代码如下：

```
<!--横向导航栏-->
<ul class="list-inline bg-dark text-white m-0 pl-5">
    <li class="list-inline-item p-2">首页</li>
    <li class="list-inline-item p-2">课程</li>
    <li class="list-inline-item p-2">读书</li>
    <li class="list-inline-item p-2">社区</li>
    <li class="list-inline-item p-2">服务中心</li>
    <li class="list-inline-item p-2">App下载</li>
</ul>
<img src="images/45.jpg" alt="" class="img-fluid w-100">
```

具体运行结果如图 2-38 所示。

图 2-38　设置响应式图片

2.3.2　修饰图片

修饰图片

1. 为图片添加圆角

Bootstrap 中预设的图片样式主要有圆角、“药丸”形圆角和椭圆形图片，其样式如图 2-39 所示。

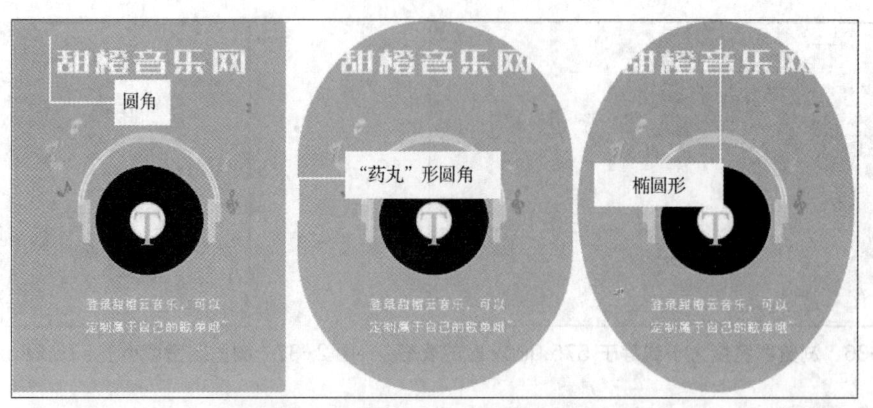

图 2-39　Bootstrap 中的图片样式

☑ 圆角：设置图片的边框弧度为 0.25rem，为图形添加类名.rounded 可设置此样式。

☑ "药丸"形圆角：设置图片的顶角弧度为 50rem，为图形添加类名.rounded-pill 可设置此样式。

☑ 椭圆形图片：设置图片的边框弧度为 50%，为图形添加类名.rounded-circle 可设置此样式。

【例 2-27】使用 Bootstrap 制作淘宝网中好货推荐的商品展示页面。具体代码如下：

```
    <style type="text/css">
        body {
            background-color: #fff1c8;
        }
    </style>
<div class="col">
    <img src="images/44.jpg" alt="" class="rounded-pill col-4">
    <img src="images/50.jpg" alt="" class="rounded-circle col-2">
    <img src="images/47.jpg" alt="" class="rounded-circle   col-2">
    <img src="images/48.jpg" alt="" class="rounded-circle col-2">
    <img src="images/46.jpg" alt="" class="rounded-pill m-1 col-4">
    <img src="images/49.jpg" alt="" class="rounded m-1 col-2">
    <img src="images/51.jpg" alt="" class="rounded m-1 col-2">
    <img src="images/52.jpg" alt="" class="rounded m-1 col-2">
</div>
```

该例的运行效果如图 2-40 所示。

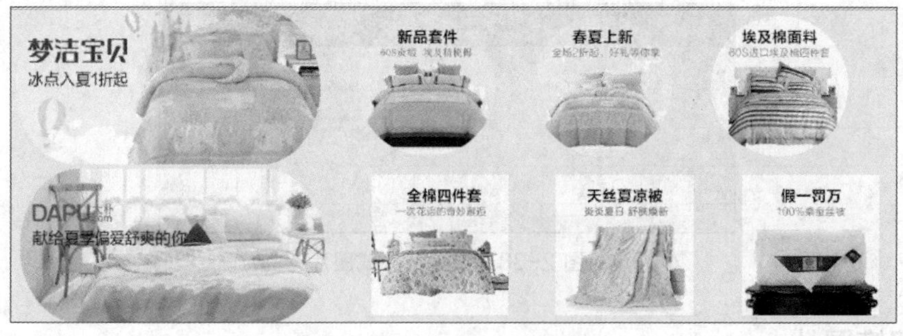

图 2-40　为图片添加圆角

2．添加图片边框

添加图片边框时，将图片内边距设置为 0.25rem，边框圆角设置为 0.25rem，并且设置边框为白色。

【例 2-28】使用 Bootstrap 制作明日科技课程列表页面模块。具体代码如下：

```
<style type="text/css">
    dl:hover {
        border: 1px solid #c8cbcf;
    }
</style>
<div class="text-center float-left row">
    <dl class="col-4">
        <dt><img src="images/42.jpg" alt="" class="img-thumbnail p-3"></dt>
        <dd class="mt-2">第1讲 酒店管理系统概述</dd>
    </dl>
    <dl class="col-4">
        <dt><img src="images/43.jpg" alt="" class="img-thumbnail p-3"></dt>
        <dd class="mt-2">编写一个考试小程序</dd>
    </dl>
    <dl class="col-4">
        <dt><img src="images/41.png" alt="" class="img-thumbnail p-3"></dt>
        <dd class="mt-2">第1讲 甜橙音乐网开发背景</dd>
    </dl>
</div>
```

具体实现效果如图 2-41 所示。

图 2-41　为图片添加边框

2.4　其他常用样式

下面介绍 Bootstrap 中的其他常用样式。

2.4.1　对文本的处理

对文本的处理

前面介绍了一些文本的样式，这里继续介绍对文本进行的一些常规处理，包括粗细、换行、斜体等处理。相关类名及含义如表 2-1 所示。使用 Bootstrap 对文字进行处理的示例效果如图 2-42 所示。

图 2-42　Bootstrap 对文字的处理示例

表 2-1　对文字进行处理的相关类名及含义

类名	表示的含义
.font-weight-light	设置文本比默认更细
.font-weight-bold	设置文本比默认加粗
.font-weight-bolder	设置文本比 font-weight-bold 更粗
.text-wrap	文本换行方式（空白被浏览器忽略）
.text-break	文本换行方式（在恰当的断字点进行换行）
.text-uppercase	将英文转换为大写
.text-lowercase	将英文转换为小写
.font-italic	设置文本为斜体

【例 2-29】使用 Bootstrap 制作 HUAWEI P30 Pro 的宣传页面。具体代码如下：

```
<style type="text/css">
```

```
        .text {
            background: #d3d9da;
        }
    </style>
    <div class="mr-box pt-4">
        <div class="w-25 float-left"><img src="images/54.png" class="img-fluid"></div>
        <div class="text w-50 float-left text-center pr-2 rounded">
        <h1 class="font-weight-bolder text-uppercase"> huawei  p30   pro</h1>
            <p class="text-right font-weight-bold">华为 | 徕卡 联合设计</p>
            <p class="font-italic mt-1 text-uppercase font-weight-bold">8gb+128gb / 8gb+256gb /
            8gb+512gb</p>
            <h2 class="font-weight-bold"><span class="h6">¥</span>5488<span class="h5">起
            </span></h2>
            <p class="mt-1 initialism">4000万超感光徕卡四摄|超感光录像|6.47英寸OLED曲面屏</p>
            <hr class="w-25 bg-dark text-center">
            <p class="text-danger text-right">享6折购碎屏险</p>
            <p>
                <button class="btn btn-dark initialism">立即购买</button>
                <button class="btn btn-dark initialism">老用户专享通道</button>
            </p>
        </div>
    </div>
```

其运行效果如图 2-43 所示。

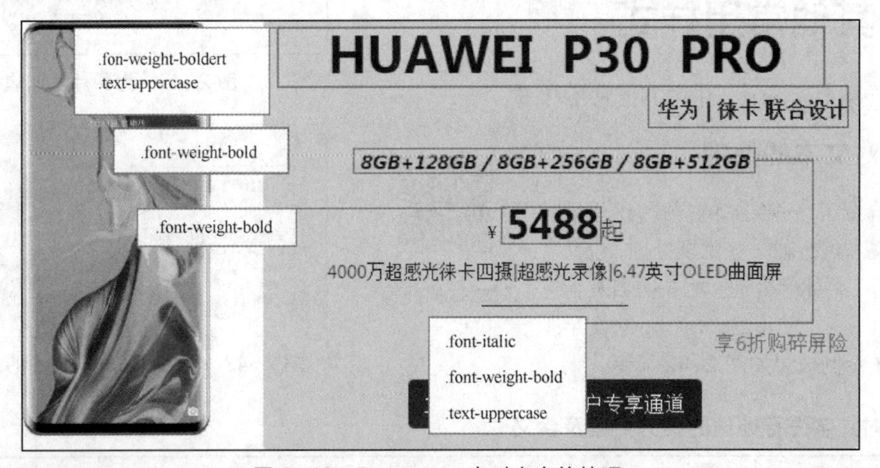

图 2-43 Bootstrap 中对文字的处理

2.4.2 背景样式

背景样式

Bootstrap 中预设了一些背景颜色。当我们需要设置这些背景颜色时，直接添加对应的类名即可。具体预设的背景颜色的类名及颜色值如表 2-2 所示。

表 2-2 Bootstrap 中预设的背景颜色的类名及其颜色值

类名	对应的背景颜色值
.bg-primary	#007bff
.bg-secondary	#6c757d
.bg-success	#28a745

续表

类名	对应的背景颜色值
.bg-danger	#dc3545
.bg-warning	#ffc107
.bg-info	#17a2b8
.bg-light	#f8f9fa
.bg-dark	#343a40
.bg-white	#fff（白色）
.bg-transparent	透明

【例 2-30】使用 Bootstrap 制作明日科技课程模块页面。具体代码如下：

```
<style type="text/css">
    /*设置各课程所占位置大小，此处省略其余CSS代码*/
    .rect1 {
        height: 320px;
        width: 220px;
    }
    .rect2, .rect3, .rect4, .rect5, .rect6, .rect7, .rect8 {
        height: 150px;
    }
    </style>
<div class="text-center">
    <div class="float-left bg-primary rect1 p-5"><h2 class="pt-5">Java</h2>
        <p class="initialism">Java入门第四季</p></div>
    <div class="float-left">
        <div class="bg-success float-left rect2 p-3 mb-2"><h2 class="pt-3">C#</h2>
            <p class="initialism">C#入门第一季</p></div>
        <div class="bg-info float-left  rect3 p-3 mb-2"><h2 class="pt-3">Oracle</h2>
            <p class="initialism">Oracle入门第一季</p></div>
        <div class="bg-warning float-left rect4 p-3 mb-2"><h2 class="pt-3">Python</h2>
            <p class="initialism">Python入门第一季</p></div>
        <div class="bg-danger float-left rect5  p-3 mb-2"><h2 class="pt-3">C++</h2>
            <p class="initialism">C++入门第一季</p></div>
        <div class="bg-secondary float-left rect6 p-3 mt-2"><h2 class="pt-3">Android</h2>
            <p class="initialism">Android入门第一季</p></div>
        <div class="bg-white float-left rect7 p-3 mt-2"><h2 class="pt-3">PHP</h2>
            <p class="initialism">PHP入门第一季</p></div>
        <div class="bg-light float-left rect8 p-3 mt-2"><h2 class="pt-3">JavaScript</h2>
            <p class="initialism">JavaScript入门第一季</p></div>
    </div>
</div>
```

具体运行效果如图 2-44 所示。

图 2-44　Bootstrap 中背景样式的应用

设置内容间隔

2.4.3　设置内容间隔

1. 设置内外边距的方向

在 Bootstrap 中可以单独设置某个方向的内外边距。以设置内边距为例，若要设置对象上、下、左、右 4 个方向的内边距，仅需添加类名.p-*即可；若要单独设置某个方向的内边距，则需要添加其他类名，如表 2-3 所示。

表 2-3　Bootstrap 中预设内边距的方向对应的类名

类名	对应的内边距的方向
.pl-*	左边
.pt-*	顶部
.pr-*	右边
.pb-*	底部
.px-*	左、右两侧
.py-*	上、下两侧
.p-*	上、下、左、右

设置外边距则需将表 2-3 所示类名中的“p”修改为“m”，例如设置顶部外边距所对应的类名为.mt-*。

2. 设置内外边距的尺寸

上面介绍了设置内外边距的方向的类名，接下来介绍如何设置内外边距的尺寸。Bootstrap 中预定义的内外边距的尺寸如表 2-4 所示。

表 2-4　Bootstrap 中预设内外边距的尺寸对应的类名

类名	对应的内边距或者外边距的尺寸
.*-0	0rem
.*-1	0.25rem
.*-2	0.5rem
.*-3	1rem
.*-4	左右两侧的内边距为 1.5rem
.*-5	上下两侧的内边距为 3rem
.*-auto	按浏览器的默认值自由展现

例如设置目标元素的顶部外边距为 1rem，则直接设置类名为.mt-3 即可。

【例 2-31】使用 Bootstrap 制作人见人爱奖状。具体代码如下：

```
<style type="text/css">
    .cont {
        background: url("images/53.jpg");
        background-size: 100% 100%;
        width: 620px;
        height: 400px;
    }
    .cont > :nth-child(2) {
        text-indent: 34px;
    }
</style>
<div class="p-1 cont bg-info pt-5">
    <h2 class="text-center mt-2 text-danger font-weight-bold">奖状</h2>
    <p class=" font-weight-bold ml-5 mt-5 mb-3 mr-5">鉴于你国际范儿的气质和爆表的颜值，以及源源不绝的回头率，特向你颁发人见人爱奖。</p>
    <h2 class="font-weight-bolder text-center text-danger pt-3">人见人爱奖</h2>
    <p class="text-right mt-5 mr-5">颁发单位：形象评委会</p>
    <p class="text-right mr-5">有效期：永久有效</p>
```

```
</div>
```

具体实现效果如图 2-45 所示。

2.4.4 添加阴影

添加阴影

Bootstrap 中还预设了 3 种阴影样式，分别是.shadow、.shadow-lg、.shadow-sm，具体介绍如下。

☑ .shadow：设置该对象样式为 box-shadow:0 0.5rem 1rem rgba(0,0,0,0.15)。

☑ .shadow-lg：设置该对象样式为 box-shadow:0 1rem 3rem rgba(0,0,0,0.175)。

☑ .shadow-sm：设置该对象样式为 box-shadow:0 0.125rem 0.25rem rgba(0,0,0,0.075)。

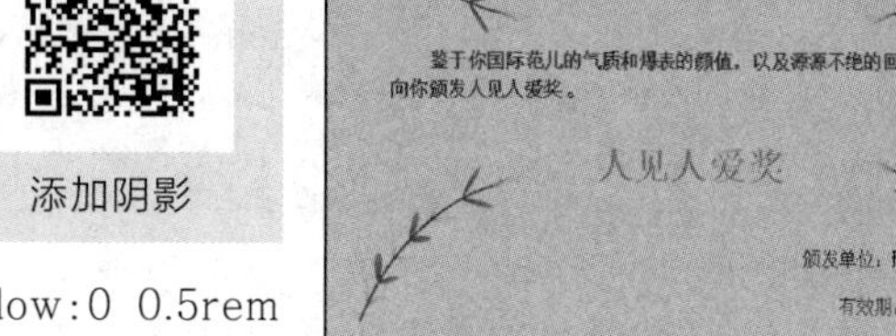

图 2-45 设置内容边距

【例 2-32】使用 Bootstrap 制作旅游网站中的游玩指南页面。具体代码如下：

```
    <style type="text/css">
        img {
            width: 100%;
            height: auto;
        }
        body {
            background: rgba(179,215,255,0.43);
        }
    </style>
<div class="row p-3">
    <h4 class="col-12">
        <p class="float-left">游玩指南</p>
        <p class="float-right initialism text-muted">一站汇集附近美景</p>
    </h4>
    <div class="col shadow-lg"><img src="images/17.jpg"></div>
    <div class="col shadow-lg"><img src="images/18.jpg"></div>
    <div class="col shadow-lg"><img src="images/19.jpg"></div>
</div>
```

该例的运行效果如图 2-46 所示。

图 2-46 添加图片阴影

2.5 本章小结

本章主要介绍了 Bootstrap 中一些比较实用的样式工具，包括排版样式、表格、图片，以及其他一些常用的如背景、边距等样式。学完本章以后，读者能够使用 Bootstrap 为元素添加基本样式。

上机指导

本例将制作倒计时页面。在制作过程中，通过 Bootstrap 设置页面的背景颜色、文字颜色和文字的内外边距，然后通过 JavaScript 实现倒计时功能。具体效果如图 2-47 所示。

图 2-47 倒计时效果页面

开发步骤如下。

（1）在 HTML 页面中添加标签，然后在标签中通过 Bootstrap 中的样式设置文字的颜色、内外边距以及页面的背景颜色。具体代码如下：

```
<div class="bg-danger text-white text-center" style="width:230px;height: 300px;margin:0 auto;">
    <h4 class="pt-5 pb-3">倒计时</h4>
    <p class="initialism h6">COUNT DOWN</p>
    <p><span class="fa fa-bolt"></span></p>
    <p>距离结束还剩</p>
    <p class="mt-4"><span class="hh p-2 bg-dark">00</span><span>：</span><span class="min p-2
    bg-dark">00</span><span>：</span><span class="sec p-2 bg-dark">00</span></p>
</div>
```

（2）通过 JavaScript 实现倒计时功能，具体代码如下：

```
$(document).ready(function () {
    var time1 = 2 * 60 * 60;//设置结束时间为2小时后；
    var ds = "";
    ds = setInterval(function () {
        if (time1 > 0) {
            time1--;
            var hh = parseInt(time1 / 60 / 60);
            var min = parseInt(time1 / 60 / 60);
            var sec = parseInt(time1 % 60 % 60);
            $(".hh").text(hh > 9 ? hh : "0" + hh);
            $(".min").text(min > 9 ? min : "0" + min);
            $(".sec").text(sec > 9 ? sec : "0" + sec);
        } else {
            clearInterval(ds)
            $(".hh").text("00");
            $(".min").text("00");
            $(".sec").text("00");
        }
    }, 1000)
})
```

习题

（1）为元素添加 Bootstrap 中的标题样式的方法有哪些？

（2）Bootstrap 中可以设置的最大内边距的尺寸为多少？如果设置元素水平方向的外边距为 1rem，需要添加的类名是什么？

（3）Bootstrap 中预设的背景样式有哪些？

（4）Bootstrap 中添加与清除表格的边框分别使用什么类名？

（5）如何设置文字为斜体样式？

（6）如何将文字中的英文转换为大写？如何转换为小写？

Chapter 03

第3章
Bootstrap 4弹性盒

本章要点

- 理解什么是响应式网页设计
- 理解弹性盒
- 弹性盒的基本属性
- Bootstrap中弹性盒的基本使用方法
- 掌握Bootstrap中如何对齐弹性子项目以及对项目进行排序

3.1 响应式设计概述

前文提到了 Bootstrap 的主要特点之一就是响应式，那么什么是响应式呢？本节将简单介绍响应式的基本知识。

响应式网页设计是目前流行的一种网页设计形式,其主要特色是页面布局能够根据不同的设备(智能手机、平板电脑和台式电脑等）调整网页内容的布局，从而让用户在不同的设备上都能浏览网页。例如，图 3-1 所示为 PC 端京东的首页，图 3-2 所示为移动端京东的首页。

图 3-1 PC 端京东的首页

图 3-2 移动端京东的首页

3.1.1 常见的布局方式

常见的布局方式

不同的布局设计有不同的实现方式。常见的响应式布局方式有单一式固定布局、均分多列布局和不均分多列布局 3 种，具体介绍如下。

（1）单一式固定布局：适合内容较少的网站，一般由顶部的 Logo 和菜单（一行）、中间的内容区（一行）和底部的网站相关信息（一行）这 3 行组成。单一式固定布局的效果如图 3-3 所示。

（2）均分多列布局：列数大于或等于 2 的布局类型。每列宽度相同，列与列间距相同，适合商品或图片多的网站。效果如图 3-4 所示。

图 3-3 单一式固定布局

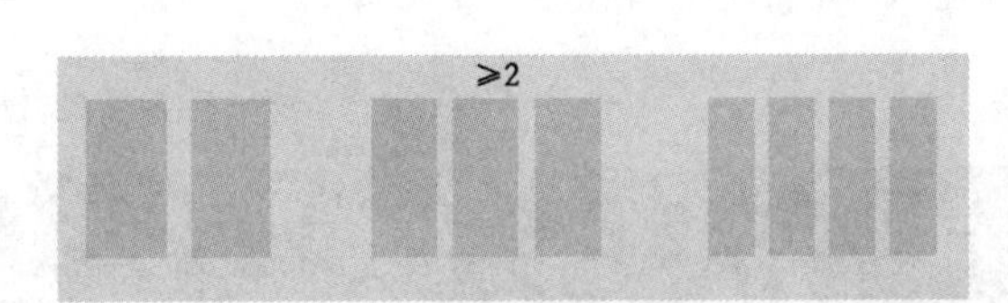

图 3-4 均分多列布局

（3）不均分多列布局：列数大于或等于 2 的布局类型。每列宽度不同，列与列间距不同，适合博客类文章内容页面，其中一列布局文章内容，一列布局广告链接等内容。效果如图 3-5 所示。

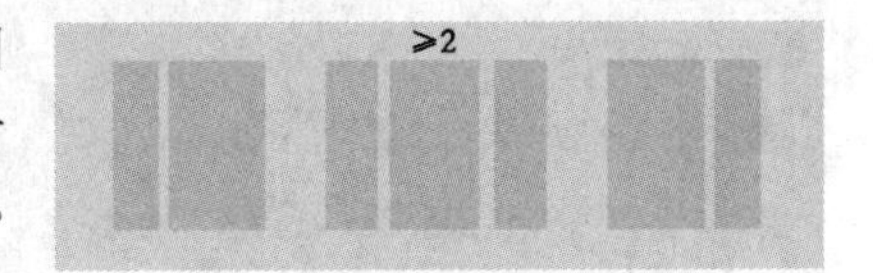

图 3-5 不均分多列布局

3.1.2 布局的实现方式

布局的实现方式

（1）固定布局：最传统的布局方式，即固定网页最外层容器的大小，所有的网页内容都以该容器为标准，而超出的内容可通过滚动滚动条查看。

（2）流式布局：以百分比为单位设置内容。流式布局可以适应一定范围内的设备屏幕以及浏览器的宽度。

（3）弹性布局：是 CSS3 中一种新的布局方式，使用起来简单方便，但是浏览器的兼容性是其一大弊端。弹性布局页可以看作多套固定布局。

（4）自适应布局：为不同的屏幕设置布局格式。当屏幕大小改变时，会出现不同的布局格式。

（5）响应式布局：可以理解为综合自适应布局和流式布局得到的布局方式，该布局方式可以为不同屏幕范围创建流式布局。

3.2 弹性盒概述

本节将简述 CSS3 中新增属性——弹性盒（flexbox）的基本知识，以便于读者更加清楚地理解和应用 Bootstrap 4 中 flex 的相关属性。

3.2.1 什么是弹性盒

什么是弹性盒

弹性盒是 CSS3 中一种新的布局模式，它是一种当页面需要适应不同的屏幕大小或设备类型时，能够确保元素拥有恰当行为的布局方式。引入弹性盒的目的是更有效地对容器中的子项目进行排列、对齐和分配空白空间等。

3.2.2 弹性盒的基本属性

弹性盒的基本属性

弹性盒由多个弹性子项目组成。通过设置弹性盒的 display 属性值为 flex 或 inline-flex 即可将其定义为弹性容器，这样其中的子项目将成为弹性子项目。下面通过表 3-1 简要介绍弹性盒的一些基本属性，以便读者更容易理解 Bootstrap 中的弹性盒。

表 3-1 弹性盒的基本属性

属性	含义
flex	定义弹性盒对象的子项目分配空间的方式
flex-direction	该属性通过定义弹性容器的主轴方向决定弹性子项目在弹性容器中的位置
align-content	定义弹性容器内行的对齐方式
justify-content	定义弹性子项目在主轴方向上的对齐方式
flex-flow	定义弹性盒对象的子项目的排列方式
flex-basis	定义弹性盒的伸缩基准值
flex-shrink	定义弹性盒的收缩比率
flex-grow	定义弹性子项目的扩展比率
flex-wrap	该属性控制弹性容器内的项目排列为单行或者多行，同时主轴方向决定了新行堆叠的方向
align-items	定义弹性子项目在弹性容器当前行的侧轴方向上的对齐方式

【例 3-1】使用弹性布局实现开心消消乐公告部分的布局。具体代码如下：

```
<style type="text/css">
    .cont {
        display: flex; /* 盒子容器为弹性容器*/
        background: #dea44e;
        padding: 1rem;
    }
    .cont > div { /* 设置弹性子项目的基本样式*/
        border: 1px solid #e6a998; /* 添加边框*/
        margin: .5rem; /* 设置外边距*/
        background: #eac2bf; /* 添加背景样式*/
    }
    p {
        font-size: 14px; /* 设置文字大小*/
    }
    .flex-row { /* 设置第二个弹性子项目的样式*/
        display: inline-flex;
        flex-direction: row; /* 设置弹性子项目横向从左向右排列*/
        flex-wrap: wrap; /* 设置包裹方式为正向包裹*/
        justify-content: space-around;
    }
    .flex-row p {
        background: #dea44e;
        padding: 0.25rem 0.5rem;
        margin: 0.5rem;
    }
    .flex-shrink {
        flex-shrink: 0; /* 设置弹性盒收缩比率为0*/
```

```
    }
    .flex-column { /* 设置第三个弹性子项目的样式*/
      display: flex;
      flex-direction: column; /* 设置弹性子项目纵向从上到下排列*/
      justify-content: space-around; /* 设置弹性子项目在主轴方向上的对齐方式*/
    }
</style>
<div class="cont">
    <div>
        <h3>快速通道</h3>
        <div class="flex-row">
            <p>CDK兑换</p><p>空间入口</p>
            <p>游戏微信</p><p>游戏论坛</p>
            <p>游戏微博</p><p>游戏博客</p>
        </div>
    </div>
    <div class="flex-shrink">
        <h3>最新活动</h3>
        <p>【开心消消乐】耶！暴击时间到！</p>
        <p>【游戏新系统】萌兔周赛，等你挑战！</p>
        <p>【更新】游戏关卡更新</p>
        <p>【论坛活动】拜年话大征集，送你上头条</p>
        <p>【游戏新活动】魔幻马戏团，道具等你拿！</p>
    </div>
    <div class="flex-column">
        <img src="test/1.jpg" alt=""><img src="test/2.jpg" alt="">
    </div>
</div>
```

上述代码的运行效果如图 3-6 所示。当放大浏览器屏幕时，其运行效果如图 3-7 所示。

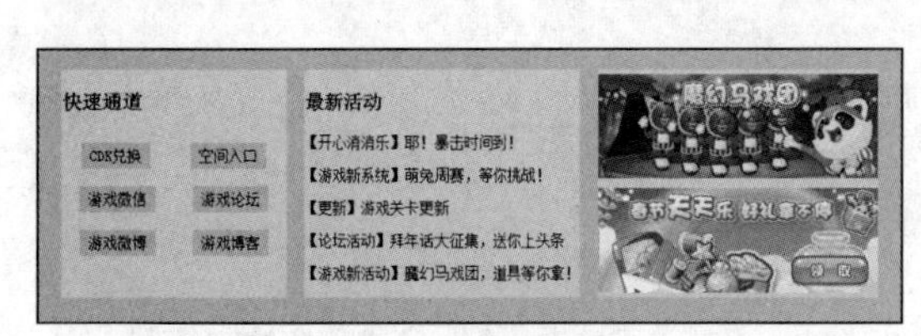

图 3-6　弹性盒示例

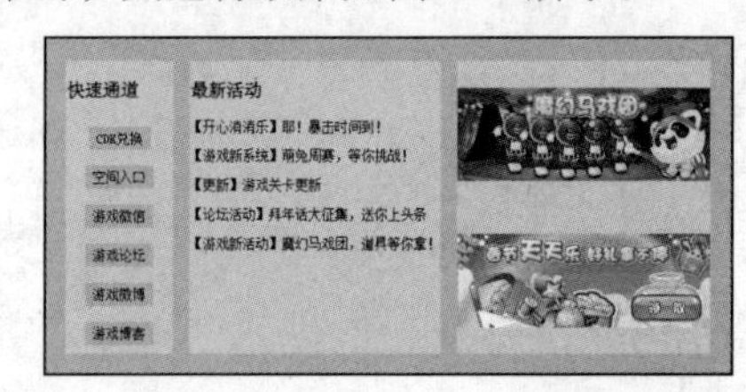

图 3-7　放大浏览器屏幕时，弹性盒的运行效果

3.2.3　Bootstrap 4 中弹性盒的使用

Bootstrap 4 中弹性盒的使用

前文简述了 CSS3 中弹性盒的基本属性及其含义。Bootstrap 也引入了弹性盒，通过弹性盒可以快速管理栅格的列、导航、组件等的布局、对齐方式和大小等，甚至可以实现更复杂的样式。

若要使用 Bootstrap 4 实现弹性布局，则需要为弹性盒添加类名.flex，将其转换为弹性容器。下面通过一个简单的例子来介绍在 Bootstrap 4 中如何启用弹性布局。

【例 3-2】使用 Bootstrap 中的弹性布局制作 2019 年长春国际马拉松赛事信息页面。具体代码如下：

```
<style type="text/css">
    body {
```

```
        background: url("images/5.jpg") no-repeat;
    }
</style>
<h1 class="text-center text-danger">2019长春马拉松赛事信息</h1>
<div class="d-flex ml-3">
    <div class="p-3 w-50 m-2 border border-primary">
        <p class="h3">一、赛事信息</p>
        <p>1. 报名时间：2019年5月3日10:00开始，额满为止。<br>
            2. 比赛时间：2019年5月26日8:00起跑。<br>
            3. 比赛地点：长春市。<br>
            4. 比赛项目：<br>
            （1）马拉松（41.195公里）——男子组、女子组；<br>
            （2）半程马拉松（21.0795公里）——男子组、女子组；<br>
            （3）十公里马拉松（10公里）——男子组、女子组；<br>
            （4）迷你马拉松（5公里含家庭跑、情侣跑）——男女不限。<br>
        </p></div>
    <div class="p-3 m-2 border border-primary">
        <p class="h3">二、报名资格</p>
        <p>年龄要求<br>
          <!--此处省略文字内容-->
         </p>
    </div>
    <div class="p-3 m-2 border border-primary">
        <p class="h3">三、报名信息</p>
        <p>1. 报名方式。<br>
                <!--此处省略文字内容-->
         </p>
    </div>
    <div class="p-3 m-2 border border-primary">
        <p class="h3">四、报名程序</p>
        <p>1. 线上报名流程。<br>
          <!--此处省略文字内容-->
    </div>
</div>
```

具体代码的实现效果如图 3-8 所示。当缩小浏览器屏幕宽度时，弹性盒中的项目会逐渐压缩变窄，如图 3-9 所示。

图 3-8　Bootstrap 启用弹性布局

图 3-9　浏览器尺寸缩小时弹性子项目的样式

3.3 项目的对齐与对准

本节将详细介绍 Bootstrap 中使用弹性盒进行布局时，项目的对齐与对准方式，主要包括如何定义弹性盒的主轴方向，弹性子项目在主轴、侧轴上的对齐方式，以及自定义项目的对齐方式。

3.3.1 弹性盒的主轴方向

弹性盒的主轴方向

在 Bootstrap 中，启用了弹性盒以后，我们还可以设置弹性盒与内部元素的陈列方向，包括水平方向和垂直方向的，而这两个方向又可以分为顺序排列和倒序排列，具体讲解如下。

1. 水平正向——.flex-row

水平正向指的是将弹性子项目在水平方向从左向右依次排列，其排列方式如图 3-10 所示。设置这种方式排列项目时，仅需在父元素上添加类名.flex-row 即可，当然这也是默认的排列方式。

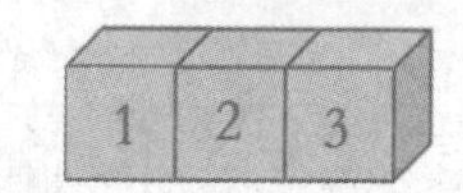

图 3-10 主轴方向为水平向右

【例 3-3】使用 Bootstrap 制作两则体育赛事信息显示页面。具体代码如下：

```
<style type="text/css">
    body {
        background: #e6cbc9;
    }
</style>
<p class="h4 border border-secondary pt-5">体育</p>
<div class="d-flex flex-row">
    <div class="pt-3"><img src="images/2.jpg" width="250"></div>
    <div class="pt-3 pl-2">
        <h3>小卡冷血一击燃热血 抢七绝杀名垂青史</h3>
        <p>北京时间5月13日，猛龙主场迎战76人，系列赛抢七。
            近三场比赛，小卡此前无敌的中远投手感都失效了，他开始无法命中中远投，使猛龙的进攻陷入了
            困境。实际上，整个上半场，伦纳德外线9投0中，6个进球全部来自禁区。
        </p>
    </div>
</div>
<!--此处省略相似代码-->
```

编写完代码后，在浏览器中运行本例，具体运行效果如图 3-11 所示。

图 3-11 Bootstrap 中从左向右排列项目

2. 水平反向——.flex-row-reverse

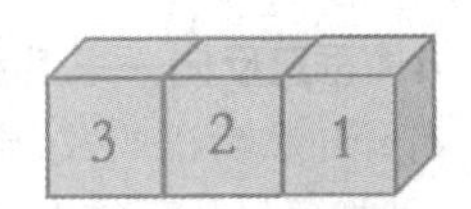

图 3-12　主轴方向为水平向左

图 3-12 所示为水平反向排列项目的效果。当设置以水平反向方式排列项目时，项目从右向左依次排列。要想使用该排列方式，只需要在弹性子项目的父元素上添加类名.flex-row-reverse 即可。

【例 3-4】使用 Bootstrap 实现横向显示活动室管理制度的页面。具体代码如下：

```
<style type="text/css">
    body {
        background: url("images/6.jpg") no-repeat;
    }
</style>
<h2 class="text-center text-danger pt-5">活动室管理制度</h2>
<div class="d-flex flex-row-reverse pt-4">
    <div class="ml-2 border border-info rounded p-2">1. 本活动室对所有参与者对外开放。</div>
    <div class="text-danger ml-2 p-2 border border-info rounded">2. 开放时间：夏季8:00—20:00，
冬季10:00—19:30。/div>
    <div class="ml-2 border border-info  p-2 rounded">3，遵守活动制度，不随意增加、延长开放时间。
/div>
   <!--此处省略相似代码-->
</div>
```

具体运行效果如图 3-13 所示。

3. 垂直正向——.flex-column

垂直正向排列项目的样式如图 3-14 所示，所有的项目按照从上至下依次排列。若要设置该排列方式，只需在父元素上添加类名.flex-column 即可。

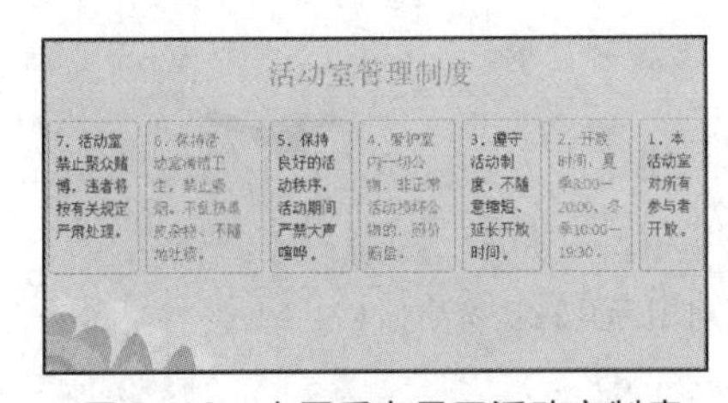

图 3-13　水平反向显示活动室制度

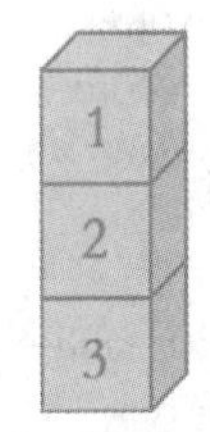

图 3-14　主轴方向为垂直向下

【例 3-5】制作明日科技移动端课程列表。因为手机屏幕宽度比较小，所以展示课程列表时，比较适合单列展示。使用 Bootstrap 进行垂直正向排列项目的具体代码如下：

```
<h4 class="">精品课程推荐</h4>
<div class="flex-column">
    <div class="d-flex border border-primary pr-2 mr-2">
        <img src="images/7.png" alt="第1讲 Q友——做你自己的QQ——开发背景">
        <div class="ml-3 flex-grow-1">
            <h5 class="mt-3">第1讲 Q友——做你自己的QQ——开发背景</h5>
            <p class="mt-4"><span>C# | 项目</span><span class="float-right">免费</span></p>
            <p class="mt-4"><span>1分41秒</span><span class="float-right">1944人学习</span></p>
        </div>
    </div>
   <!--此处省略相似代码-->
</div>
```

具体运行效果如图 3-15 所示。

4．垂直反向——.flex-column-reverse

有一句歇后语叫做“砌墙的砖头——后来居上”，下面介绍的垂直反向排列项目的方式就类似于“砌墙”，即把项目从下往上依次排列。其简图如图 3-16 所示。

图 3-15　垂直正向排列项目

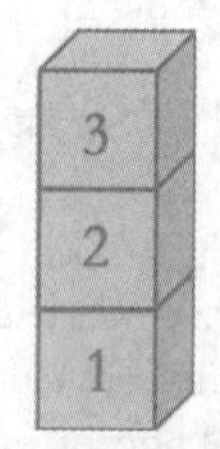

图 3-16　主轴方向为垂直向上

【例 3-6】按时间顺序展示长春历届马拉松赛事信息（截至 2019 年）。具体代码如下：

```
<style type="text/css">
    body {
        background: url("images/11.jpg") repeat;
    }
    .paddingLeft {
        padding-left: 0;
    }
    .hr {
        width: 10px;
        height: 440px;
        background: #51c8f3;
    }
</style>
<h1 class="text-center text-danger">长春历届国际马拉松赛事信息</h1>
<div class="d-flex">
    <hr class="hr">
    <div class="d-flex flex-column-reverse float-left   paddingLeft">
        <div class="d-flex">
            <div class="h4 text-center px-5 py-3"
                style="background:url('images/13.png') no-repeat;background-size: contain">第一届
            </div>
            <div>
                <p>时间：2017年</p>
                <p>
                    比赛全程路线：长春体育中心（起点）—自由大路—人民大街—卫星广场—雕塑公园—蔚山
                    路—蔚山路与海外街交会—硅谷大街—超大大路—西湖大路—长春国际汽车公园—东风大
                    街—普阳街—西安大路—人民广场—人民大街—自由大路—体育中心（终点）</p>
            </div>
        </div>
        <!--此处省略相似代码-->
    </div>
</div>
```

其运行效果如图 3-17 所示。

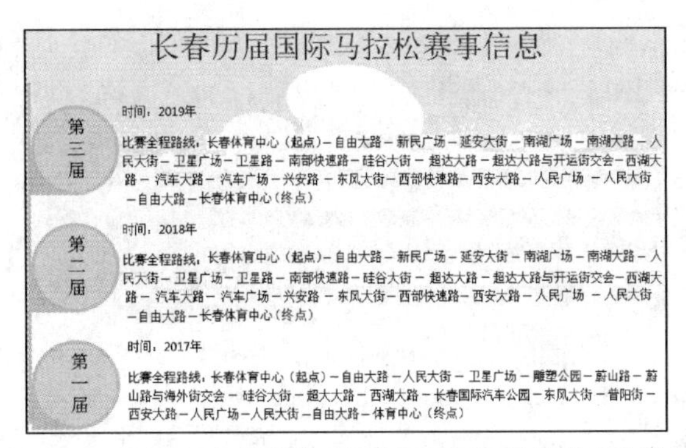

图 3-17　垂直反向方式排列长春历届国际马拉松赛事信息

5. 设置响应式的主轴方向

Bootstrap 中可以使用.flex-*或.flex-sm-*等类名来设置各屏幕类型中主轴的方向、相关类名及含义。如表 3-2 所示，其中*代表具体的对齐方式，如 row、column 等。

表 3-2　设置响应式主轴方向

类名	含义
.flex-*	设置超小（屏幕宽度 < 576px）及以上屏幕中主轴的方向
.flex-sm-*	设置小型（576px≤屏幕宽度 < 768px）及以上屏幕中主轴的方向
.flex-md-*	设置中等（768px≤屏幕宽度 < 992px）及以上屏幕中主轴的方向
.flex-lg-*	设置大型（992px≤屏幕宽度 < 1200px）及以上屏幕中主轴的方向
.flex-xl-*	设置超大（屏幕宽度≥1200px）屏幕中主轴的方向

设置中等及以上屏幕中主轴的方向的类名如下所示。设置其他屏幕中主轴的方向的类名以此类推。

☑ .flex-md-row：设置该屏幕中主轴的方向为水平向右。

☑ .flex-md-row-reverse：设置该屏幕中主轴的方向为水平向左。

☑ .flex-md-column：设置该屏幕中主轴的方向为垂直向下。

☑ .flex-md-column-reverse：设置该屏幕中主轴的方向为垂直向上。

3.3.2 弹性子项目在主轴上的对齐方式

弹性子项目在主轴上的对齐方式

实现项目的对齐与对准主要通过类名.justify-content-*来实现，主要有 5 种对齐方式，分别是从起始位置对齐、居中对齐、从结束位置对齐、两端对齐以及等间距对齐。

1. 项目从起始位置对齐——justify-content-start

要实现从起始位置对齐，只需在父元素上添加类名.justify-content-start 即可。以主轴方向为水平方向为例，若设置主轴方向为水平向右，然后添加类名.justify-content-start，则项目的起始位置为最左侧，如图 3-18 所示；若设置主轴方向为水平向左，则项目的起始位置为最右端，如图 3-19 所示。

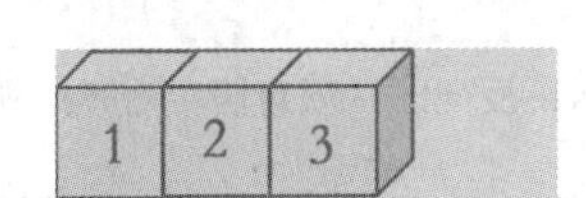

图 3-18　主轴方向水平向右时，项目从左向右排列

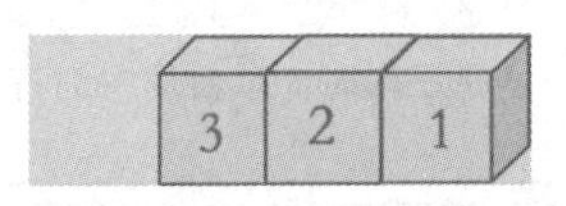

图 3-19　主轴方向水平向左时，项目从右向左排列

【例 3-7】使用 Bootstrap 实现水平向右排列的菜品列表。具体代码如下：

```
<style type="text/css">
```

```
    body {
        background: rgba(0,150,136,0.29);
    }
</style>
<div class="d-flex justify-content-start">
    <dl class="border border-primary px-4 py-3 ml-2">
        <dt><img src="images/14.jpg" alt="" class="img-thumbnail"></dt>
        <dd>
            <div><p class="float-left"><span>评分：</span>
                    <span class="text-danger">4.7</span></p>
                <p class="float-right"><span>月售:</span>
                    <span class="text-muted">894</span></p></div>
            <div class="initialism"><p class="float-left"><span>起送：</span>
                    <span class="text-primary">￥20</span></p>
                    <p class="float-right"><span>配送费</span>
                    <span class="text-primary">￥5.0</span></p></div>
            <div><p class="float-left"><span class="h6">￥</span>
                   <span class="h4 text-danger">27</span></p>
                   <a class="btn btn-primary rounded-circle text-white float-right">+</a>
            </div>
        </dd>
    </dl>
    <!--此处省略相似代码-->
</div>
```

本例的运行效果如图 3-20 所示。

图 3-20　菜品列表水平向右排列

2. 项目居中对齐——.justify-content-center

若要实现项目在弹性盒中居中对齐，则需要在父元素上添加类名.justify-content-center。同样，以弹性盒的主轴为水平方向为例，当主轴为水平正向时，添加类名.justify-content-center 后，项目的排列方式如图 3-21 所示；若主轴为水平反向，则添加此类名后，其排列方式如图 3-22 所示。

图 3-21　水平正向时，项目居中对齐排列的样式　　图 3-22　水平反向时，项目居中对齐排列的样式

【例 3-8】使用 Bootstrap 实现居中对齐的菜品列表。具体代码如下：

```
<style type="text/css">
    body {
        background: rgba(0, 150, 136, 0.29);
```

```
    }
</style>
<div class="d-flex justify-content-center ">
    <!--此处为添加3个弹性子项目的代码，这些代码与例3-6中的弹性子项目的代码相同，故省略-->
</div>
```

具体实现效果如图 3-23 所示。

图 3-23 实现项目居中排列

3. 项目从结束位置对齐——.justify-content-end

设置项目从结束位置对齐——指的是将弹性子项目从结束位置开始向起始位置排列。若要设置该对齐方式，则需要添加类名为.justify-content-end。同样，以水平方向为例，当主轴方向为水平正向时（.flex-row），项目的排列方式如图 3-24 所示；当主轴方向为水平反向时（.flex-row-reverse），项目的排列方式如图 3-25 所示。

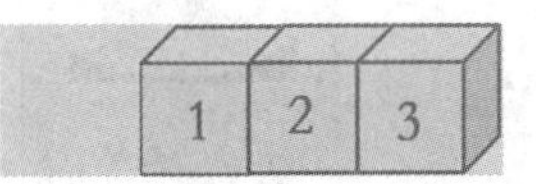

图 3-24 水平正向时，从结束位置开始排列项目

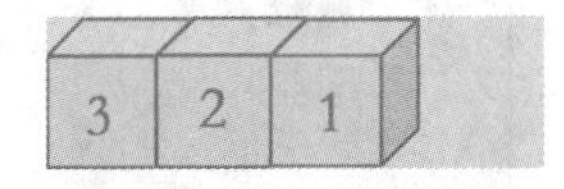

图 3-25 水平反向时，从结束位置开始排列项目

【例 3-9】使用 Bootstrap 实现从右向左排列的菜品列表。具体代码如下：

```
<style type="text/css">
    body {
        background: rgba(0,150,136,0.29);
    }
</style>
<div class="d-flex justify-content-end">
    <!--此处为添加3个弹性子项目的代码，这些代码与例3-6中的弹性子项目的代码相同，故省略-->
</div>
```

上述代码的实现效果如图 3-26 所示。

图 3-26 菜品列表从结束位置对齐

4. 项目两端对齐——.justify-content-between

若要设置项目在弹性盒中两端对齐，则需要在父元素上添加类名.justify-content-between。设置

该方式后，弹性盒中的子项目之间会留有均等的空间。同样以主轴方向为水平方向为例，当主轴为水平正向时，项目排列方式如图 3-27 所示；若主轴为水平反向，则项目排列方式如图 3-28 所示。

图 3-27　水平正向时，弹性子项目两端对齐的样式　图 3-28　水平反向时，弹性子项目两端对齐的样式

【例 3-10】使用 Bootstrap 实现菜品列表两端对齐排列。具体代码如下：

```
<style type="text/css">
    body {
        background: rgba(0,150,136,0.29);
    }
</style>
<div class="d-flex justify-content-between">
    <!--此处为添加3个弹性子项目的代码，这些代码与例3-6中的弹性子项目的代码相同，故省略-->
</div>
```

具体运行效果如图 3-29 所示。

图 3-29　菜品列表两端对齐排列

5. 项目等间距对齐——.justify-content-around

该对齐方式与上一种方式类似，但与上一种方式不同的是，使用该对齐方式时，每一个弹性子项目的两侧都会留有空白。使用该种方式排列项目时，需要在父元素中添加类名.justify-content-around。图 3-30 所示为主轴为水平正向时项目等间距对齐排列的样式，而图 3-31 所示为主轴为水平反向时项目等间距对齐排列的样式。

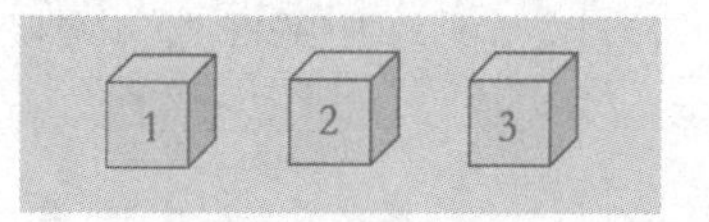

图 3-30　水平正向时，项目等间距对齐排列的样式　　图 3-31　水平反向时，项目等间距对齐排列的样式

【例 3-11】使用 Bootstrap 实现菜品列表等间距对齐排列。具体代码如下：

```
<style type="text/css">
    body {
        background: rgba(0,150,136,0.29);
    }
</style>
<div class="d-flex justify-content-around">
    <!--此处为添加3个弹性子项目的代码，这些代码与例3-6中的弹性子项目的代码相同，故省略-->
</div>
```

具体运行效果如图 3-32 所示。

图 3-32　等间距排列项目且两侧留有空白

6. 有关.justify-content-*的响应式属性

Bootstrap 中可以使用.justify-content-*或.justify-content-sm-*等类名来设置各屏幕类型中项目在主轴上的对齐方式，具体类名及相关含义如表 3-3 所示。

表 3-3　不同屏幕中项目在主轴上的对齐方式的设置

类名	含义
.justify-content -*	设置超小（屏幕宽度 < 576px）及以上屏幕中项目在主轴上的对齐方式
.justify-content -sm-*	设置小型（576px≤屏幕宽度 < 768px）及以上屏幕中项目在主轴上的对齐方式
.justify-content -md-*	设置中等（768px≤屏幕宽度 < 992px）及以上屏幕中项目在主轴上的对齐方式
.justify-content -lg-*	设置大型（992px≤屏幕宽度 < 1200px）及以上屏幕中项目在主轴上的对齐方式
.justify-content -xl-*	设置超大（屏幕宽度≥1200px）屏幕中项目在主轴上的对齐方式

设置中等及以上屏幕中项目在主轴上的对齐方式的类名如表 3-4 所示。设置其他屏幕中项目在主轴上的对齐方式的类名以此类推。

表 3-4　中等及以上屏幕中项目在主轴上的对齐方式的设置

类名	含义
.justify-content -md- start	设置该屏幕中项目在主轴上的对齐方式为从起始位置对齐
.justify-content -md-end	设置该屏幕中项目在主轴上的对齐方式为从结束位置对齐
.justify-content -md-center	设置该屏幕中项目在主轴上的对齐方式为居中对齐
.justify-content -md-between	设置该屏幕中项目在主轴上的对齐方式为两端对齐
.justify-content -md-around	设置该屏幕中项目在主轴上的对齐方式为等间距对齐

3.3.3　弹性子项目在侧轴上的对齐方式

弹性子项目在侧轴上的对齐方式

Bootstrap 中可以使用.align-items-*来设置项目在侧轴上的对齐方式，主要有以下 5 种方式，分别是从起始位置对齐、居中对齐、从结束位置对齐、与基线位置对齐，以及拉伸以适应容器。

1. 项目在侧轴上从起始位置对齐——.align-items-start

在侧轴上从起始位置对齐时，若主轴方向为水平反向，设置该方式需要添加类名.align-items-start，项目排列方式如图 3-33 所示。

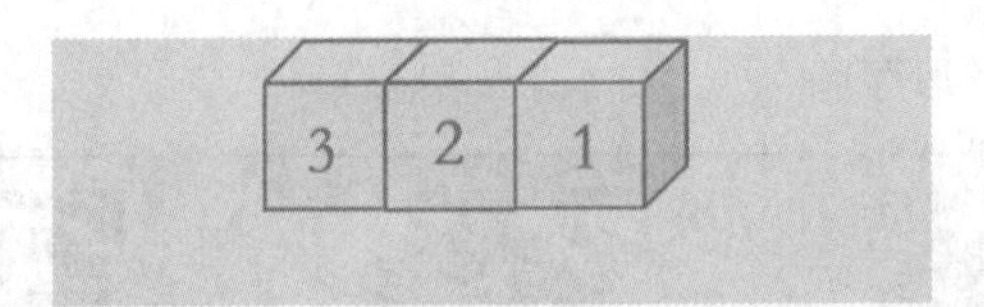

图 3-33　项目在侧轴上从起始位置对齐

【例 3-12】使用 Bootstrap 实现菜品列表在侧轴上从起始位置对齐排列的页面效果。具体代码如下：

```
<head>
    <style type="text/css">
        .cont{
            height: 400px;
            background: rgba(3,169,244,0.25);
        }
    </style>
</head>
<body>
<div class="d-flex align-items-start cont">
    <!--此处为添加3个弹性子项目的代码，这些代码与例3-7中的弹性子项目的代码相同，故省略-->
</div>
</body>
```

其运行效果如图 3-34 所示。

2．项目在侧轴上居中对齐——.align-items-center

设置项目在侧轴上居中对齐时，需要添加类名.align-items-center。例如，当主轴为水平反向时，添加此类名以后，项目的排列方式如图 3-35 所示。

图 3-34　项目在侧轴上从起始位置对齐排列

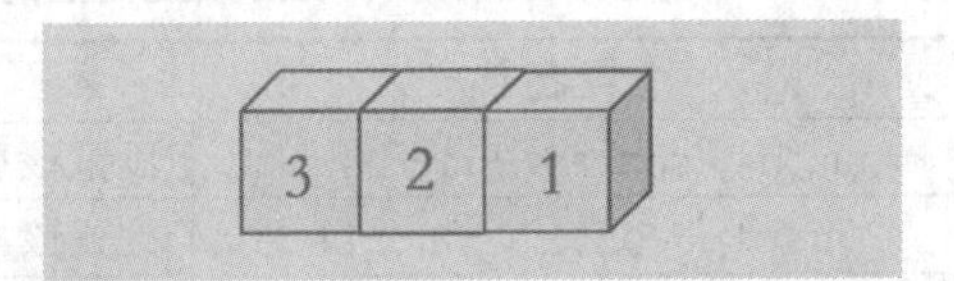

图 3-35　项目在侧轴上居中对齐排列

【例 3-13】使用 Bootstrap 实现菜品列表在侧轴上居中对齐排列。具体代码如下：

```
<style type="text/css">
    .cont{
        height: 400px;
        background: rgba(3,169,244,0.25);
    }
</style>
<div class="d-flex align-items-center cont">
    <!--此处为添加3个弹性子项目的代码，这些代码与例3-6中的弹性子项目的代码相同，故省略-->
</div>
```

编写完代码后，在浏览器中运行本例，运行效果如图 3-36 所示。

图 3-36　项目在侧轴上居中对齐排列

3. 项目在侧轴上从结束位置对齐——.align-items-end

设置项目在侧轴上从结束位置对齐时，需要在父元素上添加类名.align-items-end。以主轴方向为水平反向为例，图 3-37 所示为项目在侧轴上从结束位置对齐排列的模型。

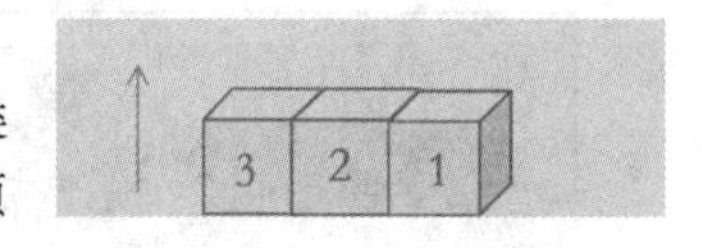

图 3-37　项目在侧轴上从结尾位置对齐排列

【例 3-14】使用 Bootstrap 实现菜品列表在侧轴上从结束位置对齐排列的页面效果。具体代码如下：

```
<style type="text/css">
    .cont{
        height: 400px;
        background: rgba(3,169,244,0.25);
    }
</style>
<div class="d-flex align-items-end cont">
    <!--此处为添加3个弹性子项目的代码，这些代码与例3-6中的弹性子项目的代码相同，故省略-->
</div>
```

上述代码的运行效果如图 3-38 所示。

图 3-38　项目在侧轴上从结束位置对齐排列

4. 设置项目在侧轴上与基线位置对齐——.align-items-baseline

设置项目在侧轴上与容器基线位置对齐时，需要添加类名为.align-items-baseline。当弹性子项目的行内轴与侧轴为同一条时，添加该类名与添加类名.flex-start 的效果相同。

【例 3-15】使用 Bootstrap 实现菜品列表水平向左，并且在侧轴上与基线位置对齐排列的页面效果。具体代码如下：

```
<style type="text/css">
```

```
    .cont{
        height: 400px;
        background: rgba(3,169,244,0.25);
    }
</style>
<div class="d-flex align-items-baseline cont">
    <!--此处为添加3个弹性子项目的代码，这些代码与例3-6中的弹性子项目的代码相同，故省略-->
</div>
```

上述代码的运行效果如图 3-39 所示。

5. 项目在侧轴上拉伸以适应容器——.align-items-stretch

当为弹性盒添加类名.align-items-stretch 时，可以实现元素被拉伸以纵向填充整个弹性盒的效果，其模型如图 3-40 所示。当元素的大小无法填充弹性盒时，添加此类名以后，元素就会被拉伸。

图 3-39　项目在侧轴上与基线位置对齐排列

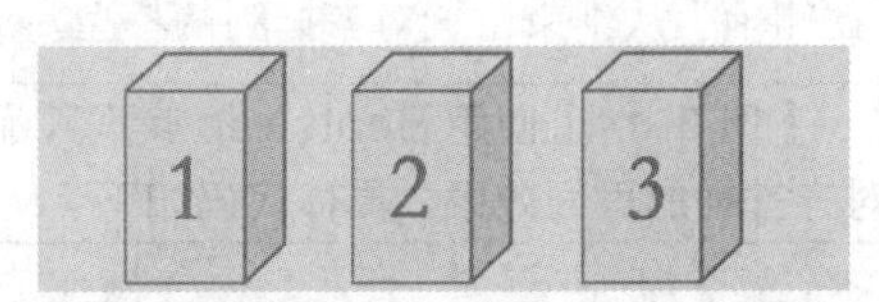

图 3-40　项目在侧轴上被拉伸以适应容器

【例 3-16】使用 Bootstrap 制作菜品列表信息页面。具体代码如下：

```
<style type="text/css">
    .cont{
        height: 400px;
        background: rgba(3,169,244,0.25);
    }
</style>
<div class="d-flex align-items-stretch cont">
    <!--此处为添加3个弹性子项目的代码，这些代码与例3-6中的弹性子项目的代码相同，故省略-->
</div>
```

上述代码的运行效果如图 3-41 所示。

图 3-41　项目在侧轴上拉伸以适应容器

6. 有关.align-items-*的响应式属性

Bootstrap 中可以使用.align-items-*或.align-items-sm-*等类名来设置各屏幕类型中项目在侧

轴上的对齐方式，具体类名及其含义如表 3-5 所示。

表 3-5　自定义某个项目在侧轴上的对齐方式

类名	含义
.align-items-*	设置超小（屏幕宽度 < 576px）及以上屏幕中项目在侧轴上的对齐方式
.align-items-sm-*	设置小型（576px≤屏幕宽度 < 768px）及以上屏幕中项目在侧轴上的对齐方式
.align-items-md-*	设置中等屏幕（768px≤屏幕宽度 < 992px）及以上屏幕中项目在侧轴上的对齐方式
.align-items-lg-*	设置大型（992px≤屏幕宽度 < 1200px）及以上屏幕中项目在侧轴上的对齐方式
.align-items-xl-*	设置超大（屏幕宽度≥1200px）屏幕中项目在侧轴上的对齐方式

设置在中等及以上屏幕中项目在侧轴上的对齐方式的类名如表 3-6 所示。设置其他屏幕中项目在侧轴上的对齐方式的类名以此类推。

表 3-6　中等及以上屏幕中项目在侧轴上的对齐方式的类名

类名	含义
.align-items-md-start	中等及以上屏幕中项目在侧轴上的对齐方式为从起始位置对齐
.align-items-md-center	中等及以上屏幕中项目在侧轴上的对齐方式为居中对齐
.align-items-md-end	中等及以上屏幕中项目在侧轴上的对齐方式为从结束位置对齐
.align-items-md-baseline	中等及以上屏幕中项目在侧轴上的对齐方式为与基线位置对齐
.align-items-md-stretch	中等及以上屏幕中项目在侧轴上的对齐方式为拉伸以适应容器

3.3.4　项目的自对齐

项目的自对齐

1. 设置某项目的自对齐——.align-self-*

项目的自对齐指的是自定义某个项目的对齐方式。单独设置单个项目的对齐方式需要添加类名.align-self-*，具体类名主要有 5 个，具体类名及其含义如表 3-7 所示。自对齐的具体效果示意图如图 3-42 所示。

表 3-7　自定义某个项目的对齐方式

类名	含义
.align-self-start	设置某个项目从起始位置对齐
.align-self-end	设置某个项目从结束位置对齐
.align-self-center	设置某个项目居中对齐
.align-self-baseline	设置某个项目与基线位置对齐
.align-self-stretch	设置某个项目被拉伸对齐

根据表 3-7 所示内容，我们不难发现.align-self-*的属性值及其含义与.align-items-*的属性值及其对应的对齐方式相同。以父元素的默认基线位置为例，上述类名对应的对齐方式的简图如图 3-42 所示，图中项目 6 为项目的默认对齐方式（参考），而项目 1 至项目 5 的对齐方式依次为.align-self-start、.align-self-center、.align-self-end、.align-self-baseline、.align-self-stretch。

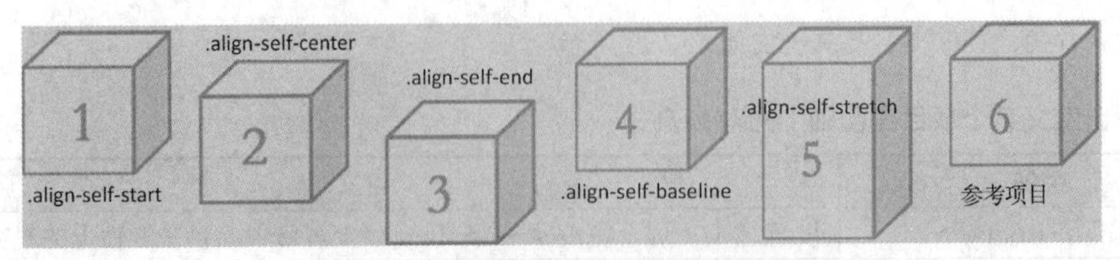

图 3-42　设置某个弹性子项目的对齐方式

【例 3-17】使用 Bootstrap 制作水果列表，并且自定义第二个水果商品在侧轴上从起始位置对齐，第三个水果商品与容器基线对齐，第四个水果商品在侧轴上从结束位置对齐。具体代码如下：

```
<head>
    <style type="text/css">
      .cont{
        height: 400px;
        background: rgba(3,169,244,0.25);
      }
    </style>
</head>
<body>
<div class="d-flex align-items-center cont">
    <dl class="border border-primary px-4 py-3 mr-2">
        <dt><img src="images/17.jpg" alt="" class="img-thumbnail"></dt>
        <dd>
            <p class="float-left clearfix"><span class="initialism"> ¥ </span><span class=
"text-danger">45.8</span></p>
            <p class="float-right"><span>销量：</span><span class="text-muted">15</span></p>
        </dd>
    </dl>
    <!--此处省略相似代码-->
</div>
</body>
```

上述代码的运行效果如图 3-43 所示。

图 3-43　自定义项目在侧轴上的对齐方式 1

【例 3-18】使用 Bootstrap 制作水果列表，并且设置第二个水果商品纵向填充容器，第三个水果商品垂直居中对齐。具体代码如下：

```
<style type="text/css">
  .cont{
```

```
        height: 400px;
        background: rgba(3,169,244,0.25);
    }
</style>
<div class="d-flex align-items-start cont">
    <dl class="border border-primary px-4 py-3 mr-2">
        <dt><img src="images/17.jpg" alt="" class="img-thumbnail"></dt>
        <dd>
            <p class="float-left clearfix"><span class="initialism">¥</span><span class=
            "text-danger">45.8</span></p>
            <p class="float-right"><span>销量：</span><span class="text-muted">15</span></p>
        </dd>
    </dl>
    <dl class="align-self-stretch border border-primary px-4 py-3 mr-2">
        <dt><img src="images/18.jpg" alt="" class="img-thumbnail"></dt>
        <dd>
            <p class="float-left clearfix"><span class="initialism">¥</span><span class=
            "text-danger">35.50</span></p>
            <p class="float-right"><span>销量：</span><span class="text-muted">17</span></p>
        </dd>
    </dl>
   <!--此处省略相似代码-->
</div>
```

上述代码的运行效果如图 3-44 所示。

图 3-44 自定义项目在侧轴上的对齐方式 2

2. 设置某个项目的对齐方式的响应式属性

Bootstrap中可以使用.align-self-*或.align-self-sm-*等类名来自定义各屏幕类型中某项目在侧轴上的对齐方式，具体类名及其含义如表 3-8 所示。

表 3-8 不同屏幕中某项目在侧轴上的对齐方式的设置

类名	含义
.align-self-*	设置超小（屏幕宽度＜576px）及以上屏幕中某项目在侧轴上的对齐方式
.align-self-sm-*	设置小型（576px≤屏幕宽度＜768px）及以上屏幕中某项目在侧轴上的对齐方式
.align-self-md-*	设置中等（768px≤屏幕宽度＜992px）及以上屏幕中某项目在侧轴上的对齐方式
.align-self-lg-*	设置大型（992px≤屏幕宽度＜1200px）及以上屏幕中某项目在侧轴上的对齐方式
.align-self-xl-*	设置超大（屏幕宽度≥1200px）屏幕中某项目在侧轴上的对齐方式

设置中等及以上屏幕中某项目在侧轴上的对齐方式的类名如表 3-9 所示。设置其他屏幕中项目在主轴上的对齐方式的类名以此类推。

表 3-9　中等及以上屏幕中某项目在侧轴上的对齐方式的设置

类名	含义
.align-self-md- start	设置该屏幕中某项目在侧轴上的对齐方式为从起始位置对齐
.align-self-md-end	设置该屏幕中某项目在侧轴上的对齐方式为从结束位置对齐
.align-self-md-center	设置该屏幕中某项目在侧轴上的对齐方式为居中对齐
.align-self-md-baseline	设置该屏幕中某项目在侧轴上的对齐方式为与容器基线位置对齐
.align-self-md- stretch	设置该屏幕中某项目在侧轴上拉伸以填充整个容器

3.4　项目的大小

本节主要讲述在使用 Bootstrap 中的弹性盒时，如何定义项目的自相等、项目的伸缩能力，以及如何定义有多行内容时，行在侧轴上的对齐方式。

3.4.1　设置项目自相等

设置项目自相等

1. 设置项目的自相等

若要设置项目自相等，则需在一系列兄弟元素上添加类名.flex-fill。通过添加类名，可以使弹性盒中的兄弟元素变成相等的宽度。具体如图 3-45 所示。

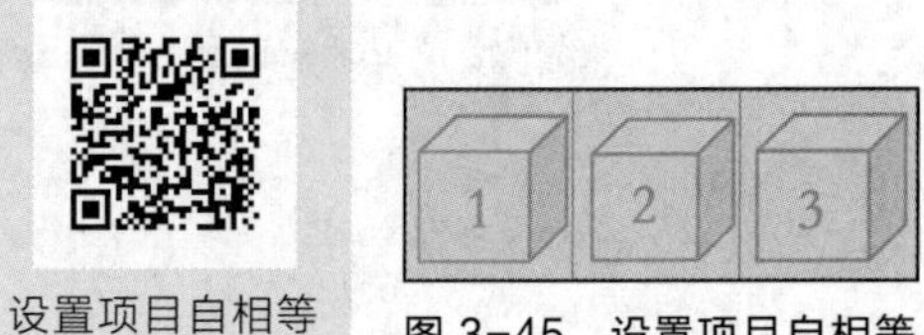

图 3-45　设置项目自相等

【例 3-19】使用 Bootstrap 制作水果商品列表，并且要求各商品等宽显示。具体代码如下：

```
<style type="text/css">
    .cont{
        height: 400px;
        background: rgba(3,169,244,0.25);
    }
</style>
<div class="d-flex align-items-center cont">
    <dl class="flex-fill border border-primary p-3 m-2">
        <dt class="text-center"><img src="images/17.jpg" alt="" class="img-fluid"></dt>
        <dd>
            <p class="float-left"><span class="initialism">¥</span><span class="text-danger">
            45.8</span></p>
            <p class="float-right"><span>销量：</span><span class="text-muted">15</span></p>
        </dd>
    </dl>
    <!--此处省略相似代码-->
</div>
```

上述代码的运行效果如图 3-46 所示。

图 3-46　项目自相等示例

2. 设置项目自相等的响应式变化

Bootstrap 中可以使用.flex-*或.flex-sm-*等类名来设置各屏幕类型中项目的自相等，具体类名及其含义如表 3-10 所示。

表 3-10　不同屏幕中项目的自相等设置

类名	含义
.flex-fill	设置超小（屏幕宽度 < 576px）及以上屏幕中项目的自相等
.flex-sm-fill	设置小型（576px ≤ 屏幕宽度 < 768px）及以上屏幕中项目的自相等
.flex-md-fill	设置中等（768px ≤ 屏幕宽度 < 992px）及以上屏幕中项目的自相等
.flex-lg-fill	设置大型（992px ≤ 屏幕宽度 < 1200px）及以上屏幕中项目的自相等
.flex-xl-fill	设置超大（屏幕宽度 ≥ 1200px）屏幕中项目的自相等

3.4.2　设置项目等宽变换

设置项目等宽变换

1. .flex-grow-*与.flex-shrink-*的使用

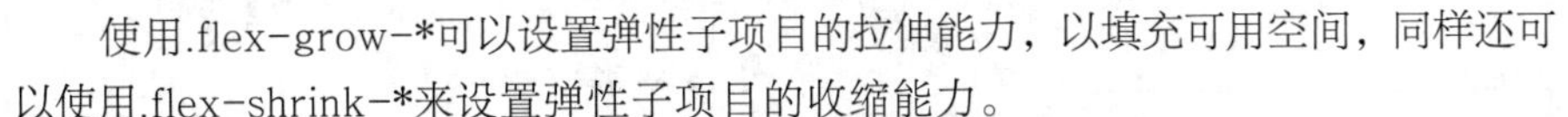
使用.flex-grow-*可以设置弹性子项目的拉伸能力，以填充可用空间，同样还可以使用.flex-shrink-*来设置弹性子项目的收缩能力。

【例 3-20】使用 Bootstrap 制作明日科技官网中的课程页面，并且设置当屏幕缩小时，课程列表优先于导航内容进行收缩；而浏览器屏幕增大时，导航内容优先于课程列表进行放大。具体代码如下：

```
<div class="d-flex align-items-start cont">
    <aside class="flex-shrink-0 flex-grow-1 border border-secondary initialism">
        <ul class="list-inline list-unstyled border-bottom border-secondary px-4">
            <p class="font-weight-bold">后端开发</p>
            <li class="list-inline-item">Java</li>
            <li class="list-inline-item">Java Web</li>
            <li class="list-inline-item">PHP</li><br>
            <li class="list-inline-item">C#</li>
            <li class="list-inline-item">C++</li>
            <li class="list-inline-item">C语言</li><br>
            <li class="list-inline-item">Python</li>
            <li class="list-inline-item">ASP.NET</li>
            <li class="list-inline-item">VB</li>
        </ul>
        <ul class="list-inline list-unstyled border-bottom border-secondary px-4">
            <p class="font-weight-bold">移动端开发</p>
            <li>Android</li>
        </ul>
       <!--此处省略相似代码-->
    </aside>
    <div class="flex-grow-1 flex-shrink-1 ml-4 ">
        <p class="h5 border-bottom border-secondary py-2 text-primary">体系课程</p>
        <div class="d-flex m-3">
            <dl class=" flex-fill border border-secondary">
                <dt class="text-center"><img src="images/22.png" alt="" class="img-fluid"></dt>
                <dd>
                <p class="h4">Java入门第一季</p>
```

```
            <p class="initialism d-flex text-muted"><span class="flex-fill">主讲：根号申
            </span><span class="flex-fill">15课时：10小时9分15秒</span><a class="flex-fill btn
            btn-primary text-white">开始学习</a></p>
            </dd>
        </dl>
        <!--此处省略相似代码-->
    </div>
  </div>
</div>
```

上述代码的运行效果如图 3-47 所示。

图 3-47　设置项目的拉伸能力以及收缩能力

2. .flex-grow-*与.flex-shrink-*的响应式使用

Bootstrap 中可以使用.flex-*-{grow|shrink}-0 或.flex-sm-{grow|shrink}-1 等类名来切换各屏幕类型中弹性子项目的伸缩能力，具体类名及其含义如表 3-11 所示。

表 3-11　不同屏幕中项目伸缩能力的设置

类名	含义
.flex-{grow|shrink}-*	设置超小（屏幕宽度 < 576px）及以上屏幕中项目拉伸（收缩）的能力
.flex-sm-{grow|shrink}-*	设置小型（576px≤屏幕宽度 < 768px）及以上屏幕中项目拉伸（收缩）的能力
.flex-md-{grow|shrink}-*	设置中等（768px≤屏幕宽度 < 992px）及以上屏幕中项目拉伸（收缩）的能力
.flex-lg-{grow|shrink}-*	设置大型（992px≤屏幕宽度 < 1200px）及以上屏幕中项目拉伸（收缩）的能力
.flex-xl-{grow|shrink}-*	设置超大（屏幕宽度≥1200px）屏幕中项目拉伸（收缩）的能力

设置中等及以上屏幕中项目拉伸或收缩能力的类名如下所示。设置其他屏幕中项目拉伸或收缩能力的类名以此类推。

- ☑ .flex-md-grow-0：设置该屏幕中项目不能进行拉伸。
- ☑ .flex-md-grow-1：设置该屏幕中项目能进行拉伸。
- ☑ .flex-md-shrink-0：设置该屏幕中项目不能进行收缩。
- ☑ .flex-sm-shrink-1：设置该屏幕中项目可进行收缩。

3.4.3 多行内容的对齐

多行内容的对齐

1. 多行内容的对齐

前文讲解的都是所有项目在一行里显示时项目对齐方式的设置。但是当排列的项目比较多时，就需要项目换行显示。那么如何控制换行的内容在侧轴上的对齐方式呢？

Bootstrap 中预设的多行内容的对齐方式与项目在侧轴上的对齐方式基本相同，但是设置多行内容对齐方式使用的是.align-content-*，具体有以下 6 种对齐方式，分别是从起始位置对齐（.align-content-start）、从结束位置对齐（align-content-end）、居中对齐（.align-content-center）、两端对齐（.align-content-between）、等间距对齐（.align-content-around），以及纵向拉伸占用整个容器（.align-content-stretch）。具体排列如图 3-48 至图 3-53 所示。

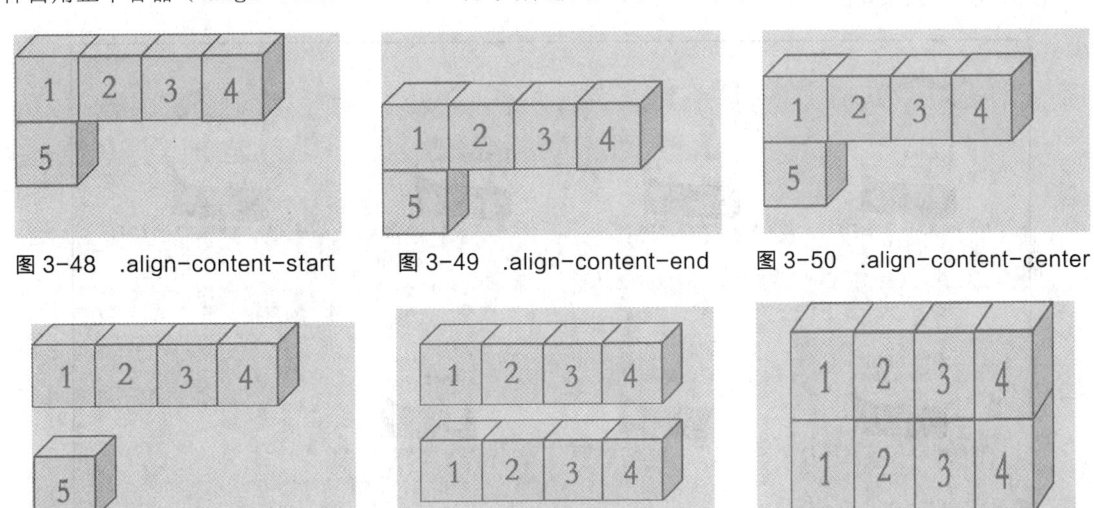

图 3-48 .align-content-start　图 3-49 .align-content-end　图 3-50 .align-content-center

图 3-51 .align-content-between　图 3-52 .align-content-around　图 3-53 .align-content-stretch

下面以两个例子简要演示多行内容对齐方式的设置。

【例 3-21】使用 Bootstrap 制作明日学院网站中电子图书商品列表页面，并且设置换行后，商品在侧轴上从起始位置对齐。具体代码如下：

```
<style type="text/css">
    .button {
        padding: 3px 7px 0;
        margin-top: 0;
    }
    .box{
        height: 900px;
        background: rgba(123,225,233,0.5);
    }
</style>
<div class="d-flex mt-2">
    <p class="mr-auto text-muted">我的可兑换学分</p>
    <p><span class="text-primary">全部</span><span>可兑换</span></p>
</div>
<div class="d-flex flex-wrap align-content-start box">
    <dl class="ml-5 border border-secondary">
        <dt class="text-center"><img src="images/28.png" alt="" class="img-fluid"></dt>
```

```
        <dd>
            <p class="font-weight-bold">Java Web实战入门（电子版）</p>
            <div class="initialism d-flex">
                <p class="text-danger">35000</p>
                <p class="text-muted mr-auto">学分</p><a class="btn btn-outline-primary button
mt-n2 mb-2">去兑换</a>
            </div>
        </dd>
    </dl>
<!--此处省略其余6个弹性子项目（定义列表）的代码，其代码与上面弹性子项目的代码类似-->
</div>
```

该例的运行效果如图 3-54 所示。

图 3-54　多行内容的对齐

【例 3-22】使用 Bootstrap 实现在侧轴上居中对齐商品列表的样式。具体代码如下：

```
<style type="text/css">
    .button {
        padding: 3px 7px 0;
        margin-top: 0;
    }
    .box {
        height: 800px;
        background: rgba(123, 225, 233, 0.5);
    }
</style>
<div class="d-flex mt-2 m-2">
    <p class="mr-auto text-muted">我的可兑换学分</p>
    <p><span class="text-primary">全部</span><span>可兑换</span></p>
</div>
<div class="d-flex flex-wrap align-content-center box">
<!--此处省略弹性子项目的代码，此部分代码与例3-21的代码类似-->
</div>
```

上述代码的运行效果如图 3-55 所示。

图 3-55　多行内容在侧轴上居中对齐

.align-content-*对于只有一行的弹性子项目是没有任何作用的。

2. 行的响应式对齐的设置

Bootstrap 中可以使用.align-content-*来设置不同类型屏幕中弹性盒中行的对齐方式，其具体的设置方式如表 3-12 所示。

表 3-12　不同屏幕中行的对齐方式的设置

类名	含义
.align-content-*	设置所有屏幕中行的对齐方式
.align-content-sm-*	设置小型及以上屏幕中行的对齐方式
.align-content-md-*	设置中等及以上屏幕中行的对齐方式
.align- content-xl-*	设置大型及以上屏幕中行的对齐方式
.align- content-lg-*	设置超大屏幕中行的对齐方式

例如设置中等及以上屏幕中行的对齐方式为居中对齐，则需要添加类名.align-content-md-center。

3.5　项目的排列

本节将详细地介绍项目的自浮动、Wrap 包裹以及自定义项目的先后顺序。其中项目的自浮动是通过结合使用弹性盒与.mr-auto（.ml-auto）来实现的；Wrap 包裹主要有无包裹、正向包裹和反向包裹 3 种设置方式；自定义先后顺序则是通过 order-*来实现的。

3.5.1　设置项目自浮动

设置项目自浮动

Bootstrap 中可以将 flex 对齐与 auto margin 一起使用，来实现将项目向左推动或向右推动的效果。例如，图 3-56 所示为给第三个项目添加类名.mr-auto 后，其后面的项目被推向最右侧的效果。同样，如果为某个项目设置向左自浮动，则所设置项目的左侧所有项目将被推向最左侧。例如，图 3-57 所示为给第二个项目添加类名.ml-auto 后，第一个项目被推向最左侧的效果。

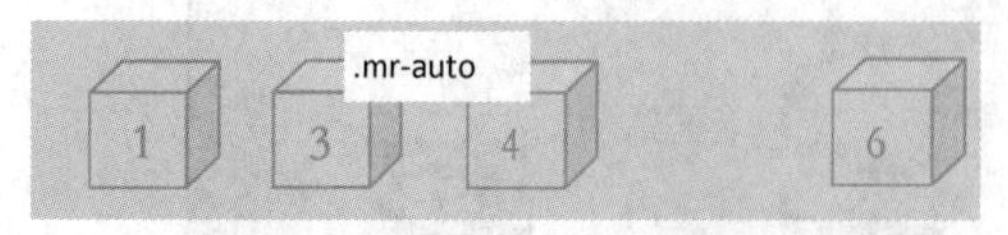

图 3-56　设置项目向右浮动

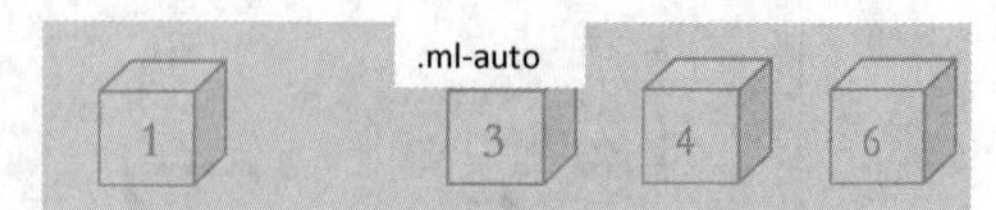

图 3-57　设置项目向左浮动

【例 3-23】使用 Bootstrap 制作明日学院中学分商城页面。具体代码如下：

```
<style type="text/css">
    .button {
        padding: 3px 7px 0;
        margin-top: 0;
    }
</style>
<div class="d-flex cont">
    <aside class="border border-secondary shadow">
        <ul class="list-unstyled pt-2 px-4 ">
            <li class=" pt-2 px-4 border-left border-primary">学分商城</li>
            <li class=" pt-2 px-4">荣誉中心</li>
            <li class=" pt-2 px-4">VIP权益</li>
            <li class=" pt-2 px-4">课程需求</li>
            <li class=" pt-2 px-4">意见反馈</li>
            <li class=" pt-2 px-4">学分说明</li>
            <li class=" pt-2 px-4">代金券</li>
            <li class=" pt-2 px-4">版权说明</li>
            <li class=" pt-2 px-4">关于我们</li>
        </ul>
    </aside>
    <div class="ml-4 flex-grow-1">
        <div class="d-flex mt-2">
            <p class="mr-auto text-muted">我的可兑换学分</p>
            <p><span class="text-primary">全部</span><span>可兑换</span></p>
        </div>
        <div class="d-flex">
            <dl class="border border-secondary">
                <dt class="text-center"><img src="images/24.png" alt="" class="img-fluid"></dt>
                <dd>
                    <p class="font-weight-bold">明日学院V1会员（3个月）</p>
                    <div class="initialism d-flex">
                        <p class="text-danger">9500</p>
                        <p class="text-muted mr-auto">学分</p><a class="btn btn-outline-
                        primary button mt-n2 mb-2">去兑换</a>
                    </div>
                </dd>
            </dl>
   <!--此处省略其余3个<dl>列表-->
        </div>
    </div>
</div>
```

该例的运行效果如图 3-58 所示。

图 3-58 弹性子项目中的自浮动

3.5.2 Wrap 包裹

1. 设置无包裹

前文主要介绍了项目的排列顺序、方式等知识，而这里介绍的是 Bootstrap 中的 Wrap 包裹，也就是规定项目在必要时可灵活地拆分成多行或者多列来显示。Wrap 包裹主要有 3 种包裹方式，分别是无包裹（.flex-nowrap）、正向包裹（.flex-wrap）和反向包裹（.flex-wrap-reverse）。

其中无包裹是浏览器默认的包裹方式。若启用该方式，则弹性子项目在弹性盒中显示在一行里，而不进行换行或换列显示，读者也可参考例 3-1。无包裹的示意图如图 3-59 所示。

2. 设置正向包裹

正向包裹指的是当弹性盒宽度不够时，项目将换行显示，并且换行后第二行的内容仍然正向显示。设置项目正向包裹需要在弹性盒上设置类名.flex-wrap，其示意图如图 3-60 所示。

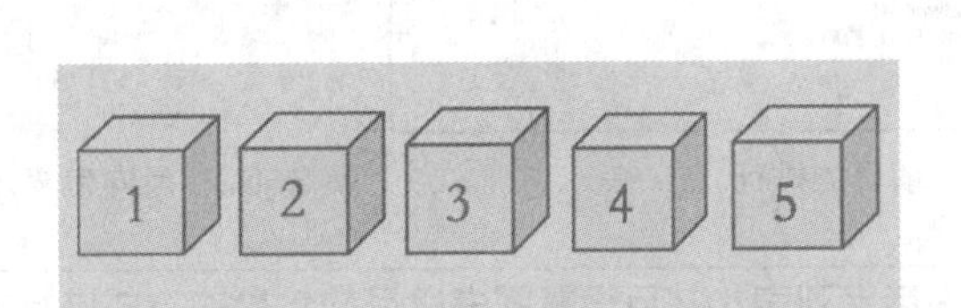

图 3-59 使用无包裹方式时，项目的排列

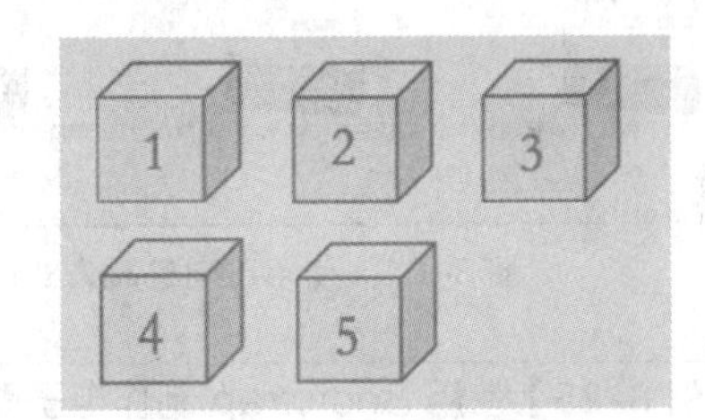

图 3-60 正向包裹的示意图

【例 3-24】使用 Bootstrap 制作电子图书商品列表。具体代码如下：

```
<style type="text/css">
    .button {
        padding: 3px 7px 0;
        margin-top: 0;
    }
</style>
<div class="d-flex mt-2">
    <p class="mr-auto text-muted">我的可兑换学分</p>
    <p><span class="text-primary">全部</span><span>可兑换</span></p>
</div>
<div class="d-flex flex-wrap">
    <dl class="ml-5 border border-secondary">
        <dt class="text-center"><img src="images/28.png" alt="" class="img-fluid"></dt>
```

```
        <dd>
            <p class="font-weight-bold">Java Web项目开发实战入门（电子版）</p>
            <div class="initialism d-flex">
                <p class="text-danger">35000</p>
                <p class="text-muted mr-auto">学分</p><a class="btn btn-outline-primary button
mt-n2 mb-2">去兑换</a>
            </div>
        </dd>
    </dl>
    <!--此处省略其余弹性子项目（定义列表）的代码-->
</div>
```

上述代码的运行效果如图 3-61 所示。

3. 设置反向包裹

反向包裹与正向包裹的运行效果类似，所不同的是，当项目换行显示时，项目从底部向顶部换行，并且换行时，第二行及后面的内容从左向右依次排列，其示意图如图 3-62 所示。要实现反向包裹，需在在弹性容器上添加类名.flex-wrap-reverse。

图 3-61　使用正向包裹方式时，项目的排列

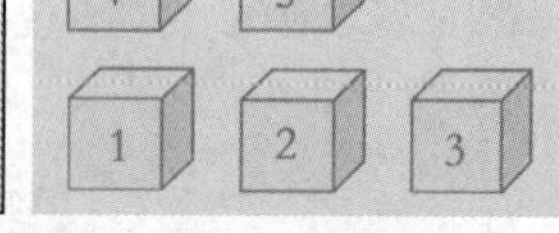

图 3-62　反向包裹示意图

【例 3-25】使用 Bootstrap 制作电子图书商品列表，并且设置图书以反向包裹的方式进行排列。具体代码如下：

```
<style type="text/css">
    .button {
        padding: 3px 7px 0;
        margin-top: 0;
    }
</style>
<div class="d-flex mt-2">
    <p class="mr-auto text-muted">我的可兑换学分</p>
    <p><span class="text-primary">全部</span><span>可兑换</span></p>
</div>
<div class="d-flex flex-wrap-reverse">
<!--此处省略弹性子项目（定义列表）的代码，其代码与例3-24中的弹性子项目代码类似-->
</div>
```

上述代码的运行效果如图 3-63 所示。

图 3-63　使用反向包裹方式时，项目的排列

4. 设置包裹方式的响应式变化

Bootstrap 中可以使用.flex-*或.flex-sm-*等类名来实现项目在不同类型屏幕中包裹方式的设置，具体类名及其含义如表 3-13 所示。

表 3-13　不同屏幕中项目包裹方式的设置

<table>
<tr><th>类名</th><th>含义</th></tr>
<tr><td>.flex-{nowrap|wrap|wrap-reverse}-*</td><td>设置超小（屏幕宽度＜576px）及以上屏幕中项目的包裹方式</td></tr>
<tr><td>.flex-sm-{nowrap|wrap|wrap-reverse}-*</td><td>设置小型（576px≤屏幕宽度＜768px）及以上屏幕中项目的包裹方式</td></tr>
<tr><td>.flex-md-{nowrap|wrap|wrap-reverse}-*</td><td>设置中等（768px≤屏幕宽度＜992px）及以上屏幕中项目的包裹方式</td></tr>
<tr><td>.flex-lg-{nowrap|wrap|wrap-reverse}-*</td><td>设置大型（992px≤屏幕宽度＜1200px）及以上屏幕中项目的包裹方式</td></tr>
<tr><td>.flex-xl-{nowrap|wrap|wrap-reverse}-*</td><td>设置超大（屏幕宽度≥1200px）屏幕中项目的包裹方式</td></tr>
</table>

设置中等及以上屏幕中项目的包裹方式时，可以添加如下所示的类名。设置其他屏幕中项目在主轴上的对齐方式的类名以此类推。

☑　.flex-md-wrap：设置该屏幕中将项目正向包裹。

☑　.flex-md-nowrap：设置该屏幕中不对项目进行包裹。

☑　.flex-md-wrap-reverse：设置该屏幕中将项目反向包裹。

3.5.3　order 排序

1. order 排序

Bootstrap 中可以通过.order-*来自定义项目的先后顺序。具体操作是使用.order-1～.order-12 这 12 个类名来定义项目排列在第 1～12 的位置。具体示例如图 3-64 所示。

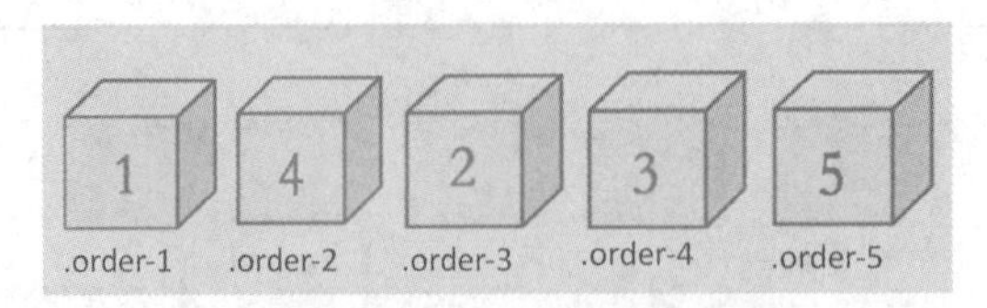

图 3-64 .order-*排序的用法

【例 3-26】使用 Bootstrap 制作明日学院官网中积分兑换商品页面，并且按照所花费积分多少的顺序来排列商品。具体代码如下：

```
<style type="text/css">
    .button {
        padding: 3px 7px 0;
        margin-top: 0;
    }
</style>
<div class="d-flex mt-2">
    <p class="mr-auto text-muted">我的可兑换学分</p>
    <p><span class="text-primary">全部</span><span>可兑换</span></p>
</div>
<div class="d-flex flex-wrap">
    <dl class="ml-5 order-1 border border-secondary">
        <dt class="text-center"><img src="images/24.png" alt="" class="img-fluid"></dt>
        <dd>
            <p class="font-weight-bold">明日学院V1会员（3个月）</p>
            <div class="initialism d-flex">
                <p class="text-danger">9500</p>
                <p class="text-muted mr-auto">学分</p><a class="btn btn-outline-primary button
mt-n2 mb-2">去兑换</a>
            </div>
        </dd>
    </dl>
    <!--此处省略相似代码-->
</div>
```

上述代码的运行效果如图 3-65 所示。

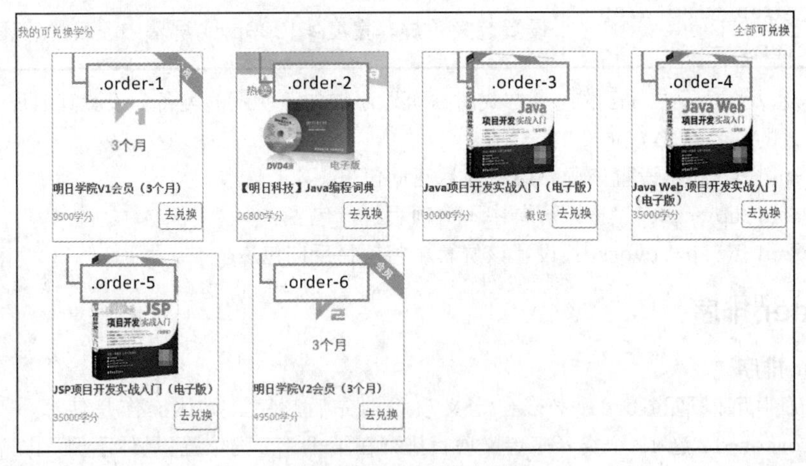

图 3-65 order 排序示例

2. order 排序的响应式设置

使用 order 排序可以自定义项目的顺序，并且可以进行响应式排序，其设置方式如表 3-14 所示。

表 3-14　不同屏幕中项目排序的设置

类名	含义
.order-*	设置超小（屏幕宽度 < 576px）及以上屏幕中项目的排序
.order-sm-*	设置小型（576px≤屏幕宽度 < 768px）及以上屏幕中项目的排序
.order-md-*	设置中等（768px≤屏幕宽度 < 992px）及以上屏幕中项目的排序
.order-lg-*	设置大型（992px≤屏幕宽度 < 1200px）及以上屏幕中项目的排序
.order-xl-*	设置超大（屏幕宽度≥1200px）屏幕中项目的排序

设置某项目在中等及以上屏幕中的排序为第一时，其类名为.order-md-1。

说明　定义项目的顺序时，如果只为部分项目定义了顺序，那么定义了顺序的项目会排列在没有定义顺序的项目之后，如图 3-66 所示。

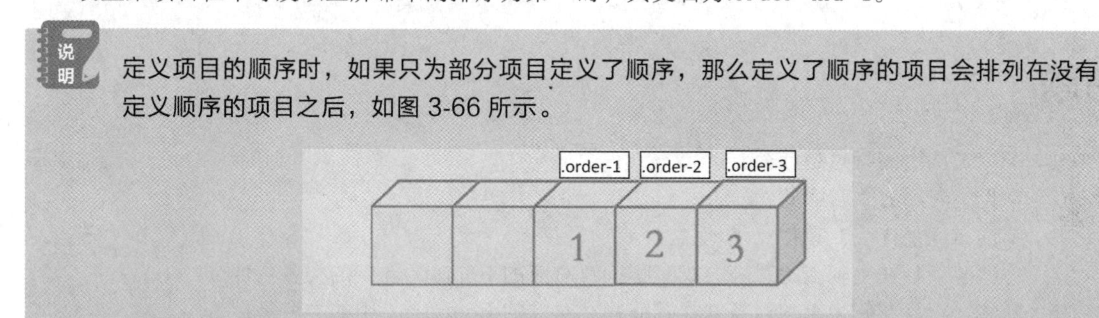

图 3-66　order 定义顺序

3.6　本章小结

本章首先概括地介绍了响应式的基本知识以及 CSS3 中弹性盒的相关属性，然后详细介绍了如何引用 Bootstrap 4 中的弹性盒。学习完本章后，读者应该可以掌握弹性布局的相关知识，能够运用弹性盒对项目进行布局。

上机指导

本例将通过弹性布局实现一个响应式导航菜单，即导航菜单随屏幕大小的变化而变化。当鼠标指针悬停在导航菜单项上时，导航菜单项底部会显示下边框，具体效果如图 3-67 所示。

图 3-67　实现响应式导航菜单

开发步骤如下。

首先引入 Bootstrap 文件，然后通过无序列表添加导航菜单项，并且设置导航菜单的布局为弹性布局。具体代码如下：

```
<style type="text/css">
    ul li {
        border-bottom: 2px solid transparent;
        padding: 10px;
```

```
            margin-bottom: -3px;
        }
        ul li:hover {
            border-bottom: 2px solid #0ba2f7;
        }
    </style>
    <ul class="list-unstyled d-flex justify-content-sm-around align-items-center border-bottom"
style="height: 50px;">
        <li>首页</li>
        <li>了解我们</li>
        <li>产品展示</li>
        <li>服务报价</li>
        <li>最新消息</li>
    </ul>
```

习题

（1）响应式网页的特点是什么？

（2）常见的布局方式有哪些？

（3）弹性布局是什么？其特点是什么？

（4）弹性子项目在主轴上的对齐方式有哪些？对应的 Bootstrap 中的类名是什么？

（5）弹性子项目在侧轴上的对齐方式有哪些？对应的 Bootstrap 中的类名是什么？

（6）什么是 flex-wrap？其属性值有哪些？

（7）在 Bootstrap 中如何自定义某个弹性子项目在侧轴上的对齐方式？

Chapter 04

第4章

Bootstrap网格布局

本章要点

- 网格系统的作用原理
- 使用网格系统进行响应式布局的方法
- 通过网格系统自动布局列的方法
- 网格系统中项目对齐方式的设置
- 列的偏移、嵌套和重排序

4.1 网格系统概述

本节主要讲解什么是网格系统以及网格系统的屏幕断点类型，最后通过一个简单的例子概括地介绍网格系统的使用方法。

什么是网格系统

4.1.1 什么是网格系统

网格系统又叫做栅格系统（也被称作网格化）。所谓网格化，就是以规则的网格系统来指导和规范网页中的版面布局以及信息分布。

具体地说，就是将网页的总宽度分为 12 等份，开发人员可以自由地分配项目中的列所占的份数。例如开发人员自定义每一列的宽度为 2 格，则一行显示 6 列项目；若定义每一列的宽度为 3 格，则一行显示 4 列项目。以此类推，如图 4-1 所示。当然，这并不表示项目中所有列的总宽度必须完全填充 12 列，而是不超过 12 列就可以；如果超过 12 列，系统将自动对项目进行换行处理。其具体换行规则将在后文进行讲解。

图 4-1 网格系统

4.1.2 网格化选项

网格化选项

网格系统中主要提供了 5 个网格等级，每个响应式分界点分隔出一个等级。各等级的屏幕尺寸及其类名前缀如表 4-1 所示。（后面例子中，将使用超小屏幕、小型屏幕等词描述网格系统中屏幕的尺寸。）

表 4-1 各等级的屏幕尺寸及其类名前缀

	超小屏幕（新增规格，屏幕宽度＜576px）	小型屏幕（次小屏，576px≤屏幕宽度＜768px）	中等屏幕（窄屏，768px≤屏幕宽度＜992px）	大型屏幕（桌面显示器，992px≤屏幕宽度＜1200px）	超大屏幕（大桌面显示器，屏幕宽度≥1200px）
.container 最大宽度	None(auto)	540px	720px	960px	1140px
类名前缀	.col-	.col-sm-	.col-md-	.col-lg-	.col-md-

当然，需要说明的是，网格布局设置屏幕断点的媒体查询都是基于屏幕宽度的最小值（min-width）。这意味着，它们可应用到这一等级之上的所有设备。例如.col-md-4 的定义可以在中等屏幕、大型屏幕和超大屏幕上呈现效果，但是在小型屏幕和超小屏幕上不会起作用。

4.1.3 网格系统的简单应用

网格系统的简单应用

上面简要叙述了网格系统的基础知识，下面通过一个例子来演示网格系统的应用。

【例 4-1】使用网格系统来布局一则 360 每日趣玩消息，要求无论是缩小还是放大浏览器屏幕尺寸，页面内容都始终整齐地展示。具体代码如下：

```
    <style type="text/css">
        .top {
            background: url("images/1.jpg");
            background-size: 100% 100%;
        }
    </style>
<div class="container border border-primary px-0">
    <div class="top text-center text-white">
        <p class="h2 p-5 font-weight-bolder">昨夜今晨，发生了哪些大事</p>
        <p><button class="btn btn-primary">获取资讯</button></p>
        <ul class="list-unstyled list-inline text-right font-weight-bold">
            <li class="list-inline-item">趣玩</li>
            <li class="list-inline-item">资讯</li>
            <li class="list-inline-item">游戏</li>
            <li class="list-inline-item">电影</li>
            <li class="list-inline-item">体育</li>
        </ul>
    </div>
    <p class="h4">脑筋急转弯<span class="initialism text-muted">做个有趣的人</span></p>
    <dl class="row">
        <dt class="col-4 col-md-3 col-lg-2"><img src="images/2.jpg" alt="" class="img-fluid"></dt>
        <dd class="col-8 col-sm-8 mt-2">
```

```
            <p class="h5 font-weight-bold">话梅、杨梅、草莓选美</p>
            <p class="font-weight-bold text-muted">问题描述：如果话梅、草莓、杨梅是人的话，谁的打扮最不时尚？</p>
            <p><a class="btn btn-primary text-white">查看答案</a></p>
        </dd>
    </dl>
</div>
```

上述代码的运行效果如图 4-2 所示。

图 4-2 使用网格系统布局 360 每日趣玩消息效果

4.2 响应式的 class 选择器

本节主要介绍 Bootstrap 中网格布局的基本内容，即如何对所有设备进行统一布局、如何选择显示或者固定居中显示网页的内容，以及如何处理网格布局中的间距。

覆盖所有设备

4.2.1 覆盖所有设备

前文提到过网格布局设置屏幕断点的媒体查询是基于屏幕的最小宽度（min-width）。这表示，如果我们想要一次性定义从最小设备到最大设备都相同的网格系统布局表现，那么可直接使用.col 或.col-*，而不必依次设置.col、.col-sm-*、.col-md-*等。

【例 4-2】使用网格系统来布局天天酷跑官方网站的活动资讯页面，并且设置在超小屏幕上显示时，图片和文字都占据整行宽度；而在小型及以上屏幕上显示时，资讯的图片内容和文字内容始终各占据网格布局的 6 格。具体代码如下：

```
<div class="container mt-5 border border-primary">
    <div class="row">
        <div class="col-sm-6 col-12"><img src="images/30.jpg" class="img-fluid"></div>
        <div class="col-sm-6 col-12">
            <div class="text-center row" style="background: #E4E4E4">
                <p class="col text-primary h4 m-0  py-2" style="border-bottom: 3px solid
                #14a2ff">活动</p>
                <p class="col h4 py-2">新闻/公告</p>
            </div>
            <div class="row justify-content-between">
                <p class="col-auto">[活动]神女碧落，玄女现世</p>
                <p class="col text-right">2019-05-25</p>
            </div>
            <div class="row justify-content-between">
                <p class="col-auto">[活动]限时折扣，海龙献礼</p>
                <p class="col text-right">2019-05-17</p>
            </div>
    <!--此处省略其余相似代码-->
        </div>
    </div>
</div>
```

编写完代码后，在浏览器中运行本例，可看到在超小屏幕上，页面效果如图 4-3 所示；而放大浏览器屏幕时，页面效果如图 4-4 所示。

图 4-3 超小屏幕中的活动公告

图 4-4 小型及以上屏幕中的活动公告

4.2.2 固定网格与流式网格

固定网格与流式网格

网格系统提供了使内容居中显示、水平填充网页的方法。使用.container 类名可以实现在所设置屏幕断点范围内，网页的内容始终在浏览器屏幕中以固定的大小居中显示，这种网格布局被称为固定网格布局。有关各设备类型中的.container 的尺寸大小可见表 4-1。当然，如果用户不希望以这种方式呈现网页效果，而希望网页总是全屏显示的话，可以通过.container-fluid 类名来实现。

下面代码可以简单地对比出.container 与.container-fluid 类名的区别：

```
<div class="container mt-5" style="background: #7be1e9;border:3px solid #ff5546">
    <div class="row">
        <div class="col" style="border-right:3px solid #ff5546 ">col</div>
        <div class="col">col</div>
    </div>
</div>
<div class="container-fluid mt-5" style="background: #7be1e9;border:3px solid #ff5546">
    <div class="row">
        <div class="col" style="border-right:3px solid #ff5546 ">col</div>
        <div class="col">col</div>
    </div>
</div>
```

上述代码的运行效果如图 4-5 所示。

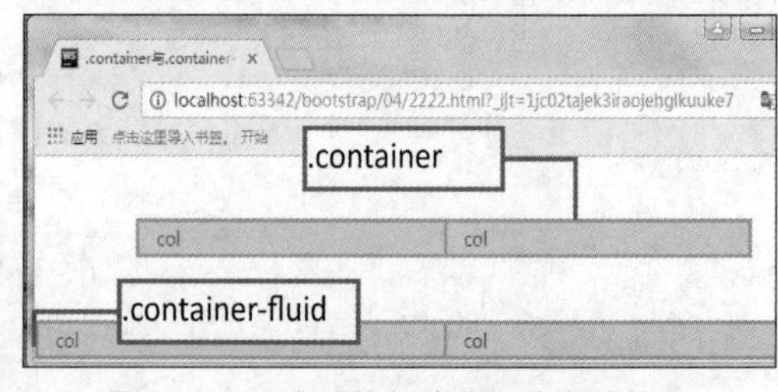

图 4-5 固定网格与流式网格布局效果

【例 4-3】使用网格系统制作 PC 版微信聊天页面。具体代码如下：

```
<!--此处省略自定义页面样式的CSS代码-->
<div class="container cont">
    <div class="row">
        <!--左侧个人信息-->
        <div class="col-auto p-3 bg-dark px-2">
            <div><img src="images/33.jpg"></div>
            <div><img src="images/33.png"></div>
            <div><img src="images/c.png"></div>
        </div>
        <!--中间消息列表-->
```

```
        <div class="col-auto px-2" style="background: #c8c4c2">
            <dl class="row mx-2 mt-5">
                <dt class="col-auto"><img src="images/37.jpg" alt=""></dt>
                <dd class="col ml-0 pl-0">
                    <p class="font-weight-bold my-0">风吹麦浪</p>
                    <p>在不</p>
                </dd>
            </dl>
            <dl class="row mx-2">
                <dt class="col-auto"><img src="images/32.jpg" alt=""></dt>
                <dd class="col ml-0 pl-0">
                    <p class="font-weight-bold my-0">无敌神话</p>
                    <p class>节日快乐</p>
                </dd>
            </dl>
        </div>
        <!--右侧消息记录-->
        <div class="col px-2" style="background: #ebebeb;">
            <div class="row border-bottom border-secondary py-2 m-2 font-weight-bold">风吹麦浪</div>
            <div class="row m-2">
                <img src="images/37.jpg" alt="">
                <p class="mx-2 bg-white mess p-2 ml-3">在不</p>
            </div>
            <div class="row m-2 justify-content-end">
                <p class="mx-2  mess1 p-2 mr-3">...</p>
                <img src="images/33.jpg" alt="">
            </div>
            <!--此处省略最后两条聊天消息-->
        </div>
    </div>
</div>
```

上述代码的运行效果如图 4-6 所示。而若将代码中的类名.container 修改为.container-fluid，然后运行本例，可看到效果如图 4-7 所示。

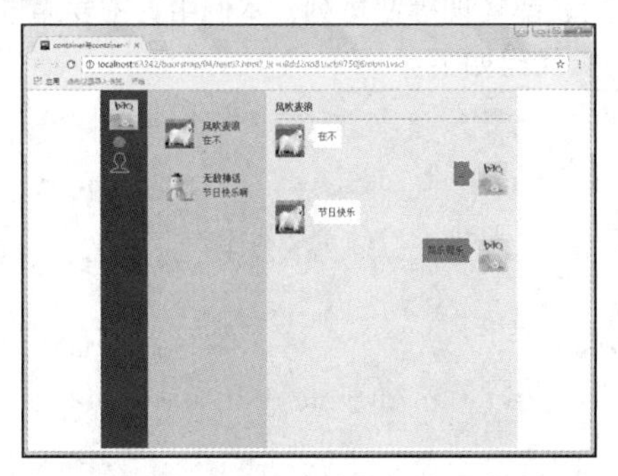

图 4-6　.container 实现固定居中布局

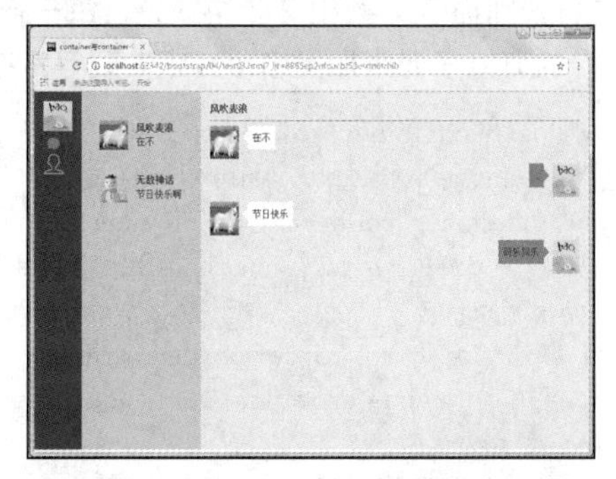

图 4-7　.container-fluid 实现全屏布局

4.2.3　间隙的处理

间隙的处理

在使用网格布局时，默认情况下，网格的列之间一般会有 15px 左右的 margin 或 padding 处理。如果不需要这些间隙（无边缝设计），可以通过使用类名.no-gutters 来清除。但是设置该类名时，则必须删除父元素中的类名.container

或 container-fluid。下面代码可以简单演示间隙的清除：

```
<div class="container-fluid">
    <div class="row">
        <div class="col border border-danger">含间隙项目1</div>
        <div class="col border border-danger">含间隙项目2</div>
    </div>
</div>
<div class="row no-gutters mt-2">
    <div class="col border border-danger">无间隙项目1</div>
    <div class="col border border-danger">无间隙项目2</div>
</div>
```

上述代码的运行效果如图 4-8 所示。

含间隙项目1 内间距padding-left:15px	含间隙项目2
无间隙项目1	无间隙项目2

图 4-8　间隙的清除

4.3　自动布局列

在 Bootstrap 3 的网格系统中，需要严格定义列的宽度；但是在 Bootstrap 4 中，仅需简单设置一些类名即可自动设置列的宽度。

4.3.1　等宽布局

等宽布局

在使用网格布局时需要注意，列（.col-*）是行（.row）的直接子元素，而所有的布局内容都必须放置在列（.col）中。在 Bootstrap 3 中，如果我们要实现一行中的各列元素等宽布局，则需要严格定义各列的宽度。而在 Bootstrap 4 中，网格布局与弹性盒相结合，所以要实现等宽布局，只需为各列添加类名.col 即可。

【例 4-4】使用网格系统来布局游戏列表页面，要求在该页面中的第一行显示 6 款游戏，第二行和第三行分别显示 4 款和 2 款游戏，且每一行的游戏列表都实现等宽排列。本例中，主要通过为行（.row）的直接子元素加类名.col 来实现等宽布局。关键代码如下：

```
<div class="container-fluid  px-3  text-center">
    <div class="row text-center text-muted ">
        <dl class="col border border-primary m-2 p-2">
            <dt><img src="images/13.jpg" alt="" class="img-fluid"></dt><dd>血饮传说</dd>
        </dl>
        <dl class="col border border-primary m-2 p-2">
            <dt><img src="images/14.jpg" alt="" class="img-fluid"></dt><dd>休闲游戏</dd>
        </dl>
    <!--此处省略该行其余4列的代码-->
     </div>
     <div class="row text-center text-muted">
         <dl class="col border border-primary m-2 p-2">
             <dt><img src="images/7.jpg" alt="" class="img-fluid"></dt><dd>迷你世界</dd>
         </dl>
         <dl class="col border border-primary m-2 p-2">
             <dt><img src="images/8.jpg" alt="" class="img-fluid"></dt><dd>搞笑游戏</dd>
```

```
            </dl>
        <!--此处省略该行其余2列的代码-->
        </div>
        <div class="row text-center text-muted ">
            <dl class="col border border-primary m-2 p-2">
                <dt><img src="images/11.jpg" alt="" class="img-fluid"></dt><dd>双人小游戏</dd>
            </dl>
            <dl class="col border border-primary m-2 p-2">
                <dt><img src="images/12.jpg" alt="" class="img-fluid"></dt><dd>麻将游戏</dd>
            </dl>
        </div>
    </div>
```

该例的运行效果如图 4-9 所示。

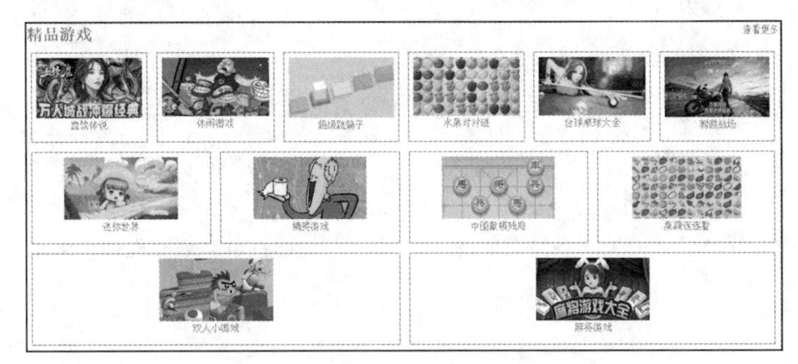

图 4-9　等宽布局

4.3.2　自定义宽度

网格布局中可以使用.col-*来自定义某一列的宽度。例如，设置某一列的宽度占网页总宽度的 50%，则添加类名为.col-6。设置对应列的宽度以后，其余列将平分网页的剩余宽度，如图 4-10 所示。

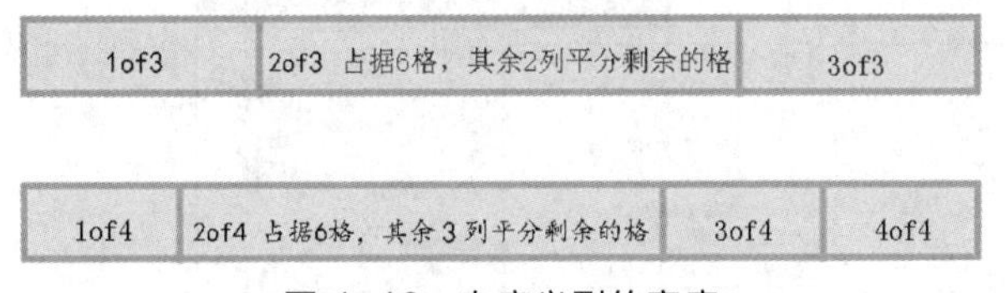

图 4-10　自定义列的宽度

自定义宽度

【例 4-5】使用网格系统来布局 360 每日趣玩页面，要求页面中间的游戏部分占据 6 格。关键代码如下：

```
<style type="text/css">
    .top {
        background: url("images/1.jpg");
        background-size: 100% 100%;
    }
</style>
<div class="container border border-primary px-0">
     <!--此处省略第一部分的背景以及导航内容-->
    <div class="row">
        <dl class="col">
```

```
            <dt><img src="images/15.png" alt="" class="img-fluid"></dt>
            <dd>美女<img src="images/16.png"> <img src="images/16.png"><img src="images/
            16.png"></dd>
        </dl>
        <div class="col-6 col-md-4">
            <dl>
                <dt class="text-primary">王者荣耀：野怪的真实姓名大全，玩……</dt>
                <dd class="initialism">28碎片换后羿精灵王=黄金，换隐刃=钻石……</dd>
                <dd class="initialism">王者荣耀英雄的隐藏台词，李白这句……</dd>
                <dd class="initialism">王者荣耀里女英雄死亡时的奇葩台词！……</dd>
            </dl>
            <!--此处省略第2列的后4行文字的代码，省略部分与上面的定义列表代码相似-->
        </div>
        <div class="col">
            <dl>
                <dt><img src="images/17.jpg" alt="" class="img-fluid"></dt>
                <dd class="initialism">这波壁纸已备好，拿走不谢……</dd>
            </dl>
            <dl>
                <dt><img src="images/18.jpg" alt="" class="img-fluid"></dt>
                <dd class="initialism">辅助如何上分：星耀1辅助孙膑详细教程</dd>
            </dl>
        </div>
    </div>
</div>
```

该例的运行效果如图 4-11 所示。

图 4-11　自定义列的宽度

使用网格布局时，如果一行里定义的网格总数超过 12，那么 Bootstrap 会在保留列完整的前提下，将不能显示在一行里的多余列重置到下一行，并且占用完整的一行。具体代码如下：

```
<div class="container">
    <div class="row border border-danger p-2 m-2">
        <div class="col-8 border border-primary">我占据8格</div>
        <div class="col-5 order-1 border border-primary">我占据5格</div>
        <div class="col-6 border border-primary">我占据6格</div>
```

```
        </div>
        <div class="row border border-danger p-2 m-2">
            <div class="col-5 border border-primary">我占据5格</div>
            <div class="col-8 order-1 border border-primary">我占据8格</div>
            <div class="col-6 border border-primary">我占据6格</div>
        </div>
    </div>
```

上面的代码可以分两段来分析，第一段代码向 row 中添加了 3 个 col，依次占据 8 格、5 格和 6 格，因为 8+5=13>12，所以第 1 列占据了完整的一行，而第 2 列和第 3 列组成一个新行；在第 2 段代码中，因为 5+8=13>12 并且 5+6=11<12，所以将第 1 列与第 3 列组成一个新的行，而将第 2 列进行换行显示。其运行结果如图 4-12 所示。

我占据8格
我占据6格 我占据5格
我占据5格 我占据6格
我占据8格

图 4-12　超过 12 网格时的换行方式

4.3.3　设置项目为宽度可变的弹性空间

设置项目为宽度可变的弹性空间

前文介绍了设置项目宽度的方法，而这里介绍的则是设置项目为宽度可变的弹性空间的方法，即无论是放大还是缩小屏幕尺寸，项目的宽度始终能够适应内容。设置项目宽度正好能适应内容是通过类名.col-auto 来实现的。

【例 4-6】将例 4-5 所实现的 360 每日趣玩中的游戏部分的宽度设置为自适应内容。具体代码如下：

```
<style type="text/css">
    .top {
        background: url("images/1.jpg");
        background-size: 100% 100%;
    }
</style>
<div class="container border border-primary col-xl-6 px-0">
<!--此处为360每日趣玩的上半部分（背景图以及导航），此处代码与例4-5代码相同，故省略-->
    <div class="row">
        <dl class="col">
            <dt><img src="images/15.png" alt="" class="img-fluid"></dt>
            <dd>美女<img src="images/16.png"> <img src="images/16.png"><img src="images/
            16.png"></dd>
        </dl>
        <!--此处代码与例4-5代码相同，故省略，此处仅展示中间游戏部分的代码-->
        <div class="col-auto">
            <dl>
                <dt class="text-primary">王者荣耀：野怪的真实姓名大全，玩……</dt>
                <dd class="initialism">28碎片换后羿精灵王=黄金，换隐刃=钻石……</dd>
                <dd class="initialism">王者荣耀英雄的隐藏台词，李白这句……</dd>
                <dd class="initialism">王者荣耀里女英雄死亡时的奇葩台词！……</dd>
            </dl>
            <!--此处省略第2列的后4行文字的代码，省略部分与上面的定义列表代码相似-->
```

```
            </div>
            <div class="col">
                <dl>
                    <dt><img src="images/17.jpg" alt="" class="img-fluid"></dt>
                    <dd class="initialism">这波壁纸已备好，拿走不谢……</dd>
                </dl>
                <dl>
                    <dt><img src="images/18.jpg" alt="" class="img-fluid"></dt>
                    <dd class="initialism">辅助如何上分：星耀1辅助孙膑详细教程</dd>
                </dl>
            </div>
        </div>
    </div>
```

在浏览器中运行本例，然后放大和缩小浏览器屏幕时，可看到中间游戏部分的宽度始终能够适应内容，图 4-13 所示为缩小浏览器时的布局样式。

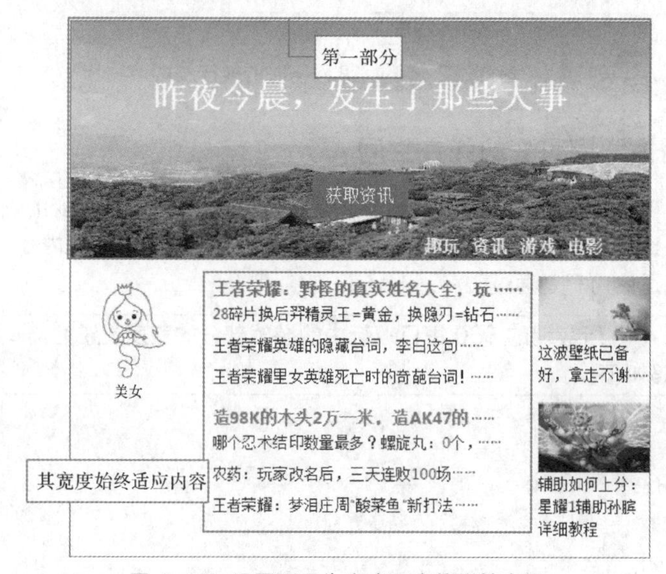

图 4-13　设置项目为宽度可变的弹性空间

4.3.4　混合布局

如果使用 Bootstrap 只能简单地将各屏幕中的网格系统都做成一样的话，那将是非常单调乏味的，并且也无法满足设计师的需求，所以我们可以根据需要对每一个列进行不同的设备定义。简单地说，就是在不同设备中使用不同的布局方式。

在同一个<div>中添加多个.col-*可以实现在多个设备中使用不同的布局方式。例如通过下面代码可以实现在小型屏幕中一行显示 2 列项目（因为添加了类名.col-sm-6），在中等屏幕中一行显示 3 列项目（因为添加了类名.col-md-4），在大型屏幕中一行显示 4 列项目（因为添加了类名.col-lg-3）。

```
<div class="row">
    <div class="col-sm-6 col-lg-3 col-md-4"></div>
    <div class="col-sm-6 col-lg-3 col-md-4"></div>
    <div class="col-sm-6 col-lg-3 col-md-4"></div>
    <div class="col-sm-6 col-lg-3 col-md-4"></div>
```

```
</div>
```

上面代码所呈现的布局方式类似图 4-14 所示。

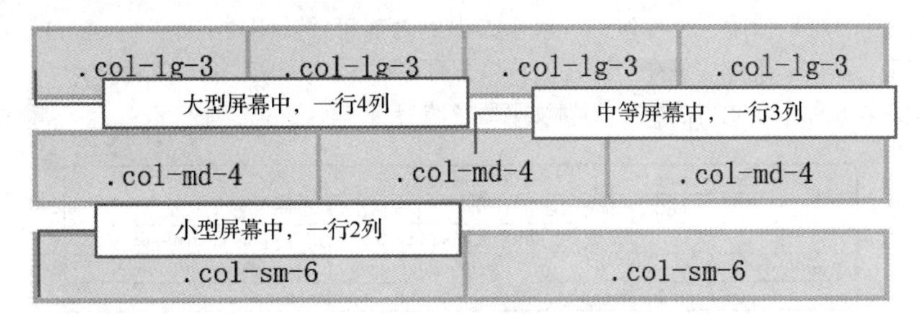

图 4-14 混合布局

【例 4-7】使用网格系统制作游戏列表页面，要求在大型屏幕和超大屏幕中显示该页面时，每行显示 6 列；在中等屏幕中显示该页面时，每行显示 4 列；而在小型屏幕中显示该页面时，每行显示 3 列；在超小屏幕中显示该页面时，每行显示 2 列。具体代码如下：

```
<div class="container-fluid border border-primary">
    <div class="row">
        <p class="col-auto text-left text-primary font-weight-bold h4">精品游戏</p>
        <p class="col text-muted text-right">更多</p>
    </div>
    <div class="row text-center text-muted ">
        <dl class="col-6 col-sm-4 col-md-3 col-lg-2">
          <dt><img src="images/13.jpg" alt="" class="img-fluid"></dt><dd>血饮传说</dd>
        </dl>
         <!--此处省略相似代码，省略部分与上面的定义列表代码相似-->
    </div>
</div>
```

在浏览器中运行本例，该游戏列表页面在大型屏幕中的效果如图 4-15 所示，而在超小屏幕中的效果如图 4-16 所示。

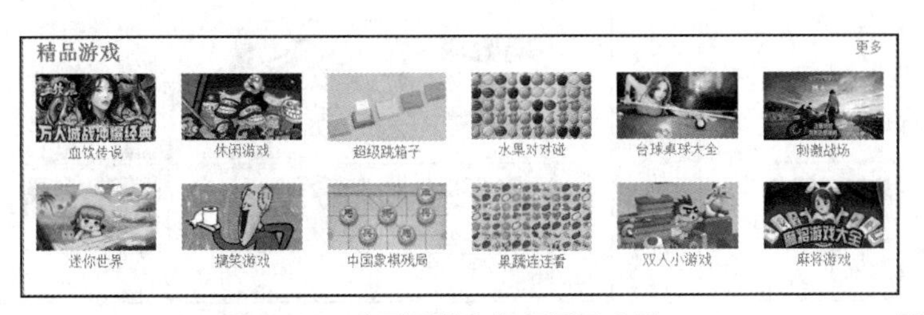

图 4-15 大型屏幕中每行显示 6 列

图 4-16 超小屏幕中每行显示 2 列

4.4 项目的对齐处理

网格布局同样可以设置项目在水平方向和垂直方向上的对齐方式，具体跟第三章中弹性盒中的水平与垂直对齐方式类似。

4.4.1　项目的水平对齐

项目的水平对齐

在网格布局中，对一行中，的各列进行水平方向的对齐可以使用类名.justify-content-*来实现，具体实现方法是在父元素（.row）上添加类名.justify-content-*。网格系统中提供了 5 种水平对齐方式，具体如图 4-17 所示。

.justify-content-start 1　.justify-content-start 2
.justify-content-center 1　.justify-content-center 2
.justify-content-end 1　.justify-content-end 2
.justify-content-between 1　.justify-content-between 2
.justify-content-around 1　.justify-content-around 2

图 4-17　网格布局中项目的水平对齐方式

【例 4-8】使用网格系统制作游戏列表页面，要求在超小屏幕和小型屏幕中显示时，网页中第一行游戏列表左对齐，第二行游戏列表右对齐；而在中等屏幕、大型屏幕以及超大屏幕中显示时，第一行游戏列表居中对齐，第二行游戏列表等间距对齐。具体代码如下：

```
<div class="container text-center border border-secondary">
    <div class="row justify-content-between">
        <p class="text-left float-left text-primary font-weight-bold h3">精品游戏</p>
        <p class="text-right float-right text-muted">查看更多</p>
    </div>
    <div class="row justify-content-start justify-content-md-center text-center text-muted">
        <dl class="col-3 border border-primary m-2 p-2">
          <dt><img src="images/13.jpg" alt="" class="img-fluid"></dt><dd>血饮传说</dd>
        </dl>
        <!--此处省略部分代码，省略部分与上面的定义列表代码相似-->      </div>
    <div class="row justify-content-end justify-content-md-around">
        <dl class="col-3 border border-primary m-2 p-2">
          <dt><img src="images/10.jpg" alt="" class="img-fluid"></dt><dd>果蔬连连看</dd>
        </dl>
         <!--此处省略部分代码，省略部分与上面的定义列表代码相似-->      </div>
</div>
```

编写完代码后，在浏览器中运行本例，图 4-18 所示为小型屏幕中显示的效果，而图 4-19 所示为中等屏幕中显示的效果。

图 4-18　小型屏幕中的效果

图 4-19　中等屏幕中的效果

4.4.2　项目的垂直对齐

项目的垂直对齐

网格布局中若要对项目进行垂直方向的对齐，可以使用.align-items-*类名来实现，具体方法与设置项目的水平对齐方式类似，即在父元素（.row）上添加类名.align-items-*。网格系统中主要提供了 3 种垂直对齐方式，具体如图 4-20 所示。

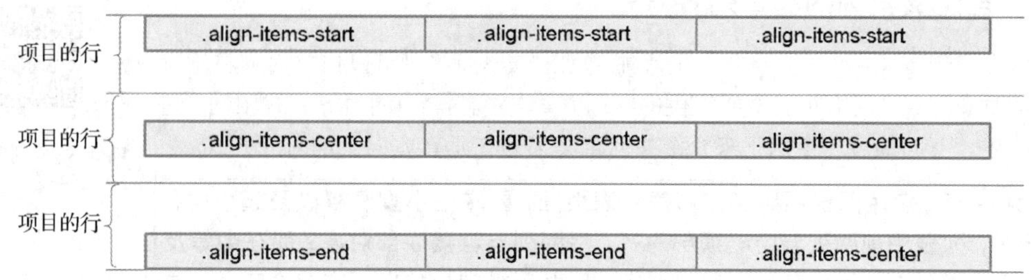

图 4-20　项目的垂直对齐方式

【例 4-9】使用网格系统布局游戏列表，要求在超小屏幕中显示时，第一行列表与顶部对齐，第二行列表与底部对齐；而在中等及以上屏幕显示时，两行游戏列表垂直居中对齐。具体代码如下：

```
<div class="container text-center">
    <div class="row justify-content-between">
        <p class="text-left float-left text-primary font-weight-bold h3">精品游戏</p>
        <p class="text-right float-right text-muted">查看更多</p>
    </div>
    <div class="row align-items-start align-items-md-center border border-secondary text-center
text-muted "style="min-height: 200px">
        <dl class="col border border-primary m-2 p-2">
            <dt><img src="images/13.jpg" alt="" class="img-fluid"></dt><dd>血饮传说</dd>
        </dl>
         <!--此处省略部分代码，省略部分与上面的定义列表代码相似-->     </div>
    <div class="row align-items-end align-items-md-center border border-secondary text-center
text-muted " style="min-height: 200px">
        <dl class="col border border-primary m-2 p-2">
         <dt><img src="images/10.jpg" alt="" class="img-fluid"></dt><dd>果蔬连连看</dd>
        </dl>
        <!--此处省略部分代码，省略部分与上面的定义列表代码相似-->     </div>
</div>
```

在浏览器中运行本例，在超小屏幕中的效果如图 4-21 所示，而在中等及以上屏幕中的效果如图 4-22 所示。

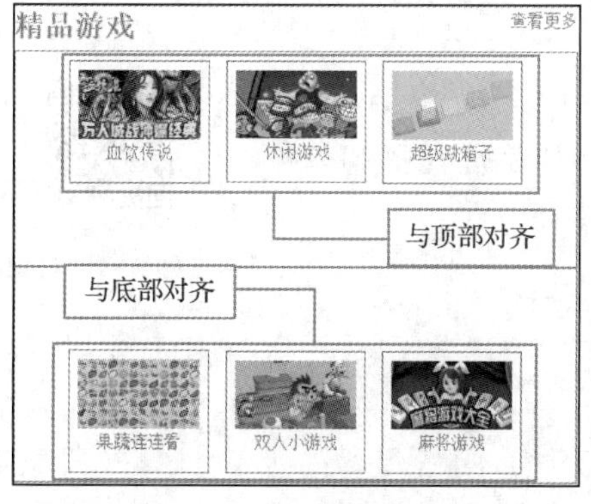

图 4-21　超小屏幕中的效果

图 4-22　中等及以上屏幕中的效果

4.4.3 自定义某列的垂直对齐方式

自定义某列的垂直对齐方式

直接在子元素（.col 或.col-*）上添加类名.align-self-*可以自定义列在垂直方向上的对齐方式。网格布局中所提供的布局方式与弹性盒中的对齐方式相同，这里不再赘述。下面通过一个例子来介绍如何定义某列在垂直方向上的对齐方式。

【例 4-10】使用网格系统制作游戏列表页面，要求在小型屏幕以及超小屏幕中显示时，列表中前两列与容器顶部对齐，后两列与容器底部对齐；而在中等及以上屏幕中显示时，列表前两列居中对齐，后两列纵向拉伸以填充整个容器。具体代码如下：

```
<div class="container text-center">
    <div class="row justify-content-between">
        <p class="text-left float-left text-primary font-weight-bold h3">精品游戏</p>
        <p class="text-right float-right text-muted">查看更多</p>
    </div>
    <div class="row border border-secondary"style="min-height: 200px">
      <dl class="col border border-primary m-2 p-2 align-self-start align-self-md-center">
          <dt><img src="images/13.jpg" alt="" class="img-fluid"></dt><dd>血饮传说</dd>
      </dl>
      <!--此处省略第二款游戏的代码，省略部分与上面的定义列表代码相似-->
      <dl class="col border border-primary m-2 p-2 align-self-end align-self-md-stretch">
          <dt><img src="images/3.jpg" alt="" class="img-fluid"></dt><dd>超级跳箱子</dd>
      </dl>
      <!--此处省略第四款游戏的代码，省略部分与上面的定义列表代码相似-->
    </div>
</div>
```

在浏览器中运行本例，在小型及超小屏幕中，页面效果如图 4-23 所示；而在中等及以上屏幕中，页面效果如图 4-24 所示。

图 4-23　小型及超小屏幕中的运行效果

图 4-24　中等及以上屏幕的运行效果

4.4.4 换行处理

换行处理

在网格系统中可以通过两种方式进行换行，分别是添加类名.row 和类名 w-100 的<div>标签进行隔断，下面进行具体讲解。

1. 添加.row 进行换行

一般推荐使用添加类名.row 进行换行的方法。具体代码如下：

```
<div class="container text-center">
    <div class="row">
        <div class="col border border-primary">第一行</div>
        <div class="col border border-primary">第一行</div>
    </div>
    <div class="row">
```

```
        <div class="col border border-primary">第二行</div>
        <div class="col border border-primary">第二行</div>
    </div>
</div>
```

上述代码的换行效果如图 4-25 所示。

第一行	第一行
第二行	第二行

图 4-25　换行效果

2. 添加 class 属性值为 w-100 的<div>标签进行换行

添加类名.w-100 的<div>标签也可以进行换行，例如下面的代码同样可以实现图 4-25 所示的换行效果：

```
<div class="container text-center">
    <div class="row">
        <div class="col border border-primary">第一行</div>
        <div class="col border border-primary">第一行</div>
        <div class="w-100"></div>
        <div class="col border border-primary">第二行</div>
        <div class="col border border-primary">第二行</div>
    </div>
</div>
```

【例 4-11】使用网格系统制作游戏列表，要求在所有屏幕中都显示为 3 行，并且每行显示 4 列。具体代码如下：

```
<div class="container border border-primary">
    <div class="row">
        <p class="col-auto text-left text-primary font-weight-bold h4">精品游戏</p>
        <p class="col text-muted text-right">更多</p>
    </div>
    <div class="row text-center text-muted">
        <dl class="col">
          <dt><img src="images/13.jpg" alt="" class="img-fluid"></dt><dd>血饮传说</dd>
        </dl>
        <!--此处省略相似代码，省略部分为3个定义列表，即图4-26中第一行的后3个图文信息-->
        <div class="w-100"></div>
         <!--此处省略相似代码，省略部分为图4-26中第二行的所有内容-->
    </div>
    <div class="row text-center">
        <!--此处省略相似代码，省略部分为图4-26中第三行的所有内容-->
    </div>
</div>
```

该例的运行效果如图 4-26 所示。

图 4-26　网格系统中换行处理

4.5　列的偏移、嵌套和重排序

使用网格布局时，同样可以对列进行偏移、嵌套和重排序等操作，这使网格布局更加方便。

列的偏移

4.5.1　列的偏移

前面的例子中，都是通过类名.p-*和.m-*来设置列的偏移，而网格系统中还有一种设置列偏移的方式，即通过指定类名.offset-*

来实现。

1. class 偏移选择器

网格布局中提供了 12 个偏移等级，分别是.offset-0～.offset-11。例如.offset-md-2 表示在中等屏幕中显示对应列时，向右偏移 2 格。图 4-27 所示为各偏移的等级。

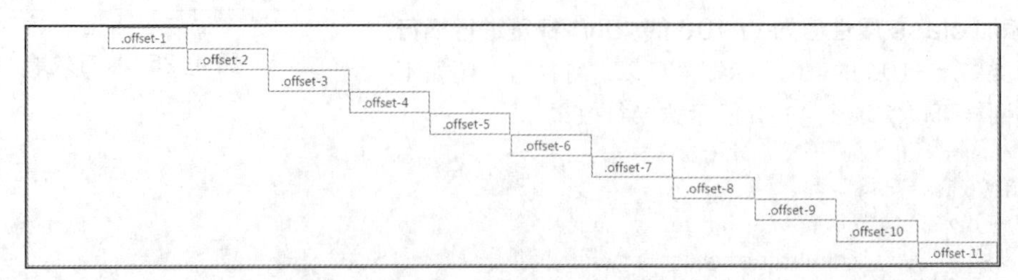

图 4-27 各偏移的等级

【例 4-12】使用网格系统制作游戏列表页面，要求在小型和超小型屏幕中显示本例时，游戏列表显示为 2 列（每一列占据网格系统的 5 格，且向右偏移 1 格）；在中型及以上屏幕中显示本例时，游戏列表显示为 3 列（每一列占据网格系统的 3 格，且向右偏移 1 格）。具体代码如下：

```
<div class="container-fluid border border-primary">
    <div class="row">
        <p class="col-auto text-left text-primary font-weight-bold h4">精品游戏</p>
        <p class="col text-muted text-right">更多</p>
    </div>
    <div class="row text-muted text-center">
        <dl class="col-5 col-md-3">
            <dt><img src="images/13.jpg" alt="" class="img-fluid"></dt><dd>血饮传说</dd>
        </dl>
        <dl class="col-5 col-md-3 offset-md-1 offset-1">
            <dt><img src="images/14.jpg" alt="" class="img-fluid"></dt><dd>休闲游戏</dd>
        </dl>
        <!--省略相似代码-->
    </div>
</div>
```

在浏览器中运行本例，小型及超小屏幕中的显示效果如图 4-28 所示；而中等及以上屏幕中的显示效果如图 4-29 所示。

图 4-28 小型及超小屏幕中的显示效果

图 4-29 中等及以上屏幕中的显示效果

2. margin 移动布局

第 3 章讲解弹性盒时，讲到可以通过类名.mr-auto 和类名.ml-auto 来实现将两边的列水平向右或向左推移。网格布局中同样可以使用这两个类名，并且其用法也与第 3 章所讲的类似。此处不再赘述，仅以例子来演示其用法。

【例 4-13】使用网格系统制作电商网站中的推荐商品页面，要求最左侧的商品向左贴齐，最右侧的商品向右贴齐。关键代码如下：

```
<div class="container-fluid">
    <div class="row border border-primary align-items-center">
        <div class="col-3">
            <dl>
                <dt><img src="images/38.jpg" alt="" class="img-fluid"> </dt>
                <dd class="row">
                    <p class="mr-auto">衣尚夏装精选专场</p>
                    <p><span class="font-weight-bold text-danger">2</span> 折起</p>
                </dd>
            </dl>
            <!--省略相似代码-->
        </div>
        <div class="col-5 ml-auto mr-auto">
            <dl>
                <dt><img src="images/42.jpg" alt="" class="img-fluid"></dt>
                <dd class="row">
                    <p class="mr-auto">DTOTO饰品直降专场</p>
                    <p><span class="font-weight-bold text-danger">1.5</span> 折起</p>
                </dd>
            </dl>
        </div>
        <div class="col-3">
            <dl>
                <dt><img src="images/40.jpg" alt="" class="img-fluid"></dt>
                <dd class="row">
                    <p class="mr-auto">梦特娇MONTAGUT内衣焕新</p>
                    <p><span class="font-weight-bold text-danger">0.9</span> 折起</p>
                </dd>
            </dl>
            <!--省略相似代码-->
        </div>
    </div>
</div>
```

其运行效果如图 4-30 所示。

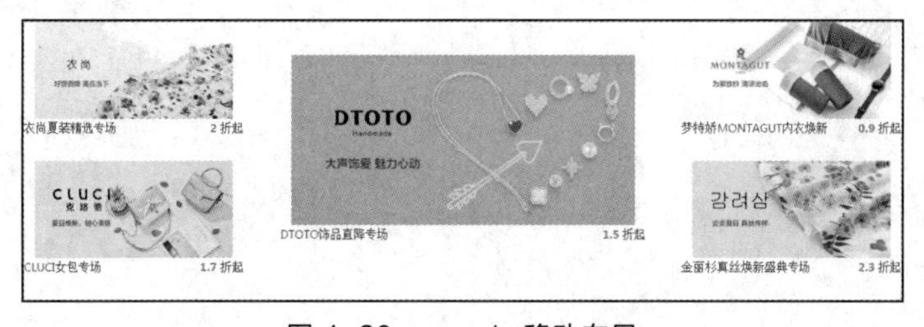

图 4-30　margin 移动布局

4.5.2 列的嵌套

列的嵌套

使用网格布局时，还可以对列进行再次嵌套，当然被嵌套的行所包括的列的宽度依然不能超过 12 格。例如下面代码就可以实现一个简单的嵌套：

```
<div class="container">
    <div class="row p-2 border border-danger">
        <div class="col-7">
            <div class="row p-2 border border-secondary">
                <div class="col-6 border border-primary">第二层网格</div>
                <div class="col-6 border border-primary">第二层网格</div>
            </div>
        </div>
        <div class="col-5 border border-secondary">第一层网格</div>
    </div>
</div>
```

上面代码的嵌套效果如图 4-31 所示。

图 4-31　网格系统的嵌套

【例 4-14】仿制购物商城中的食品模块。该例需要使用列的嵌套来实现，最外层网格系统实现左侧分类和右侧商品列表，而左侧分类中又通过嵌套一个网格系统来实现“核桃”“苹果”等食品的具体分类。具体代码如下：

```
<div class="container">
    <div class="row p-2 border border-danger align-items-center">
        <div class="col-auto" style="background: #7ce4ff">
            <div class="row text-center">
                <div class="col">
                    <p class="bg-white py-4 rounded-circle">核桃</p>
                    <p class="bg-white py-4 rounded-circle">葡萄</p>
                    <p class="bg-white py-4 rounded-circle">草莓</p>
                </div>
                <!--省略相似代码-->
            </div>
            <div><img src="images/43.png"></div>
        </div>
        <div class="col">
            <div class="row">
                <div class="col">
                    <dl>
                        <dt><img src="images/44.jpg" alt="" class="img-fluid"></dt>
                        <dd class="justify-content-between row"><p class="col-auto">蒙山蓝莓</p>
                          <p class="text-danger font-weight-bold">￥56.80</p></dd>
                    </dl>
                  <!--省略相似代码-->
              </div>
              <div class="col align-self-center">
              <dl>
```

```
                <dt><img src="images/46.jpg" alt="" class="img-fluid"></dt>
                <dd class="justify-content-between row"><p class="col-auto">夹心牛奶巧克力</p>
                    <p class="text-danger font-weight-bold">¥39.00</p></dd>
            </dl>
            </div>
    <!--省略相似代码-->
            </div>
        </div>
    </div>
  </div>
</div>
```

该例的运行效果如图 4-32 所示。

图 4-32　列的嵌套

4.5.3　列的重排序

列的重排序

第 3 章讲解弹性盒时，介绍了使用.order-*自定义列的顺序的方法，而前文也提到 Bootstrap 4 中网格系统与弹性盒结合，所以弹性布局中的重排序在网格布局中同样适用。具体可通过.order-1～.order-12 这 12 个类名来定义项目在第 1～第 12 的位置。

【例 4-15】制作手机商城中的商品列表页面，并且将商品按价格从高到低进行排序。具体代码如下：

```
<div class="box container">
    <div class="row text-center">
        <dl class="border border-secondary col-3 m-1 order-3">
            <dt><img src="images/50.png" class="img-fluid" alt=""></dt>
            <dd class="m-0">
                <p class="initialism">HUAWEI nova 4e</p>
                <p class="text-muted">最高直降300</p>
                <p class="m-0 py-2 text-danger">¥1799</p>
            </dd>
        </dl>
      <!--省略相似代码-->
    </div>
</div>
```

上述代码的运行效果如图 4-33 所示。

图 4-33 列的重排序

如果并没有为一行中所有列都定义了顺序，那么定义了顺序的列将会呈现在未定义顺序的列后面，也就是未定义顺序的列的位置不会发生改变。

```
<div class="container">
    <div class="row border border-danger p-2">
        <div class="col border border-primary">我没有定义顺序</div>
        <div class="col order-1 border border-primary">我的顺序.order1</div>
        <div class="col border border-primary">我没有定义顺序</div>
        <div class="col order-2 border border-primary">我的顺序.order2</div>
    </div>
</div>
```

上述代码中定义了 4 列，其中两列并没有定义顺序，其运行效果如图 4-34 所示。

图 4-34 列的重排序

4.6 本章小结

本章主要介绍了网格布局的使用。网格布局是 Bootstrap 中响应式布局的核心布局方式，并且

Bootstrap 4 中的网格布局与 Bootstrap 3 中的网格布局相比，其与弹性布局 flex 结合，所以读者可以结合第 3 章的内容来理解本章。学习完本章后，读者应该掌握网格布局的要领，并能够根据网页内容的特点合理使用网格布局。

上机指导

仿制网易云音乐的热门推荐页面，要求热门推荐一行使用弹性布局实现，下方列表通过网格布局实现，页面具体效果如图 4-35 所示。

图 4-35　网易云音乐的热门推荐页面效果

开发步骤如下。

首先以无序列表添加导航部分，并且将导航部分设置为弹性布局，然后添加推荐列表，并且通过.row 和.col 进行网格布局。具体代码如下：

```
<div class="container">
    <ul class="list-unstyled d-flex border-bottom border-danger mx-2 align-items-center">
        <li class="mx-2"><h4>热门推荐</h4></li>
        <li class="mx-2">华语</li>
        <li class="mx-2">流行</li>
        <li class="mx-2">摇滚</li>
        <li class="mr-auto mx-2">电子</li>
        <li>更多</li>
    </ul>
    <div class="row my-2">
        <div class="col">
            <div class="position-relative">
                <img src="image/1.jpeg" class="img-fluid">
                <div class="position-absolute d-flex py-1 px-2 align-items-center text-white w-100 "
                style="bottom: 0;background:rgba(0,0,0,0.3)">
                    <span class="fa fa-headphones"></span>
                    <span class="mr-auto mx-2">3234</span>
                    <span class="fa fa-play-circle-o"></span>
                </div>
            </div>
            <div class="initialism">乡村音乐|听见在路上的好心情</div>
        </div>
        <!--此处省略该行其余列的相似代码-->
      </div>
    <!--此处省略第二行的相似代码-->
  </div>
```

习题

（1）简述网格系统的作用原理。

（2）网格系统中设置列的宽度有哪几种方法？

（3）对项目进行换行有哪几种方式？

（4）设置项目偏移有哪几种方式？

（5）Bootstrap 4 中定义了哪几个屏幕等级？如何定义这些等级的屏幕中列的宽度？

Chapter 05

第5章

Bootstrap 表单

本章要点

- Bootstrap中表单的风格以及表单控件的排列样式
- 使用Bootstrap添加响应式表单控件的方法
- 添加响应式下拉菜单的方法

5.1 表单的风格

本节主要讲解表单所支持的控件、控件的添加方式，以及如何设置控件的状态，最后讲解 Bootstrap 中表单的布局方式。

5.1.1 表单支持的控件

表单支持的控件

表单包括表单域和相关表单控件，如输入框、单选框、下拉菜单等。Bootstrap 中的表单同样支持这些表单控件，并且定义了自己的样式。下面进行简单的介绍。

1. 输入框

使用 Bootstrap 添加输入框以后，可以通过添加类名.form-control 来将输入框设置为块级元素，并且优化其样式。例如下面代码就可以添加输入框并且为输入框添加提示性文字：

```
<div class="form-group">
    <label for="input1">姓名：</label>
    <input type="text" id="input1" class="form-control" placeholder="姓名">
</div>
```

当然，使用 Bootstrap 添加输入框时还可以设置输入框的大小。Bootstrap 默认的尺寸规格有 3 种，分别是.form-control（默认大小）、.form-control-lg（较大）、.form-control-sm（较小）。下面通过代码来设置输入框的这 3 种尺寸规格：

```
<input type="text" class="form-control form-control-lg my-2" placeholder="较大尺寸">
<input type="text" class="form-control my-2" placeholder="默认尺寸">
<input type="text" class="form-control form-control-sm my-2" placeholder="较小尺寸">
```

其运行效果如图 5-1 所示。

2. 单选框与复选框

（1）添加单选框与复选框。使用单选框和复选框时，可以添加类名.form-check 来格式化单选框和复选框，从而改进其样式。例如下面的代码就可以添加单选框和复选框并使用 Bootstrap 中预定的样式：

```
<div class="form-check">
    <input type="radio" id="radio1">
    <label class="form-check-label" for="radio1">单选框</label>
</div>
<div class="form-check">
    <input type="checkbox" id="checkbox1">
    <label class="form-check-label" for="checkbox1">复选框</label>
</div>
```

其运行效果如图 5-2 所示。

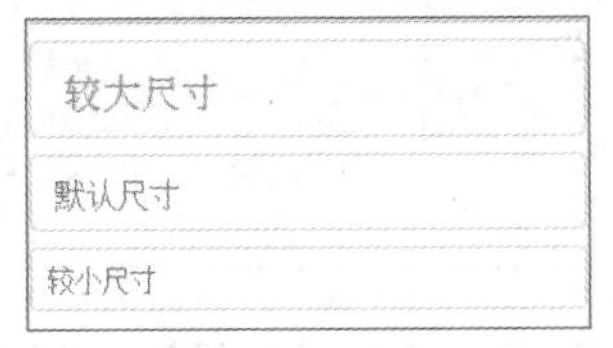

图 5-1 输入框

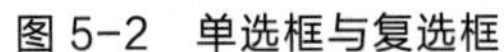

单选框
复选框

图 5-2 单选框与复选框

（2）添加 iOS 风格的开关。要添加 iOS 风格的开关，则需要添加.custom-switch 类名。例如下面的代码就可以添加一个 iOS 风格的开关：

```
<div class=" custom-control custom-switch">
    <input type="checkbox" class="custom-control-input" id="c1">
    <label class="custom-control-label" for="c1">iOS风格的开关</label>
</div>
```

iOS 风格的开关的切换样式如图 5-3 和图 5-4 所示。

图 5-3 iOS 风格的开关（1）

iOS风格的开关

图 5-4 iOS 风格的开关（2）

3. 下拉菜单

要想使用自定义下拉菜单，仅需要在<select>标签中添加类名.custom-select 即可。下拉菜单的尺寸规格分为 3 种。下面通过代码进行简单的演示：

```
<form class="form-inline my-2">
    <select class="custom-select custom-select-lg mx-2 border border-primary">
        <option>2019年</option>
        <option>2018年</option>
        <option>2017年</option>
    </select>
    <select class="custom-select mx-2 border border-primary">
        <option>01月</option>
        <option>02月</option>
        <option>03月</option>
    </select>
    <select class="custom-select custom-select-sm mx-2 border border-primary">
        <option>01</option>
```

```
        <option>02</option>
        <option>03</option>
    </select>
</form>
```

其运行效果如图 5-5 所示。

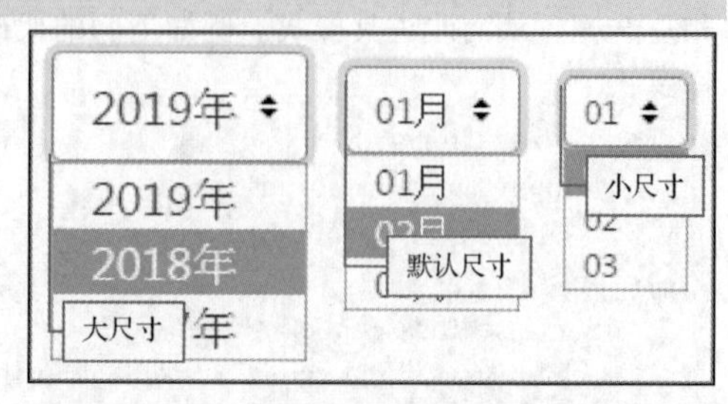

图 5-5　添加下拉菜单以及设置下拉菜单的尺寸

4. 滑块控件

表单控件中可以通过指定<input>标签的属性type="range"来定义一个滑块，用户可以拖动滑块选择一个数值。而 Bootstrap 中同样也预设了该滑块的样式。若要使用 Bootstrap 中预设的滑块样式，只需在<input>标签上添加类名.custom-range 即可。例如下面的代码就可以添加滑块控件：

```
<div class="row">
    <label class="col-auto" for="c1">拖动滑块选择数值</label>
    <input type="range" class="custom-range col" id="c1">
</div>
```

其运行效果如图 5-6 所示。

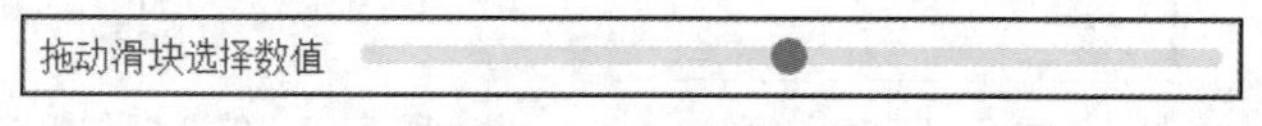

图 5-6　滑块控件

5. 文件域

HTML 表单中文件域的样式是比较简单的，而 Bootstrap 中则对文件域进行了美化。要想使用文件域的样式，则需要在文件域上添加类名.custom-file-input。例如下面的代码就可以添加文件域：

```
<div class="custom-file">
    <input type="file" class="custom-file-input" id="c1">
    <label class="custom-file-label" for="c1" data-browse="选择"></label>
</div>
```

上述代码的运行效果如图 5-7 所示。分析上面代码可知，通过修改 data-browse 属性的值可以修改文件域按钮上的文字。

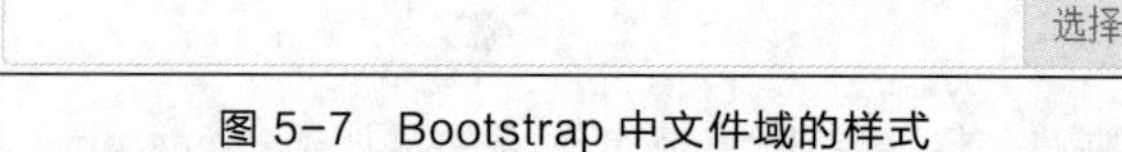

图 5-7　Bootstrap 中文件域的样式

【例 5-1】使用表单各控件制作手机端定制闹钟的页面。具体代码如下：

```
<form class="container">
    <div class="row justify-content-between my-4 py-2 border-bottom border-secondary">
        <div class="col">取消</div>
        <div class="col">编辑闹钟</div>
        <div class="col">完成</div>
    </div>
    <div class="row justify-content-between text-center my-2 py-2 border-bottom border-secondary">
        <select class="custom-select col">
            <option>1</option>
            <option>2</option>
            <option selected>3</option>
            <option>4</option>
```

```
            <option>5</option>
        </select>
    <!--此处省略设置闹钟时间分钟数的代码-->
    </div>
    <div class="row justify-content-between my-2 py-2 border-bottom border-secondary">
        <div class="col text-left font-weight-bold">重复方式</div>
        <div class="col text-right text-muted initialism">单双休 本周双休</div>
    </div>
    <div class="row my-2 py-2 border-bottom border-secondary">
        <div class="col-12 btn-group rounded-circle">
            <input type="button" class="btn col-auto btn-primary" value="日">
            <input type="button" class="btn col-auto btn-outline-primary" value="一">
            <!--此处省略星期二至星期六的按钮-->
        </div>
    </div>
    <div class="row justify-content-between my-2 py-2 border-bottom border-secondary">
        <p class="col text-left">提醒方式</p>
        <p class="col text-right">响铃</p>
    </div>
    <div class="row justify-content-between my-2 py-2 border-bottom border-secondary">
        <p class="col-auto text-left">铃声音量</p>
        <div class="col">
            <input type="range" class="custom-range" id="num" name="num">
        </div>
    </div>
    <div class="row justify-content-between my-2 py-2 border-bottom border-secondary">
        <p class="col-6 text-left p-0 m-0">语音播报</p>
        <div class="custom-control custom-switch">
            <input type="checkbox" class="custom-control-input" id="c">
            <label class="custom-control-label" for="c"></label>
        </div>
    </div>
    <div class="row justify-content-between my-2 py-2 border-bottom border-secondary">
    <!--省略设置贪睡时间的代码-->
    </div>
    <div class="row justify-content-between my-2 py-2 border-
    bottom border-secondary">
        <p class="col-6 text-left p-0 m-0">贪睡报时</p>
        <div class="custom-control custom-switch">
            <input type="checkbox" class="custom-control-input"
            id="b">
            <label class="custom-control-label" for="b"></label>
        </div>
    </div>
</form>
```

上述代码使用下拉菜单实现了闹钟时间的设置；使用按钮组实现了闹钟重复方式的设置；使用滑块实现了闹钟铃声音量的设置；使用iOS 开关实现了语音播报和贪睡报时的开启与关闭的设置。其运行效果如图 5-8 所示。

图 5-8　表单控件的使用

5.1.2 控件的状态

1. 禁用

通过为控件添加 disabled 属性可以将对应控件禁用。而将控件禁用以后，为了防止用户操作，其样式看起来会变得灰淡。禁用控件有两种方式，分别是添加 disabled 属性和添加.disabled 类名。表单中大多数控件都有 disabled 属性，所以禁用这些控件直接添加 disabled 属性即可；而对于不支持该属性的控件，例如<a>标签实现的按钮，则可以通过添加类名.disabled 来禁用。

以禁用文本框和 iOS 风格的开关为例，具体代码如下：

```
<div class="row my-2">
    <div class="col">
        <input type="text" class="form-control" value="禁用该文本框" disabled>
    </div>
    <div class="custom-switch col">
        <input type="checkbox" class="custom-control-input" id="c1" disabled>
        <label class="custom-control-label" for="c1">禁用该控件</label>
    </div>
</div>
```

上述代码的运行效果如图 5-9 所示。

图 5-9　文本框和 iOS 风格开关的禁用状态

2. 只读属性

如果不希望用户修改文本框中的值，可以在<input>标签中添加 readonly 属性。为文本框添加只读属性后，其样式与禁用的样式相似，但是保留鼠标效果。例如下面代码就可以添加一个具有只读属性的文本框：

```
<input type="text" class="form-control" value="文本框只读属性" readonly>
```

其运行效果如图 5-10 所示。

文本框只读属性

图 5-10　Bootstrap 中只读属性的文本框

3. 只读纯文本

在 HTML 表单中，添加类名.form-control-plaintext 即可设置文本框的状态为只读为纯文本。例如下面代码就可以添加一个状态为只读纯文本的文本框，其样式与在页面中的文字无异：

```
<input type="text" class="form-control-plaintext" value="这是状态为只读纯文本的文本框" readonly>
```

【例 5-2】制作预约信息确认页面。具体代码如下：

```
<div class="container">
    <h2 class="text-center">预约信息确认</h2>
    <div class="border border-danger p-3" style="background: #dffffa;">
        <div class="row my-3">
            <label for="user" class="col-form-label col-auto">用户名：</label>
            <input type="text" class="form-control col" readonly id="user" value="t*****933">
            <p class="col-auto text-danger">未设置</p>
            <p class="col-auto text-primary">修改</p>
```

```
        </div>
        <!--省略相似代码-->
      </div>
  </div>
```

本例的运行效果如图 5-11 所示。

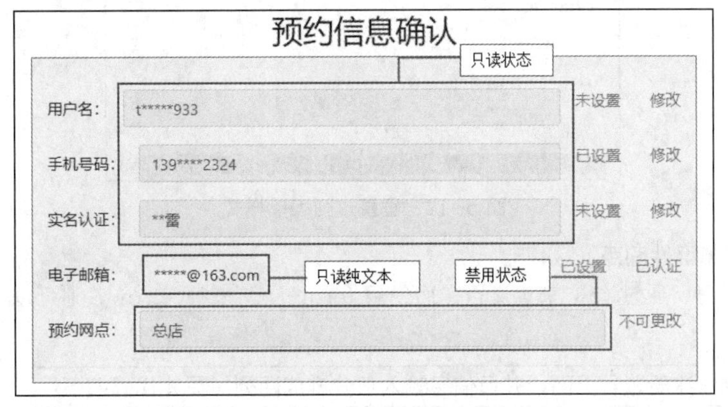

图 5-11　控件的状态

5.1.3　表单的布局风格

表单的布局风格

1. 网格系统排列表单

通过添加类.row 并且使用.col-*-*等网格组件来指定标签可以建立水平表单。在使用网格组件布局表单时，可以在<label>标签中添加.col-form-label（或者在<legend>标签中添加.col-form-legend），以便垂直居中排列相关表单控件。

【例 5-3】使用网格系统布局大额提现预约信息输入页面。具体代码如下：

```
<div class="container border border-primary px-5">
    <form>
        <div class="row mx-n5 justify-content-center text-center">
            <h4 class="h4 col-4  border-bottom border-primary py-4">大额提现预约</h4>
        </div>
        <div class="form-group row py-2">
            <label class="col-form-label col-auto col-md-2" for="address">预约网点：</label>
            <div class="col col-md-10">
                <input type="text" class="form-control" id="address" placeholder="营业部（总行）">
            </div>
        </div>
        <div class="form-group row py-2">
            <label for="name" class="col-form-label col-auto col-md-2">客户姓名：</label>
            <div class="col col-md-10"><input type="text" class="form-control" id="name"
placeholder="请输入名称"></div>
        </div>
        <!--此处省略添加手机号码、提现金额、预约时间和添加备注的代码-->
        <div class="form-row mx-n5 text-white py-2 px-4">
            <button class="btn btn-primary col">马上预约</button>
        </div>
    </form>
</div>
```

上述代码的运行效果如图 5-12 所示。

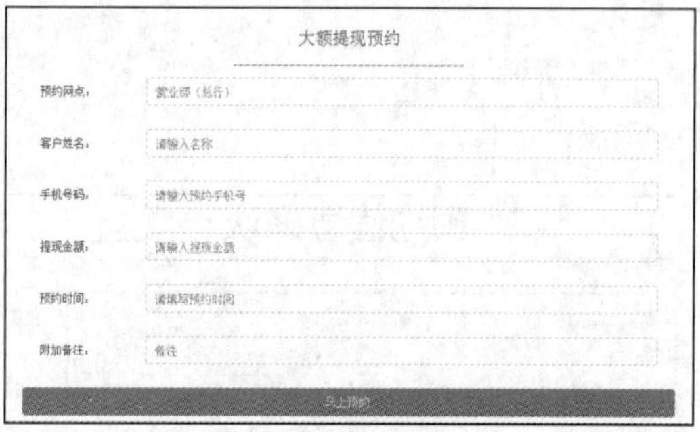

图 5-12　垂直排列表单样式

2. 更小的表单组件间距

使用网格系统时，通过.row 来定义行，而使用.form-row 来替代.row，则可以使表单组件之间的间距更小。

【例 5-4】制作注册账号页面，并且信息输入部分排成两列。具体代码如下：

```
<div class="container border border-primary px-5">
    <form>
        <div class="row mx-n5 bg-primary text-white py-2"><p class="h4 col">注册</p></div>
        <div class="form-row mx-n5">
            <div class="col">
                <div class="form-group py-2">
                    <label for="first-name">姓名：</label>
                    <input type="text" class="form-control" id="first-name">
                </div>
                <div class="form-group py-2">
                    <label for="last-name">昵称：</label>
                    <input type="text" class="form-control" id="last-name">
                </div>
                <div class="form-group py-2">
                    <label for="email">邮箱：</label>
                    <input type="email" class="form-control" id="email">
                </div>
            </div>
             <!--省略相似代码-->
        </div>
        <div class=" form-row bg-primary justify-content-between mx-n5 text-white p-3">
            <div class="col">
                <input type="checkbox" class="form-check-input" id="checkbox">
                <label for="checkbox" class="form-check-label">记住密码</label>
            </div>
            <div class="col text-right">
                <button class="btn btn-success">注册</button>
            </div>
        </div>
    </form>
</div>
```

上述代码的运行效果如图 5-13 所示。

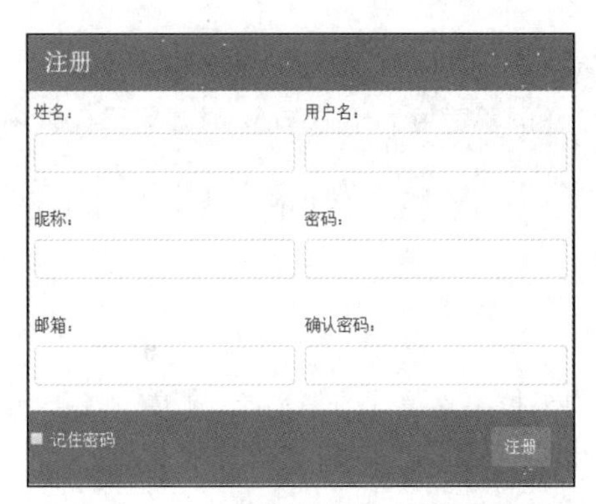

图 5-13　设置表单组件之间的间距

3. 内联式表单

使用内联式表单样式可在单个水平行上显示一系列标签、表单控件和按钮等。若要添加内联式表单，只需在<form>标签中添加类名.form-inline 即可。

【例 5-5】制作投递漂流瓶页面，在该页面中投递地址部分使用内联式表单。具体代码如下：

```
<div class="container border border-primary px-5 rounded" style="background: #f8f3e7">
    <div class="row mx-n5 justify-content-center">
        <p class="col-auto text-right align-self-center m-0" style="color: #826409;">祝远方的你幸福安康……</p>
        <img src="images/2.png" alt="" class="col-auto img-fluid p-0">
    </div>
    <form class="form-inline" style="background:#fcf0d2">
        <label class="col-auto" for="address">我要投向的地方：</label>
        <input type="text" class="form-control" id="address" placeholder="--省">--
        <input type="text" class="form-control" placeholder="--市">
        <input type="text" class="form-control" placeholder="具体地址">
    </form>
    <div class="row m-2 border justify-content-center" style="border-color: #d3d2b4">
        <div class="border-bottom border-primary col-11" style="height: 2rem"></div>
        <div class="border-bottom border-primary col-11" style="height: 2rem"></div>
        <div class="border-bottom border-primary col-11" style="height: 2rem"></div>
        <div class="border-bottom border-primary col-11" style="height: 2rem"></div>
        <div class="border-bottom border-primary col-11" style="height: 2rem"></div>
        <div class="border-bottom border-primary col-11" style="height: 2rem"></div>
    </div>
</div>
```

上述代码的运行效果如图 5-14 所示。

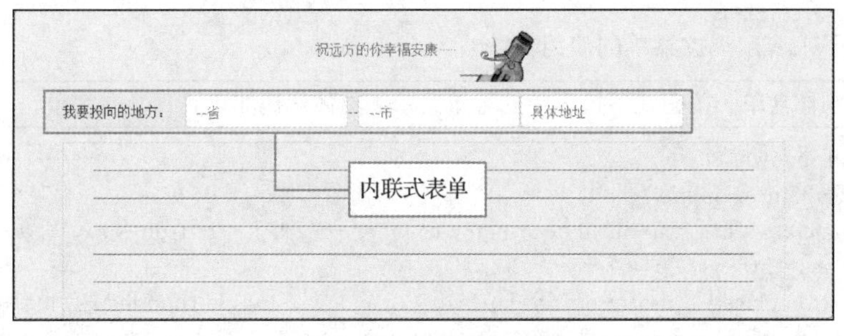

图 5-14　内联式表单

内联式表单的控件只会在屏幕宽度大于 576px 时才显示在行内；小于该屏幕宽度时，控件便会折叠显示。

5.2 下拉菜单

本节主要介绍 Bootstrap 中下拉菜单组件的基本样式设置，主要包括如何添加单一按钮式下拉菜单、分裂按钮式下拉菜单，以及如何设置下拉菜单的样式及状态。

5.2.1 设置下拉菜单

设置下拉菜单

Bootstrap 中下拉菜单的实现需要依赖第三方 proper.js 插件。该插件可以提供动态定位和视口检测，所以添加下拉菜单组件时，除了需要引用 Bootstrap 文件中必要的 CSS 样式表、jQuery 文件和 JS 文件，还需要引用 bootstrap.bundle.js 或 bootstrap.bundle.min.js 文件。并且引用这两个文件时，需注意将这两个文件放置在引用 bootstrap.min.js 文件的代码的下方。

激活下拉菜单有两种方式，第一种是在下拉菜单按钮上添加 data-toggle="dropdown"属性，第二种方式是添加 JavaScript 代码。下面将具体介绍。

1. 单一按钮式下拉菜单

单一按钮式下拉菜单指的是按钮与下拉图标合为一体，通过在<a>标签或按钮上添加 data-toggle="dropdown"属性来激活下拉菜单。下面是通过该方法设置下拉菜单的关键代码：

```
<div class="dropdown">
    <button type="button" class="btn-outline-primary dropdown-toggle btn" id="dropdown2" 
aria-haspopup="true"
        aria-expanded="false" data-toggle="dropdown">下拉菜单</button>
    <ul class="dropdown-menu" aria-labelledby="dropdown2">
        <li class="dropdown-item">菜单项一</li>
        <li class="dropdown-item">菜单项二</li>
    </ul>
</div>
```

上述代码所添加的单一按钮式下拉菜单如图 5-15 所示。

图 5-15 单一按钮式下拉菜单

而通过 JavaScript 代码来激活下拉菜单的具体代码如下，其运行结果与图 5-15 所示相同：

```
    <!--HTML代码与利用属性激活下拉菜单的代码相同，故省略-->
<script type="text/javascript">
    $(".dropdown-toggle").dropdown()
</script>
```

下面通过例子来演示下拉菜单的使用方法。

【例 5-6】制作含单一按钮式下拉菜单的导航菜单。具体代码如下：

```
<div class="dropdown">
    <form class="form-inline">
        <button class="btn btn-outline-primary rounded-0">首页</button>
        <div class="btn-group">
            <button class="btn btn-outline-primary dropdown-toggle rounded-0" id="dropdown1" 
type="button" data-toggle="dropdown">问卷中心</button>
```

```
            <div class="dropdown-menu" aria-labelledby="dropdown1">
                <a href="#" class="dropdown-item">公开问卷</a>
                <a href="#" class="dropdown-item">问卷模板</a>
                <a href="#" class="dropdown-item">有奖调查</a>
                <a href="#" class="dropdown-item">热门测评</a>
            </div>
        </div>
        <button class="btn btn-outline-primary rounded-0">自助服务</button>
        <div class="btn-group">
            <button class="btn btn-outline-primary rounded-0 dropdown-toggle" id="dropdown2"
            type="button" data-toggle="dropdown">样本服务</button>
            <div class="dropdown-menu" aria-labelledby="dropdown2">
                <a href="#" class="dropdown-item">服务价格</a>
                <a href="#" class="dropdown-item">需求&报价</a>
                <a href="#" class="dropdown-item">流程说明</a>
                <a href="#" class="dropdown-item">成功案例</a>
            </div>
        </div>
        <button class="btn btn-outline-primary rounded-0">典型应用</button>
    </form>
</div>
<script type="text/javascript">
    $(".dropdown-toggle").dropdown()
</script>
```

上述代码的运行效果如图 5-16 所示。

2. 分裂按钮式下拉菜单

分裂按钮式下拉菜单指的是按钮与下拉图标分别为两个部分。例如，图 5-17 所示为分裂按钮式下拉菜单。

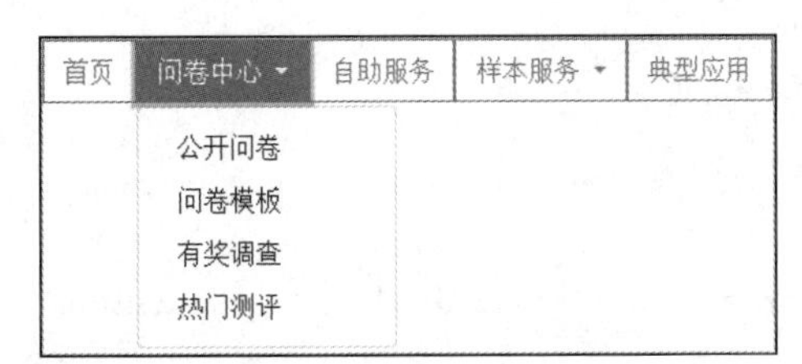

图 5-16 含单一按钮式下拉菜单的导航菜单

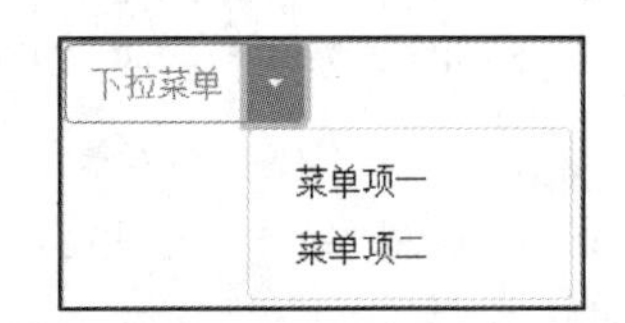

图 5-17 分裂按钮式下拉菜单

添加分裂按钮式下拉菜单的方法与添加单一按钮式下拉菜单的方法类似，只是需要添加类名.dropdown-toggle-split 来对下拉选项做适当的间距处理。例如下面的代码可以添加一个简单的分裂按钮式下拉菜单：

```
<div class="btn-group">
    <button type="button" class="btn-outline-primary btn">下拉菜单</button>
    <button type="button" class="btn btn-outline-primary dropdown-toggle dropdown-toggle-split"
    id="dropdown2" aria-haspopup="true" aria-expanded="false" data-toggle="dropdown"><span class=
    "sr-only"></span> </button>
    <ul class="dropdown-menu" aria-labelledby="dropdown2">
        <li class="dropdown-item">菜单项一</li>
        <li class="dropdown-item">菜单项二</li>
    </ul>
</div>
```

```
<script type="text/javascript">
    $(".dropdown-toggle").dropdown()
</script>
```

【例 5-7】制作含分裂按钮式下拉菜单的导航菜单。具体代码如下：

```
<form class="form-inline dropdown">
    <button class="btn btn-outline-primary border-right-0 rounded-0" >首页</button>
    <div class="btn-group">
        <button class="btn btn-outline-primary border-right-0 rounded-0" id="dropdown1" type=
        "button">问卷中心</button>
        <button type="button" class="btn btn-outline-primary dropdown-toggle dropdown-toggle-
        split border-left-0 border-right-0 rounded-0"data-toggle="dropdown"><span class="sr-only">
        </span></button>
        <div class="dropdown-menu" aria-labelledby="dropdown1">
            <a href="#" class="dropdown-item">公开问卷</a>
            <a href="#" class="dropdown-item">问卷模板</a>
            <a href="#" class="dropdown-item">有奖调查</a>
            <a href="#" class="dropdown-item">热门测评</a>
        </div>
    </div>
    <button class="btn btn-outline-primary border-right-0 rounded-0">自助服务</button>
    <div class="btn-group">
        <button class="btn btn-outline-primary border-right-0 rounded-0" id="dropdown2"
        type="button">样本服务</button>
        <button type="button" class="btn btn-outline-primary dropdown-toggle dropdown-toggle-
        split border-left-0 rounded-0"data-toggle="dropdown"><span class="sr-only"></span></button>
        <div class="dropdown-menu" aria-labelledby="dropdown">
            <a href="#" class="dropdown-item">服务价格</a>
            <a href="#" class="dropdown-item">服务价格</a>
            <a href="#" class="dropdown-item">需求&报价</a>
            <a href="#" class="dropdown-item">流程说明</a>
            <a href="#" class="dropdown-item">成功案例</a>
        </div>
    </div>
    <button class="btn btn-outline-primary border-left-0 rounded-0">典型应用</button>
</form>
<script type="text/javascript">
    $(".dropdown-toggle").dropdown()
</script>
```

编写完代码后，在浏览器中运行本例，可看到页面效果如图 5-18 所示。

图 5-18　含分裂按钮式下拉菜单的导航菜单

5.2.2　下拉菜单内容设置

下拉菜单内容设置

使用下拉菜单组件不仅可以添加下拉菜单，还可以美化下拉菜单，例如为下拉菜单添加头部文字以及添加分割线等内容。为下拉菜单添加分割线可以通过添加类名.dropdown-divier 来实现，而为下拉菜单添加头部文字可通过添加类名.dropdown-header 来实现。其样式如图 5-19 所示。

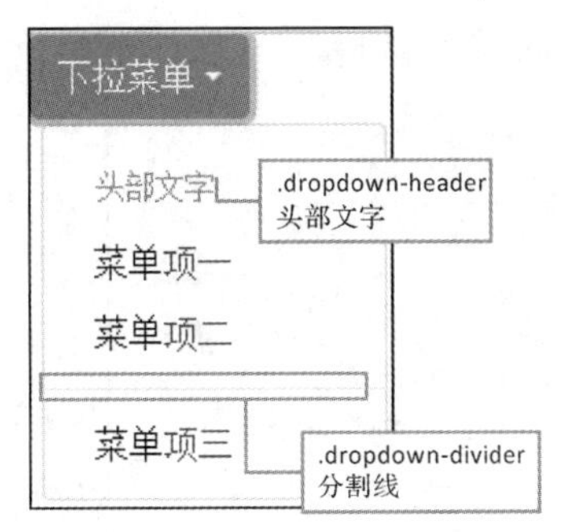

图 5-19　下拉菜单内容设置

【例 5-8】结合下拉菜单制作一份个人资料网页，然后通过下拉菜单来设置个人资料中的生日、地址信息。关键代码如下：

```
<div class="container border border-primary px-0">
    <p class="h3 py-2 bg-primary text-white mx-0 px-0">个人资料完善</p>
    <form class="dropdown px-3">
        <div class="form-group row">
            <label for="zhanghao" class="col-form-label col-auto">账号:</label>
            <div class="col"><input type="text" id="zhanghao" class="form-control"></div>
        </div>
        <!--此处省略“昵称”“邮箱”“个人说明”等内容的定义代码-->
        <div class="form-group row">
            <label for="birth" class="col-form-label col-auto">生日</label>
            <div class="col btn-group" id="birth">
                <button type="button" class="btn-outline-secondary dropdown-toggle btn
                dropdown-toggle-split" data-toggle="dropdown">--年</button>
                <ul class="dropdown-menu">
                    <li class="dropdown-header">请选择出生年份</li>
                    <li class="dropdown-divider"></li>
                    <li class="dropdown-item">2019</li>
                    <li class="dropdown-item">2018</li>
                      <!--此处省略其余年份-->
                </ul>
            </div>
            <!--此处省略其余设置月份和日期的下拉菜单的代码-->
        </div>
        <div class="col btn-group">
                <button type="button" class="btn-outline-secondary dropdown-toggle btn
                dropdown-toggle-split" data-toggle="dropdown">--省</button>
                <ul class="dropdown-menu">
                    <li class="dropdown-header">请选择所在省份</li>
                    <li class="dropdown-divider"></li>
                    <li class="dropdown-item">北京</li>
                    <li class="dropdown-item">天津</li>
                       <!--此处省略其余省份的代码-->
                </ul>
           </div>
           <!--此处省略设置“市”和“区”的下拉菜单的代码-->
        <div class="row">
```

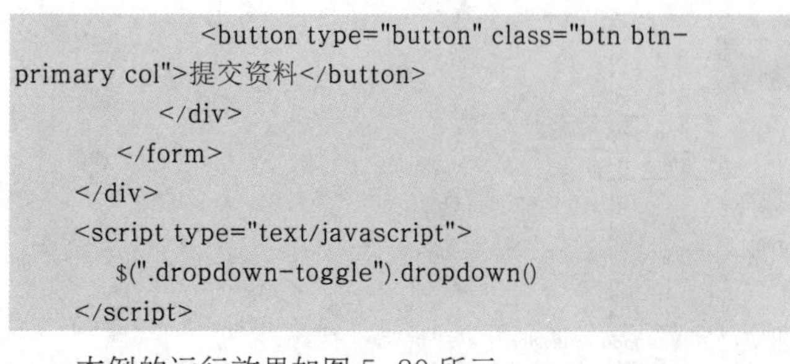

```
            <button type="button" class="btn btn-
primary col">提交资料</button>
        </div>
      </form>
    </div>
    <script type="text/javascript">
      $(".dropdown-toggle").dropdown()
    </script>
```

本例的运行效果如图 5-20 所示。

图 5-20　使用下拉菜单制作个人资料网页

5.2.3　下拉菜单的状态

下拉菜单的状态

1. 设置下拉菜单项的状态为有效

通过为下拉菜单项添加类名.active，可以将其状态设置为有效，具体样式如图 5-21 所示。

2. 设置下拉菜单项的状态为禁用

通过为下拉菜单项添加类名.disabled，可以将其状态设为禁用，其样式为灰色，如图 5-22 所示。

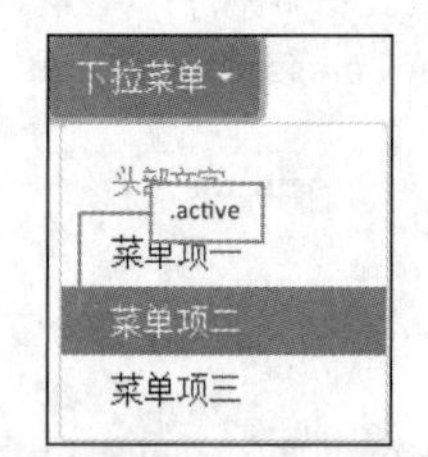

图 5-21　下拉菜单项的状态为有效

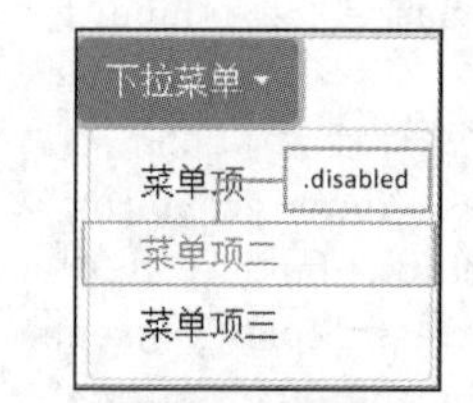

图 5-22　下拉菜单项的状态为禁用

【例 5-9】结合下拉菜单制作某网站的导航菜单，并设置导航菜单中第二项下拉菜单的第二个菜单项的状态为有效，第三项下拉菜单的第一个菜单项为禁用状态。关键代码如下：

```
<form class="dropdown row no-gutters">
   <!--省略导航菜单第一项下拉菜单的代码-->
  <div class="btn-group col-12 col-md-2">
    <button type="button" class="btn btn-outline-success dropdown-toggle" data-toggle=
    "dropdown" aria-haspopup="true" aria-expanded="false">后端开发</button>
    <ul class="dropdown-menu text-center">
      <li class="dropdown-item py-2">Java</li>
      <li class="dropdown-item border-top border-secondary py-2 active">Java Web</li>
      <li class="dropdown-item border-top border-secondary py-2">PHP</li>
      <li class="dropdown-item border-top border-secondary py-2">C#</li>
      <li class="dropdown-item border-top border-secondary py-2">Pyhton</li>
    </ul>
  </div>
  <div class="btn-group col-12 col-md-2">
    <button type="button" class="btn-outline-success dropdown-toggle btn" data-toggle=
    "dropdown"aria-haspopup="true" aria-expanded="false">数据库开发</button>
    <ul class="dropdown-menu text-center">
      <li class="dropdown-item py-2 disabled" tabindex="-1" aria-disabled="true">Oracle</li>
      <li class="dropdown-item border-top border-secondary py-2">SQL Server</li>
      <li class="dropdown-item border-top border-secondary py-2">MySQL</li>
```

```
        </ul>
    </div>
     <!--省略导航菜单第四项下拉菜单的代码-->
</form>
<script type="text/javascript">
    $(".dropdown-toggle").dropdown()
</script>
```

上述代码的运行结果如图 5-23 和图 5-24 所示。

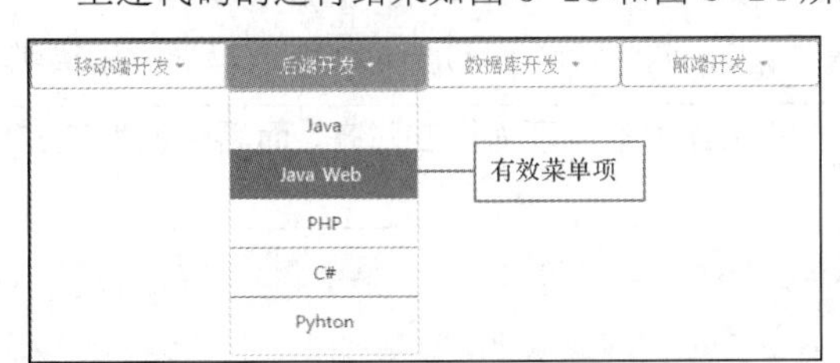

图 5-23　下拉菜单的有效菜单项

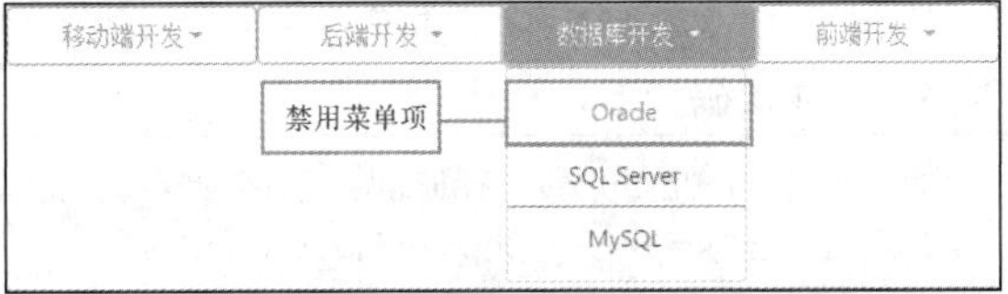

图 5-24　下拉菜单的禁用菜单项

5.3　下拉菜单样式设置

本节继续讲解下拉菜单组件的使用，主要包括下拉菜单的展开方向、对齐方式和响应式对齐。

5.3.1　下拉菜单的展开方向

下拉菜单的展开方向

Bootstrap 中下拉菜单的默认展开方向为向下。读者也可以根据需要设置展开方向为向上、向左或向右，其对应的类名如下。

☑　.dropleft：设置下拉菜单向左展开。

☑　.dropup：设置下拉菜单向上展开。

☑　.dropright：设置下拉菜单向右展开。

下面将以向左展开下拉菜单为例，演示设置下拉菜单的展开方向的方法。

【例 5-10】将例 5-9 实现的二级导航菜单设置为竖向展示，并且二级菜单项的展开方向为向左。具体代码如下：

```
<form class="dropdown row flex-column align-items-end no-gutters">
    <div class="btn-group dropleft col-12 col-sm-2">
        <button type="button" class="btn-outline-success dropdown-toggle btn" id="dropdown1"
        data-toggle="dropdown">后端开发</button>
        <ul class="dropdown-menu text-center" aria-labelledby="dropdown1">
            <li class="border-top border-secondary py-2">Java</li>
            <li class="border-top border-secondary py-2">JavaWeb</li>
            <li class="border-top border-secondary py-2">PHP</li>
            <li class="py-2 border-secondary border-top">C#</li>
            <li class="py-2 border-secondary border-top">Python</li>
        </ul>
    </div>
    <!--省略其余导航菜单的代码-->
</form>
<script type="text/javascript">
    $(".dropdown-toggle").dropdown()
</script>
```

上述代码的运行结果如图 5-25 所示。

下拉菜单的对齐方式

图 5-25　展开方向为向左的下拉菜单

5.3.2　下拉菜单的对齐方式

Bootstrap 中可以设置子菜单与按钮的对齐方式，具体对齐方式有向左对齐和向右对齐两种，默认的对齐方式为向左对齐。

设置子菜单与按钮的对齐方式可以通过在菜单项的父元素上添加类名.dropdown-menu-left（向左对齐）和.dropdown-menu-right（向右对齐）来实现。

【例 5-11】将例 5-9 所实现的下拉菜单的对齐方式设置为前两项为向左对齐，而后两项为向右对齐。具体代码如下：

```
<form class="dropdown row no-gutters">
    <div class="btn-group col-12 col-md-2">
        <button type="button" class="btn-outline-success dropdown-toggle btn" id="dropdown2"
        data-toggle="dropdown">移动端开发</button>
        <ul class="dropdown-menu text-center dropdown-menu-left" aria-labelledby="dropdown2">
            <li>Android</li>
        </ul>
    </div>
<!--省略其余下拉菜单的代码-->
    <div class="btn-group col-12 col-md-2">
        <button type="button" class="btn-outline-success dropdown-toggle btn" id="dropdown5"
        data-toggle="dropdown">其他</button>
        <ul class="dropdown-menu text-center dropdown-menu-right" aria-labelledby="dropdown5">
            <li>其他</li>
        </ul>
    </div>
</form>
<script type="text/javascript">
    $(".dropdown-toggle").dropdown()
</script>
```

本例的运行结果如图 5-26 所示。

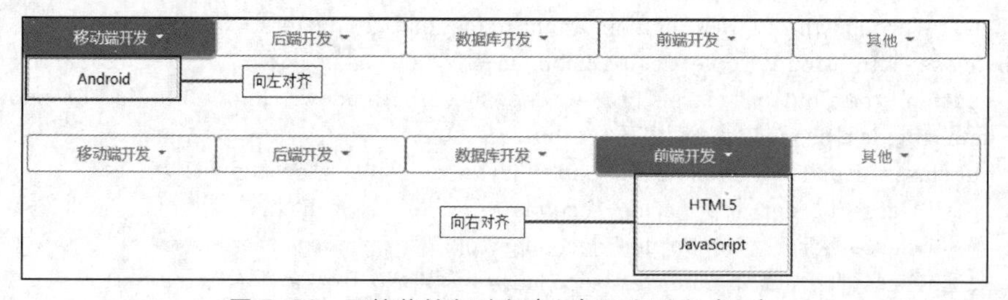

图 5-26　下拉菜单左对齐（上）和右对齐（下）

5.3.3　下拉菜单的响应式对齐

下拉菜单的响应式对齐

读者还可以设置下拉菜单的对齐方式为响应式对齐，即在不同尺寸的屏幕上的对齐方式不同。使用响应式对齐需要在按钮上添加属性 data-display="atatic"来禁用动态定位，然后在菜单项的盒子上设置对齐方式，例如设置在超小屏幕中向左对齐，在中等及以上屏幕中向右对齐，则需要添加类名.dropdown-menu-sm-left

和.dropdown-menu-md-right。

【例 5-12】将例 5-9 所实现的下拉菜单的对齐方式设置为在小型及超小屏幕中向左对齐，而在中等及以上屏幕中向右对齐。具体代码如下：

```
<form class="dropdown row no-gutters">
    <div class="btn-group col-3">
        <button type="button" class="btn-outline-primary dropdown-toggle btn" id="dropdown2"
        data-toggle="dropdown" data-display="static">移动端开发</button>
        <ul class="dropdown-menu text-center dropdown-menu-left dropdown-menu-md-right"
        aria-labelledby="dropdown2">
            <li class="dropdown-item">Android</li>
        </ul>
    </div>
<!--省略其余下拉菜单的代码-->
</form>
<script type="text/javascript">
    $(".dropdown-toggle").dropdown()
</script>
```

本例的运行结果如图 5-27 和图 5-28 所示。

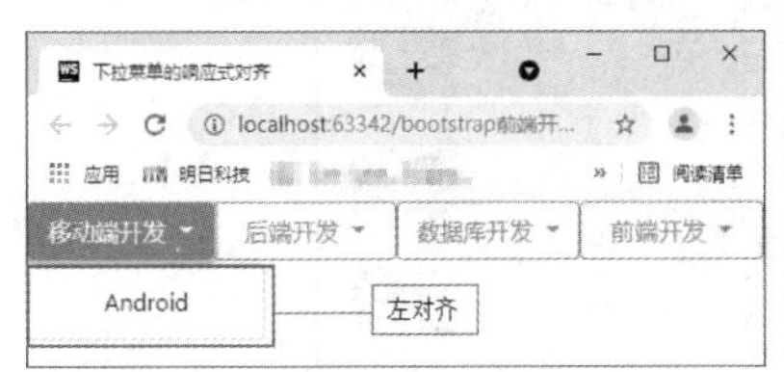

图 5-27　小型及超小屏幕中下拉菜单向左对齐

图 5-28　中等及以上屏幕中下拉菜单向右对齐

5.4　按钮

按钮是表单中很常用的一个控件，而 Bootstrap 也提供了按钮的一些样式及状态。

按钮的风格

5.4.1　按钮的风格

1. 按钮的样式

无论是网站还是 App，按钮都是其不可或缺的一部分，例如，图 5-29 所示的微信转账页面中的转账按钮。Bootstrap 也提供了优化以后的按钮样式。若要使用这些按钮样式，需要在相应的标签中添加对应的类名。Bootstrap 中常用的实现按钮样式设置的标签有<button>、<input>和<a> 3 个。在这 3 个标签中，只要添加的类名相同，那么其实现的效果并无差异。例如下面的代码就可以往页面中添加按钮：

图 5-29　设置按钮的样式

```
<input type="button" class="btn btn-primary" value="这是一个按钮示例">
```

【例 5-13】使用 Bootstrap 制作火车车次时刻表。具体代码如下：

```
<table class="table table-striped text-center">
    <thead>
<!--此处省略时刻表表头的代码-->
```

```
    </thead>
    <tbody>
    <tr>
        <td>K126</td>
        <td>长春—西安</td>
        <td>22:15—06:43</td>
        <td>32:28</td>
        <td>-</td>
        <td>-</td>
        <td>20</td>
        <td>50</td>
        <td><a href="#" class="btn btn-primary">预订</a></td>
    </tr>
<!--此处省略其余车次信息的代码-->
    </tbody>
</table>
```

上述代码的运行结果如图 5-30 所示。

车次	出发站—到达站	出发—到达时间	历时	特等座	软卧	硬卧	硬座	备注
K126	长春—西安	22:15—06:43	32:28	-	-	20	50	预订
D3125	南京—厦门北	06:37—15:53	10:16	有	有	-	-	预订
K454	兰州—成都	00:04—10:59	10:55	-	-	6	有	预订
K378	兰州—苏州	00:28—04:09	27:41	无	-	2	有	重置
C7636	珠海—广州南	06:30—07:13	01:13	-	-	-	有	提交

图 5-30　Bootstrap 中按钮的样式

2. 设置按钮的背景颜色

Bootstrap 中设置了多种常用的按钮样式，使用时只需要添加不同的类名，就可以为按钮设置不同的背景颜色。下面具体介绍 Bootstrap 中预设的按钮的颜色及其对应的类名。

☑ .btn-primary：设置按钮的背景颜色为#007bff。
☑ .btn-secondary：设置按钮的背景颜色为#6c757d。
☑ .btn-success：设置按钮的背景颜色为#28a745。
☑ .btn-danger：设置按钮的背景颜色为#dc3545。
☑ .btn-warning：设置按钮的背景颜色为#ffc107。
☑ .btn-info：设置按钮的背景颜色为#17a2b8。
☑ .btn-light：设置按钮的背景颜色为#f8f9fa。
☑ .btn-dark：设置按钮的背景颜色为#343a40。
☑ .btn-link：设置按钮上文字的颜色为#007bff，无背景颜色。

具体按钮的样式如图 5-31 所示。

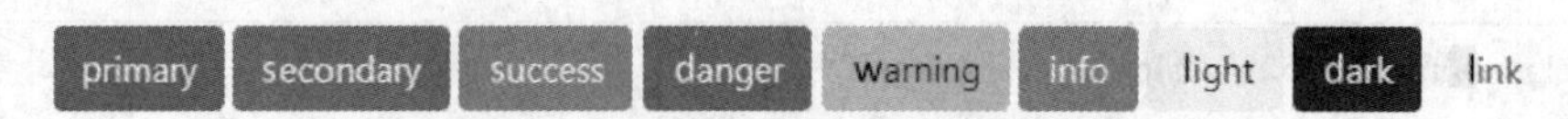

图 5-31　Bootstrap 中预设的按钮样式

【例 5-14】使用 Bootstrap 实现简易计算器的按键及屏幕的样式。具体代码如下：

```
<table class="table table-sm text-center table-striped">
    <tr class="table-info">
        <td colspan="4"><input type="button" class="btn btn-secondary btn-block" value="12345678"> </td>
    </tr>
    <tr>
        <td><button class="btn btn-danger">AC</button> </td>
        <td><button class="btn btn-danger">M+</button></td>
        <td><button class="btn btn-danger">M-</button></td>
        <td><button class="btn btn-danger">%</button></td>
    </tr>
    <tr>
        <td><button class="btn btn-primary"> 7 </button> </td>
        <td><button class="btn btn-primary"> 8 </button></td>
        <td><button class="btn btn-primary"> 9 </button></td>
        <td><button class="btn btn-warning"> + </button></td>
    </tr>
<!--其余按键的代码与上面类似，故省略-->
</table>
```

运行结果如图 5-32 所示。

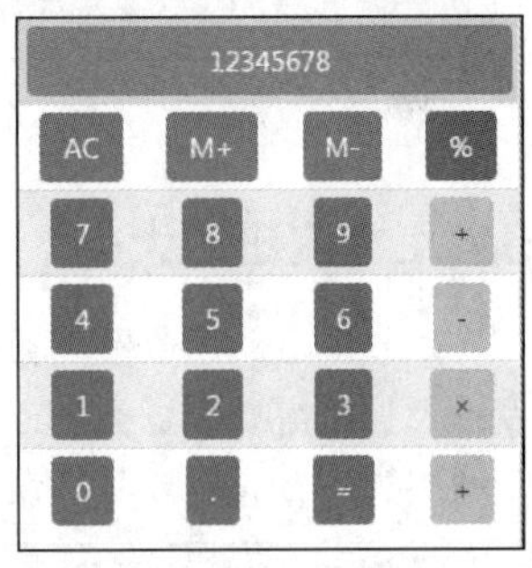

图 5-32 设置按钮的背景颜色

3. 设置轮廓按钮

前文介绍了 Bootstrap 中按钮的背景颜色，同样，Bootstrap 中还可以设置按钮的轮廓颜色。按钮轮廓颜色的设置与按钮背景颜色的设置类似，例如类名.btn-primary 的按钮的背景颜色与类名.btn-outline-primary 的按钮的轮廓颜色相同。另外，当鼠标指针悬停在轮廓按钮上时，按钮的背景颜色与轮廓颜色相同，并且文字会变成白色。具体的轮廓按钮的样式如图 5-33 所示。

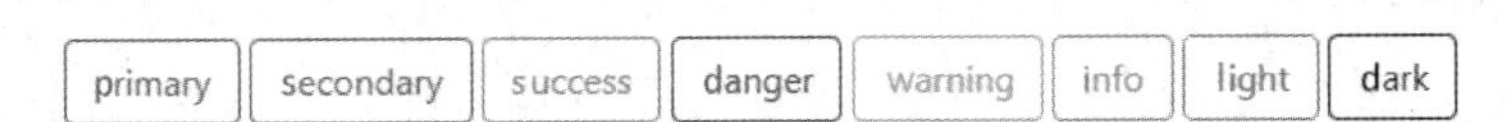

图 5-33 Bootstrap 中轮廓按钮的样式

【例 5-15】使用 Bootstrap 实现在网页中显示键盘输入区按键的效果。具体代码如下：

```
<table class="table table-info table-sm text-center">
    <tr>
        <td><input type="button" class="btn btn-outline-danger" value=" ` "></td>
        <td><input type="button" class="btn btn-outline-primary" value="1"></td>
        <td><input type="button" class="btn btn-outline-secondary" value="2"></td>
        <td><input type="button" class="btn btn-outline-success" value="3"></td>
        <td><input type="button" class="btn btn-outline-warning" value="4"></td>
        <td><input type="button" class="btn btn-outline-warning" value="5"></td>
        <td><input type="button" class="btn btn-outline-warning" value="6"></td>
        <td><input type="button" class="btn btn-outline-warning" value="7"></td>
        <td><input type="button" class="btn btn-outline-info" value="8"></td>
        <td><input type="button" class="btn btn-outline-light" value="9"></td>
        <td><input type="button" class="btn btn-outline-dark" value="0"></td>
        <td><input type="button" class="btn btn-outline-danger" value=" - "></td>
        <td><input type="button" class="btn btn-outline-danger" value=" = "></td>
```

```
            <td><input type="button" class="btn btn-outline-danger btn-block" value="Delete"></td>
        </tr>
<!--其余按键的代码与上面类似，故省略-->
        <tr>
            <td colspan="12"><input type="button" class="btn btn-outline-danger btn-block" value=
            "Space"></td>
        </tr>
</table>
```

上述代码的运行结果如图 5-34 所示。

图 5-34　设置轮廓按钮的样式

5.4.2　按钮的大小

按钮的大小

Bootstrap 中预设了 3 种按钮尺寸，分别是大按钮、小按钮和块级元素按钮。设置大按钮需要设置类名.btn-lg；设置小按钮可以通过类名.btn-sm 来实现；还可以通过类名.btn-block 来使按钮占据整行。

【例 5-16】使用 Bootstrap 制作电商网站中的手机参数选择页面。具体代码如下：

```
<div class="container">
    <div class="row">
        <div class="col-6 col-md-3"><img src="images/3.png" alt="" class="img-fluid"></div>
        <div class="col-6 col-md-6">
            <div class="row my-2">
                <div class="col-auto">版本：</div>
                <div class="col-auto"><button type="button" class="btn btn-outline-success
                btn-sm">IQOO</button></div>
                <div class="col-auto"><input type="button" class="btn btn-outline-success
                btn-sm" value="S1"></div>
                <div class="col-auto"><input type="button" class="btn btn-outline-success
                btn-sm" value="X27"></div>
                <div class="col-auto"><input type="button" class="btn btn-outline-success
                btn-sm" value="X27Pro"></div>
              </div>
      <!--其余代码与上面类似，故省略-->
        </div>
    </div>
</div>
```

编写完代码后，在浏览器中运行，运行结果如图 5-35 所示。

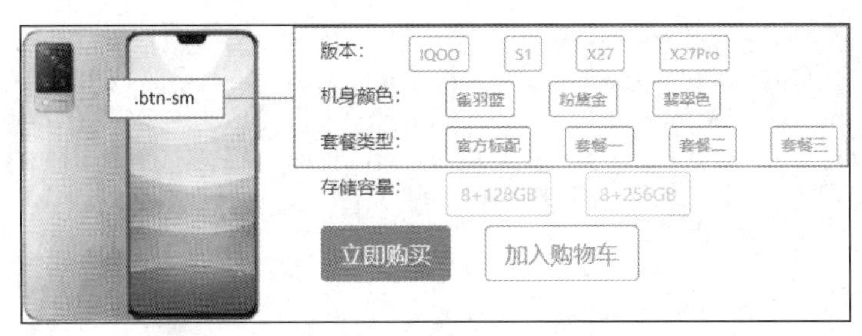

图 5-35 设置按钮的尺寸

5.4.3 按钮的状态

按钮的状态

通过上述例子，相信读者们已经注意到，Bootstrap 中为按钮设置了激活状态，即鼠标指针悬停在按钮上及单击按钮时，按钮的样式会发生变化。这些状态是默认就有的，如果我们不需要，则可以通过添加 disabled 属性来禁用这些样式；同样，如果需要使按钮始终处于激活状态，那么可以通过类名.active 来实现。例如下面的代码就可以实现按钮的激活和禁用：

```
<input type="button" class="btn btn-primary" value="默认状态的按钮">
<input type="button" class="btn btn-primary active" value="激活状态的按钮">
<input type="button" class="btn btn-primary" disabled value="禁用状态的按钮">
```

其运行结果如图 5-36 所示。通过对比图 5-36 所示的 3 个状态的按钮的样式，我们可以看出：激活状态的按钮的样式与鼠标指针悬停在默认状态的按钮上的样式相同，颜色较深；而被禁用的按钮的颜色比默认状态的按钮的颜色浅，并且当鼠标单击它或者鼠标指针悬停在它上方时，它都没有任何样式的变化。

默认状态的按钮 激活状态的按钮 禁用状态的按钮

图 5-36 按钮的状态

5.5 按钮组

Bootstrap 4 中预设了按钮组样式。按钮组可以把一系列按钮编组在一行里，并通过可选的 JavaScript 插件赋予单选框、复选框等强化行为。

5.5.1 设置按钮组

设置按钮组

添加按钮组时，需要把一系列按钮（.btn）添加到按钮组（.btn-group）内。通过按钮组插件可以实现选择按钮、选取块状区的行为功能。例如下面的代码就可以实现一个简单的按钮组：

```
<div class="btn-group" role="group">
    <button type="button" class="btn btn-outline-danger">按钮一</button>
    <button type="button" class="btn btn-outline-danger">按钮二</button>
    <button type="button" class="btn btn-outline-danger">按钮三</button>
</div>
```

上面的代码实现的按钮组如图 5-37 所示。

下面通过例子来演示按钮组的设置。

按钮一 按钮二 按钮三

图 5-37 按钮组

【例 5-17】通过按钮组插件实现中国铁路 12306 官方网站订票页面的日期选择功能。关键代码如下：

```
<form class="container p-3">
    <div class="border border-primary pb-2 my-2">
```

```
            <div class="btn-group m-0 p-0 d-flex" role="group">
                <button type="button" class="flex-fill btn btn-primary">06-04</button>
                <button type="button" class="flex-fill btn btn- primary ">06-05</button>
                <button type="button" class="flex-fill btn btn-primary">06-06</button>
    <!--按钮组中其余日期按钮与上面类似，故省略-->
            </div>
            <div class="row">
                <div class="col-auto">车次类型：</div>
                <div class="col form-check form-check-inline">
                    <input type="checkbox" class="form-check-input" id="GC">
                    <label class="form-check-label" for="GC">GC-高铁/城际</label>
                </div>
                <!--省略其余车次类型-->
            </div>
            <!--省略“出发车站”的代码，省略代码与“车次类型”结构类似-->
        </div>
    </form>
```

上述代码的运行结果如图 5-38 所示。

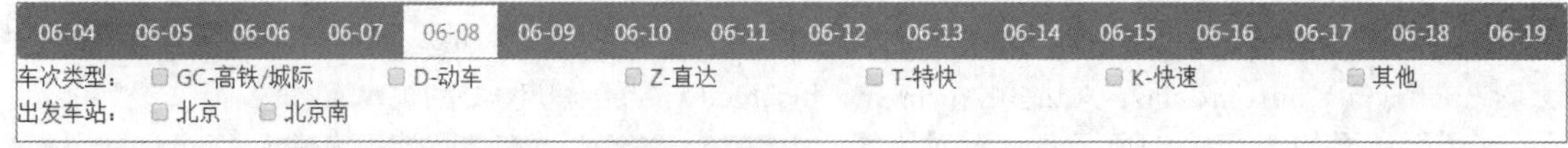

图 5-38　使用按钮组实现日期选择页面

5.5.2　按钮组的嵌套

按钮组的嵌套

用户也可以将按钮组与下拉菜单组合使用，具体使用方法是将一个.btn-group 放在另一个.btn-group 中。

【例 5-18】通过按钮组的嵌套实现含二级导航菜单的导航页面。关键代码如下：

```
<form class="dropdown p-3 container ">
    <div class="btn-group row m-0 p-0" role="group">
        <button type="button" class="btn btn-outline-primary">首页</button>
        <div class="btn-group" role="group">
            <button type="button" class="btn-outline-primary dropdown-toggle btn" id="dropdown1"
            data-toggle="dropdown"aria-expanded="false" aria-haspopup="true">车票
            </button>
            <ul class="dropdown-menu text-center" aria-labelledby="dropdown1">
                <li class="py-2">购买</li>
                <li class="border-top border-secondary py-2">变更</li>
                <li class="border-top border-secondary py-2">更多</li>
            </ul>
        </div>
<!--其余按钮组与下拉菜单嵌套使用的代码类似，故省略-->
    </div>
</form>
<script type="text/javascript">
    $(".dropdown-toggle").dropdown()
</script>
```

上述代码的运行结果如图 5-39 所示。

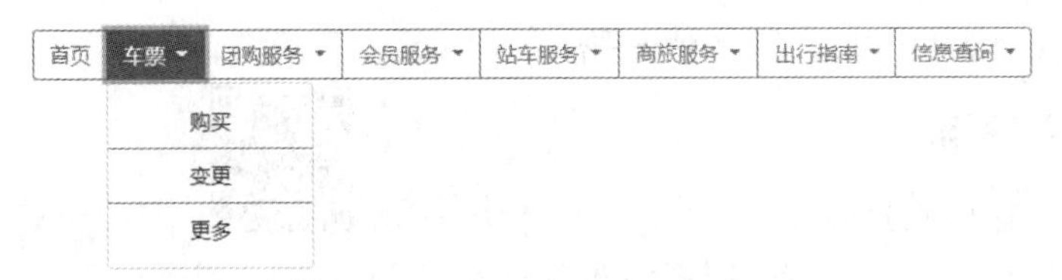

图 5-39　按钮组的嵌套

5.5.3　垂直排列的按钮组

垂直排列的按钮组

前面介绍了如何添加和嵌套按钮组，接下来将介绍如何实现垂直排列的按钮组。具体实现方法是在父元素上添加类名.btn-group-vertical。

【例 5-19】将例 5-18 实现的导航布局修改为垂直排列。具体代码如下：

```
<div class="container" role="toolbar">
    <form class="dropdown p-3">
        <div class="btn-group-vertical row m-0 p-0 " role="group">
            <button type="button" class="btn btn-outline-primary">首页</button>
            <div class="btn-group dropright"  role="group">
                <button type="button" class="btn-outline-primary dropdown-toggle btn" id=
                "dropdown1" data-toggle="dropdown" aria-expanded="false" aria-haspopup="true">车票</button>
                <ul class="dropdown-menu text-center" aria-labelledby="dropdown1">
                    <li class="py-2">购买</li>
                    <li class="border-top border-secondary py-2">变更</li>
                    <li class="border-top border-secondary py-2">更多</li>
                </ul>
            </div>
            <!--此处省略团购服务相关代码-->
            <div class="btn-group dropright"  role="group">
                <button type="button" class="btn-outline-primary dropdown-toggle btn" id=
                "dropdown3" data-toggle="dropdown" aria-expanded="false" aria-haspopup="true">会员
                服务</button>
                <ul class="dropdown-menu text-center" aria-labelledby="dropdown3">
                    <li class="py-2">会员管理</li>
                    <li class="border-top border-secondary py-2">积分账户</li>
                    <li class="border-top border-secondary py-2">积分兑换</li>
                    <li class="border-top border-secondary py-2">会员专享</li>
                    <li class="border-top border-secondary py-2">会员中心</li>
                </ul>
            </div>
            <!--此处省略按钮及下拉菜单相关代码-->
        </div>
    </form>
</div>
<script type="text/javascript">
    $(".dropdown-toggle").dropdown()
</script>
```

上面代码的运行结果如图 5-40 所示。

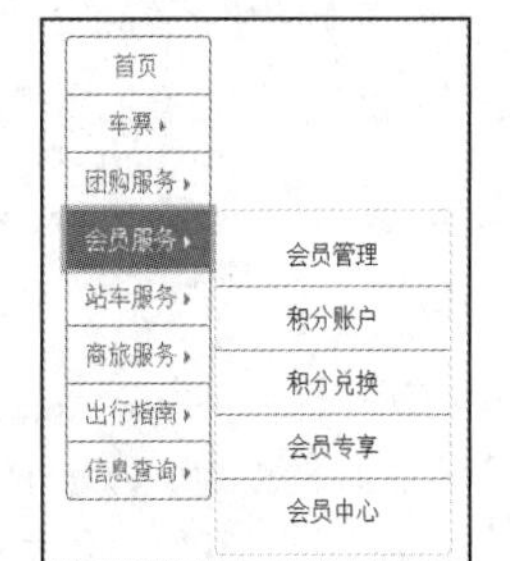

图 5-40　垂直排列的按钮组

5.6　输入框组

Bootstrap 中定义了一些非常实用的输入框组插件。输入框组指的是输入框及其两侧定义的文本、按钮等控件的组合。

5.6.1 定义输入框组

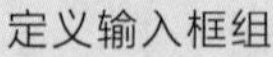
定义输入框组

输入框组指的是输入框及其两侧定义的文本、按钮或者按钮组的组合，下面将介绍含有多个输入框的输入框组。例如，图 5-41 所示的就是一个简单的输入框组。

图 5-41　输入框组

【例 5-20】使用 Bootstrap 实现个人资料输入页面，其中生日和所在地使用含有多个输入框的输入框组。具体代码如下：

```
<form class="container dropdown">
    <p class="col h3 py-3 text-white text-center bg-primary">个人资料完善</p>
    <div class="input-group my-2">
        <div class="input-group-prepend"><span class="input-group-text">账号</span></div>
        <input type="text" class="form-control">
    </div>
  <!--添加昵称、邮箱和个人说明输入框组的代码与添加账号输入框组的代码相似，故省略-->
    <div class="input-group my-2">
        <div class="input-group-prepend"><span class="input-group-text">生日</span></div>
        <input type="text" class="form-control" placeholder="请输入年份">
        <input type="text" class="form-control" placeholder="请输入月份">
        <input type="text" class="form-control" placeholder="请输入日期">
    </div>
    <!--添加所在地输入框组与添加生日输入框组的代码相似，故省略-->
    <div class=" my-2">
        <button type="button" class="btn btn-primary col">提交资料</button>
    </div>
</form>
```

上述代码的运行结果如图 5-42 所示。

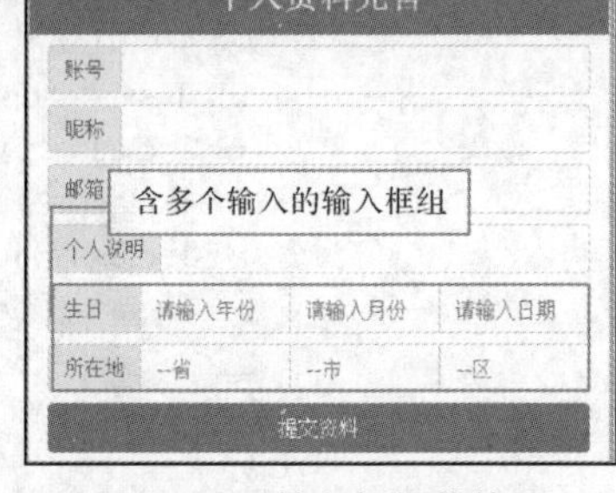

图 5-42　输入框组的使用

5.6.2 输入框组的样式

输入框组的样式

1. 多控件组合的输入框组

使用输入框组时，可以在输入框两侧添加多个控件。

【例 5-21】使用多控件组合的输入框组制作账号管理页面，其中联系方式输入栏添加文字和按钮两个控件。关键代码如下：

```
<form class="dropdown container">
    <p class="h3 py-2">账号管理</p>
    <div class="btn-group my-2 d-flex">
        <button type="button" class="btn btn-danger">个人信息</button>
        <button type="button" class="btn btn-secondary">修改资料</button>
        <button type="button" class="btn btn-secondary">修改密码</button>
    </div>
    <div class="input-group my-2">
        <div class="input-group-prepend"><span class="input-group-text">账号</span></div>
        <input type="text" class="form-control">
    </div>
    <div class="input-group my-2">
```

```
        <div class="input-group-prepend"><span class="input-group-text">用户名</span></div>
        <input type="text" class="form-control">
    </div>
    <div class="input-group my-2">
        <div class="input-group-prepend"><span class="input-group-text">联系方式</span>
            <button type="button" class="input-group-text bg-primary text-white">+86</button>
        </div>
        <input type="text" class="form-control">
    </div>
<!--此处省略微信号和商户级别的代码-->
    <div class="my-2">
        <button type="button" class="btn btn-primary col">提交资料</button>
    </div>
</form>
```

上述代码的运行结果如图 5-43 所示。

2. 多按钮组合的输入框组

使用输入框组时也可以在输入框的两侧添加按钮，例如，图 5-44 所示的淘宝网首页的搜索框就是多按钮组合的输入框组中的一种。

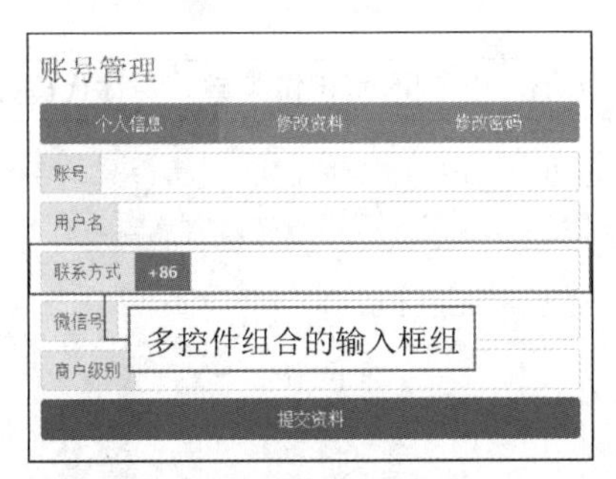

图 5-43　多控件组合的输入框组

图 5-44　多按钮组合的输入框组示例

【例 5-22】使用多按钮组合的输入框组实现迎新晚会节目顺序调整页面，其中上调和下调功能都是由按钮实现的。具体代码如下：

```
<div class="container p-4" role="toolbar" style="background-color: #e6a998">
    <h3 class="text-center">迎新晚会节目顺序调整</h3>
    <form class="dropdown">
        <div class="input-group my-4 border border-primary">
            <div class="input-group-prepend">
                <span class="input-group-text">1. </span></div>
            <input type="text" class="form-control" value="舞蹈：炫舞青春" readonly>
            <div class="input-group-prepend">
                <input type="button" class="form-control btn btn-outline-primary" value="↑">
                <input type="button" class="form-control btn btn-primary" value="↓">
            </div>
        </div>
      <!--其余代码与上面的代码类似，故省略-->
        <input type="button" class="btn btn-primary form-control" value="提交">
    </form>
</div>
```

上述代码的运行结果如图 5-45 所示。

3. 带有下拉菜单的输入框组

前面讲过输入框组可以与多个控件组合使用，自然也可以与下拉菜单结合使用。例如，图 5-46 所示的百度搜索输入框就是一个带有下拉菜单的输入框组。

图 5-45 多按钮组合的输入框组

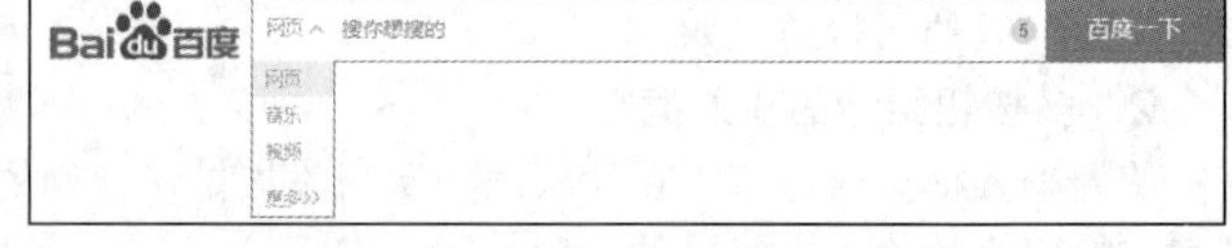

图 5-46 带有下拉菜单的输入框组的示例

【例 5-23】实现 51 购商城的搜索输入框组，并且为按钮组添加热门搜索下拉菜单。具体代码如下：

```
<div class="container-fluid " role="toolbar">
    <!--省略导航部分的代码-->
    <div class="row align-items-center">
        <div class="col-3"><img src="images/1.png" alt="" class="img-fluid"></div>
        <div class="input-group col-9">
            <input type="text" class="form-control">
            <div class="input-group-prepend">
             <span class="input-group-text" >搜索</span>
                <button class="btn btn-danger dropdown-toggle" type="button" data-toggle=
                "dropdown" aria-haspopup="true" aria-expanded="false">热门搜索</button>
                <ul class="dropdown-menu">
                    <li class="dropdown-item">HTML5零基础</li>
                    <li class="dropdown-item">Python即查即用</li>
                    <li class="dropdown-item">Java Web实战入门</li>
                    <li class="dropdown-item">Android范例宝典</li>
               </ul>
            </div>
        </div>
    </div>
</div>
<script type="text/javascript">
    $(".dropdown-toggle").dropdown()
</script>
```

上述代码的运行结果如图 5-47 所示。

图 5-47 含下拉菜单的输入框组

5.7 本章小结

本章主要介绍了 Bootstrap 中表单的风格及表单控件的样式，其中表单布局风格主要有表格式排列表单、垂直排列表单和内联式表单这 3 种，而表单控件主要包括下拉菜单、按钮、按钮组，以及输入框组等。学完本章后，读者能够掌握 Bootstrap 中常用控件的样式使用及设置方法。

上机指导

制作留言板页面，该页面中需要用户输入姓名、电话、邮箱和留言，并且在输入留言时，用户可以单击右侧列表中的选项快速添加留言。页面具体效果如图 5-48 所示。

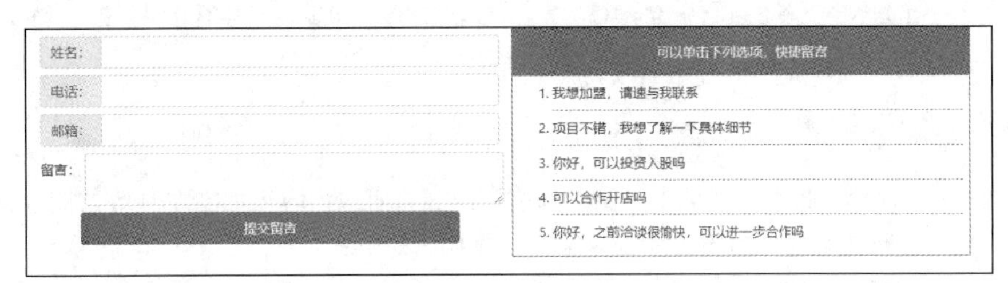

图 5-48　留言板页面

开发步骤如下。

该页面中主要包含两部分，左侧部分为 4 个输入框组和 1 个按钮，而右侧部分可通过列表实现。

（1）在 HTML 页面中添加标签，并且为各标签添加相应的类名。具体代码如下：

```
<div class="container" style="">
    <form class="row">
        <div class="col">
            <div class="input-group my-2">
                <div class="input-group-prepend">
                    <span class="input-group-text">姓名：</span>
                </div>
                <input type="text" id="name" class="col form-control">
            </div>
            <div class="input-group my-2">
                <div class="input-group-prepend">
                    <span class="input-group-text">电话：</span>
                </div>
                <input type="text" id="num" class="col form-control">
            </div>
            <div class="input-group my-2">
                <div class="input-group-prepend">
                    <span class="input-group-text">邮箱：</span>
                </div>
                <input type="text" id="email" class="col form-control">
            </div>
            <div class="form-row my-2">
                <label for="mess" class="col-form-label col-auto">留言：</label>
                <textarea id="mess" class="col form-control"></textarea>
            </div>
```

```
            <div class="mx-5">
                <button type="button" class="btn btn-primary btn-block" onclick="submit1()">提交留言
</button>
            </div>
        </div>
        <div class="col border border-primary px-0">
            <div class="bg-primary text-white text-center py-3"><p class="mb-0">可以单击下列选项，
快捷留言</p></div>
            <ol class="mx-2 quick">
                <li class="py-2">我想加盟，请速与我联系</li>
                <li class="py-2">项目不错，我想了解一下具体细节</li>
                <li class="py-2">你好，可以投资入股吗</li>
                <li class="py-2">可以合作开店吗</li>
                <li class="pt-2 bottom1">你好，之前洽谈很愉快，可以进一步合作吗</li>
            </ol>
        </div>
    </form>
</div>
```

（2）添加 JavaScript 脚本实现单击右侧的列表项时，将对应内容添加到左侧留言框中，以及单击“提交”按钮时，判断文本框中的内容是否为空。具体代码如下：

```
<script type="text/javascript">
    $(".quick li").click(function () {
            if ($("#mess").val().indexOf($(this).text()) >= 0) {
                alert("已添加词条信息了")
            } else {
                var text = $("#mess").val();
                $("#mess").val(text += $(this).text())
            }
        }
    )

    function submit1() {
        if ($("#name").val() == "" || $("#num").val() == "" || $("#email").val() == "" || $("#mess").val() == "") {
            alert("请完善信息")
        } else {
            alert("已提交")
        }
    }
</script>
```

习题

（1）使用 Bootstrap 设置垂直排列的按钮组时，需要为按钮组的父元素添加的类名是什么？

（2）Bootstrap 中下拉菜单的展开方向有哪几个？对应的类名是什么？

（3）使用 Bootstrap 添加一个轮廓颜色为红色的按钮，需要在<button>标签中添加哪些类名？

（4）输入框组的特点是什么？具体说明输入框组在网站中的应用。

Chapter 06

第6章 Bootstrap相关组件

本章要点

- 添加不同风格的响应式导航菜单的方法
- 添加响应式选项卡的方法
- 添加响应式导航栏的方法
- 添加面包屑导航的方法
- 设置分页的方法

6.1 导航菜单

本节主要讲解导航菜单，包括导航菜单的基本样式、导航菜单的对齐与填充以及选项卡。

6.1.1 导航菜单的基本样式

导航菜单的基本样式

1. 添加导航菜单

导航是网站中不可缺少的一部分。通过导航，读者可以了解网站的功能分布，快速查看自己想要了解的内容。Bootstrap 中提供了不同的导航样式，下面具体讲解。

导航组件可以通过<ul>标签定义，也可以通过<nav>标签定义。下面通过例子来讲解如何使用 Bootstrap 中的导航样式。

【例 6-1】使用导航菜单组件实现网页的导航。具体代码如下：

```
<ul class="nav bg-success m-0">
    <li class="nav-item px-2"><a class="nav-link text-white" href="#">首页</a> </li>
    <li class="nav-item px-2"><a class="nav-link text-white" href="#">商品分类</a> </li>
    <li class="nav-item px-2"><a class="nav-link text-white" href="#">会员中心</a> </li>
    <li class="nav-item px-2"><a class="nav-link text-white" href="#">购物车</a> </li>
    <li class="nav-item px-2"><a class="nav-link text-white" href="#">帮助中心</a> </li>
    <li class="nav-item px-2"><a class="nav-link text-white" href="#">留言板</a> </li>
</ul>
```

其运行结果如图 6-1 所示。

首页　商品分类　会员中心　购物车　帮助中心　留言板

图 6-1　导航菜单组件实现的网页导航

例 6-1 通过无序列表<ul>标签来添加导航，但添加导航样式的标签非常灵活。例如还可以通过<nav>标签和<a>标签来实现，其代码如下：

```
<nav class="nav bg-success m-0">
    <a class="nav-link text-white" href="#">首页</a>
    <a class="nav-link text-white" href="#">商品分类</a>
    <a class="nav-link text-white" href="#">会员中心</a>
    <a class="nav-link text-white" href="#">购物车</a>
    <a class="nav-link text-white" href="#">帮助中心</a>
    <a class="nav-link text-white" href="#">留言板</a>
</nav>
```

2. 在导航菜单中添加下拉菜单

当一级导航菜单不能详细展示网站的功能结构时，添加二级菜单就是常用的解决办法。导航菜单组件中可以嵌套下拉菜单。

【例 6-2】通过在导航菜单组件中嵌套下拉菜单的方式来实现二级导航菜单。具体代码如下：

```
<ul class="nav nav-tabs" role="tablist">
    <li class="nav-item"><a class="nav-link" href="#">图书分类</a></li>
    <li class="nav-item">
      <a class="nav-link dropdown-toggle" data-toggle="dropdown" role="button" href="#">后端开发</a>
      <div class="dropdown-menu dropdown-menu-sm-right">
          <a class="dropdown-item" href="#">Java</a>
          <a class="dropdown-item" href="#">JavaWeb</a>
          <a class="dropdown-item" href="#">PHP</a>
          <a class="dropdown-item" href="#">C#</a>
          <a class="dropdown-item" href="#">C++</a>
      </div>
    </li>
<!--省略其余菜单项的代码-->
</ul>
<script>
    $(".dropdown-toggle").dropdown()
</script>
```

其运行结果如图 6-2 所示。

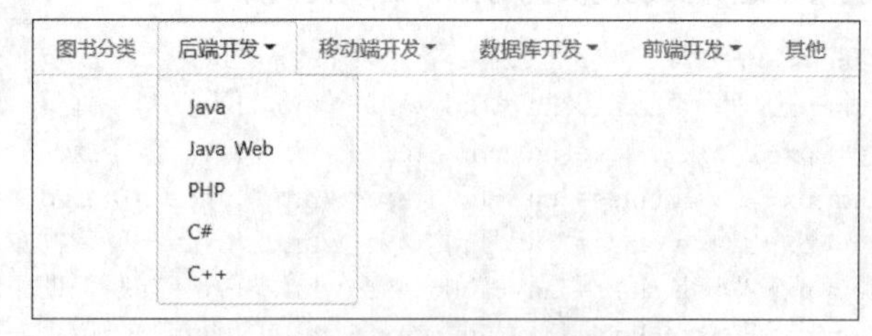

图 6-2　嵌套下拉菜单的导航菜单

3. “胶囊”式导航菜单

通过为<nav>标签或<ul>标签添加类名.nav-pills，可以添加“胶囊”式导航菜单，为导航项添加圆角边框。

【例 6-3】制作“胶囊”式导航菜单。具体代码如下：

```
<nav class="nav nav-pills nav-justified">
    <a class="nav-link nav-item active" href="#">首页</a>
    <a class="nav-link nav-item" href="#">商品分类</a>
    <a class="nav-link nav-item" href="#">会员中心</a>
    <a class="nav-link nav-item" href="#">购物车</a>
    <a class="nav-link nav-item" href="#">留言板</a>
</nav>
```

上述代码的运行结果如图 6-3 所示。

首页　商品分类　会员中心　购物车　留言板

图 6-3 “胶囊”式导航菜单的样式

4. tabs 选项卡样式

如果要启用 tabs 选项卡样式，可以为<ul>或<nav>标签添加类名.nav-tabs。添加该类名后，当鼠标指针悬停在导航菜单上或单击导航菜单时，对应菜单项会自动添加白色的左、右以及上边框，并且取消之前选中的导航项的样式。

【例 6-4】制作启用 tabs 选项卡样式的导航菜单。具体代码如下：

```
<nav class="nav nav-tabs bg-success nav-justified">
    <a class="nav-link nav-item active" href="#">首页</a>
    <a class="nav-link nav-item text-white" href="#">商品分类</a>
    <a class="nav-link nav-item text-white" href="#">会员中心</a>
    <a class="nav-link nav-item text-white" href="#">购物车</a>
    <a class="nav-link nav-item text-white" href="#">留言板</a>
</nav>
```

上述代码的运行结果如图 6-4 所示。

首页　商品分类　会员中心　购物车　留言板

图 6-4 启用 tabs 选项卡样式的导航菜单

6.1.2 导航菜单的对齐与填充

导航菜单的对齐与填充

1. 导航菜单的对齐

导航菜单组件是基于弹性布局来构建的，因此，其对齐方式与弹性盒中设置项目对齐的方式相同。例如要设置导航菜单居中对齐，可以使用.justify-content-center类名。

【例 6-5】添加导航菜单，并且设置导航菜单的对齐方式为等间距对齐。具体代码如下：

```
<ul class="nav bg-primary flex-column flex-sm-row justify-content-around">
    <a class=" nav-link nav-item text-white" href="#">首页</a>
    <a class="nav-link nav-item text-white" href="#">商品分类</a>
    <a class="nav-link nav-item text-white" href="#">会员中心</a>
    <a class="nav-link nav-item text-white" href="#">购物车</a>
    <a class="nav-link nav-item text-white" href="#">帮助中心</a>
```

```
    <a class="nav-link nav-item text-white" href="#">留言板</a>
</ul>
```

上述代码的运行结果如图 6-5 所示。

首页 商品分类 会员中心 购物车 帮助中心 留言板

图 6-5 设置导航菜单等间距对齐

2. 设置导航菜单水平填充所有空间

通过为<nav>或<ul>标签添加类名.nav-fill，可以使各导航项按比例填充导航空间。这会使导航菜单占用所有的水平空间，但并非每个导航项的宽度都相等。

【例 6-6】制作网页导航，并且设置导航菜单占据所有水平空间，然后各导航项按比例填充水平空间。具体代码如下：

```
<nav class="nav bg-success nav-pills nav-fill flex-row">
    <a class="nav-link nav-item text-white active border-right border-white"href="#">首页</a>
    <a class="nav-link nav-item text-white border-right border-white"href="#">商品分类</a>
    <a class="nav-link nav-item text-white border-right border-white"href="#">会员中心</a>
    <a class="nav-link nav-item text-white border-right border-white" href="#">热销</a>
    <a class="nav-link nav-item text-white" href="#">查看购物车</a>
</nav>
```

上述代码的运行结果如图 6-6 所示。

首页 商品分类 会员中心 热销 查看购物车

图 6-6 设置导航项按比例分配导航空间

3. 设置导航菜单的宽度相同

读者也可以为<nav>或<ul>标签添加类名.nav-justified，让每个导航项平分水平导航空间。

【例 6-7】设置导航项的宽度相等。具体代码如下：

```
<nav class="nav bg-success nav-pills nav-justified">
    <a class="nav-link nav-item text-white active border-white border-right" href="#">首页</a>
    <a class="nav-link nav-item text-white border-white border-right" href="#">商品分类</a>
    <a class="nav-link nav-item text-white border-white border-right" href="#">会员中心</a>
    <a class="nav-link nav-item text-white border-white border-right" href="#">购物车</a>
    <a class="nav-link nav-item text-white" href="#">留言板</a>
</nav>
```

上述代码的运行结果如图 6-7 所示。

首页 商品分类 会员中心 购物车 留言板

图 6-7 设置导航项的宽度相等

4. 设置导航菜单垂直排列

读者还可以设置导航菜单的排列方式为垂直排列或水平排列，设置方式为添加类名.flex-row 或.flex-column。

【例 6-8】设置导航菜单在超小屏幕上垂直排列，在小型及以上屏幕中水平排列。具体代码如下：

```
<nav class="nav bg-success nav-pills nav-justified flex-sm-row flex-column">
    <a class="nav-link nav-item text-white active border-white border" href="#">首页</a>
    <a class="nav-link nav-item text-white border-white border" href="#">商品分类</a>
    <a class="nav-link nav-item text-white border-white border" href="#">会员中心</a>
```

```
        <a class="nav-link nav-item text-white border-white border" href="#">购物车</a>
        <a class="nav-link nav-item text-white border-white border" href="#">留言板</a>
    </nav>
```

上述代码在小型及以上屏幕中的运行结果与图 6-7 所示相同，而在超小屏幕中的运行结果如图 6-8 所示。

选项卡

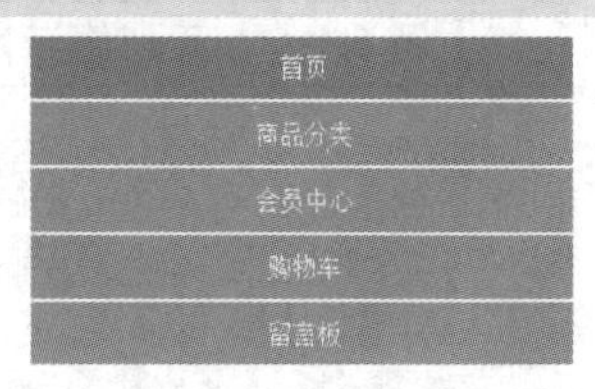

图 6-8 垂直排列的导航菜单

6.1.3 选项卡

1. 使用数据属性实现选项卡

如果需要通过 Bootstrap 实现切换导航项，有两种方法可供选择。第一种就是通过设置数据属性，即 data-toggle 属性来实现。此方法无需编写任何 JavaScript 代码，具体操作是设置属性 data-toggle="tab"来启动选项卡，或者设置属性 data-toggle="pill"来启动“胶囊”式导航菜单。

启动选项卡时，无论是使用这里讲解的设置数据属性还是后面讲解的 JavaScript 方法，都需要通过 href 属性来定位选项卡对应的内容。

【例 6-9】制作音乐网站榜单展示页面的导航菜单，并且通过设置数据属性实现单击不同榜单时显示对应内容的效果。具体代码如下：

```
<nav class="nav nav-tabs nav-pills" role="tablist">
    <a class="nav-link nav-item" data-toggle="tab" href="#">首页</a>
    <a class="nav-link nav-item" data-toggle="tab" href="#new">新歌榜</a>
    <a class="nav-link nav-item" data-toggle="tab" href="#hot">热歌榜</a>
    <a class="nav-link active nav-item" data-toggle="tab" href="#singer">歌手榜</a>
    <a class="nav-link nav-item" data-toggle="tab" href="#ktv">KTV</a>
</nav>
<div class="container">
    <div class="tab-content col-8" id="myTabContent">
        <ul class="list-unstyled tab-pane" id="new" role="tabpanel">
            <li class="d-flex"><p class="text-danger">1</p>
              <p class="flex-fill px-2">沙漠骆驼
              <p class="text-muted">展展与罗罗</p></li>
            <li class="d-flex"><p class="text-primary">2</p>
              <p class="flex-fill px-2">心如止水
              <p class="text-muted">潘悦晨</p></li>
        </ul>
<!--此处省略其他导航项对应内容的代码-->
    </div>
</div>
```

上述代码的运行效果如图 6-9 所示。当单击导航菜单第二项时，效果如图 6-10 所示。

图 6-9 初始运行效果

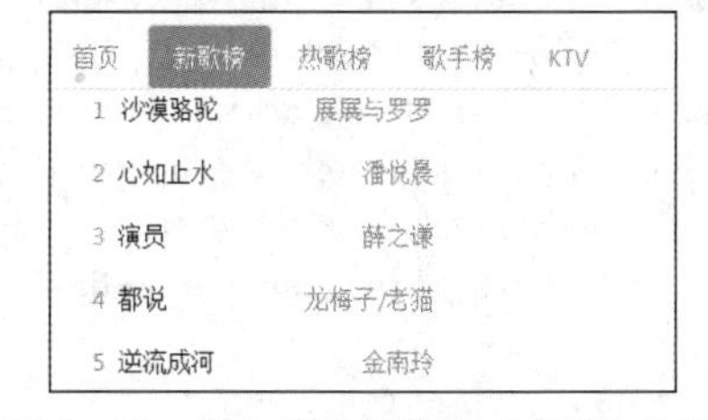

图 6-10 单击导航菜单第二项时的效果

2. 通过 JavaScript 创建选项卡

除了通过设置数据属性创建选项卡，还可以添加 JavaScript 脚本代码来实现选项卡功能。

【例 6-10】实现旅游网站的导航选项卡。具体代码如下：

```
<nav class="nav nav-tabs nav-pills flex-sm-row" id="mytab">
    <a class="nav-item nav-link" href="#">首页</a>
    <a class="nav-item nav-link" href="#around">周边游</a>
    <a class="nav-item nav-link active" href="#inland">国内游</a>
    <a class="nav-item nav-link" href="#exit1">出境游</a>
    <a class="nav-item nav-link" href="#visa">签证</a>
</nav>
<div class="tab-content container">
    <div class="tab-content col-8" id="myTabContent">
        <div class="tab-pane  active" style="background: #dffffa" id="inland">
            <ul class="row list-unstyled">
                <li class="col-4 col-md-3 offset-md-1">丽江</li>
                <li class="col-4 col-md-3 offset-md-1">张家界</li>
                <li class="col-4 col-md-3 offset-md-1">三亚</li>
                <li class="col-4 col-md-3 offset-md-1">大连</li>
                <li class="col-4 col-md-3 offset-md-1">呼伦贝尔</li>
                <li class="col-4 col-md-3 offset-md-1">成都</li>
                <li class="col-4 col-md-3 offset-md-1">本溪</li>
                <li class="col-4 col-md-3 offset-md-1">杭州</li>
                <li class="col-4 col-md-3 offset-md-1">厦门</li>
            </ul>
        </div>
        <!--此处省略其他选项卡的内容-->
    </div>
</div>
<script type="text/javascript">
    $("#mytab a").on("click", function (e) {
          e.preventDefault()
          $(this).tab("show")
    })
</script>
```

上述代码的运行结果如图 6-11 所示。

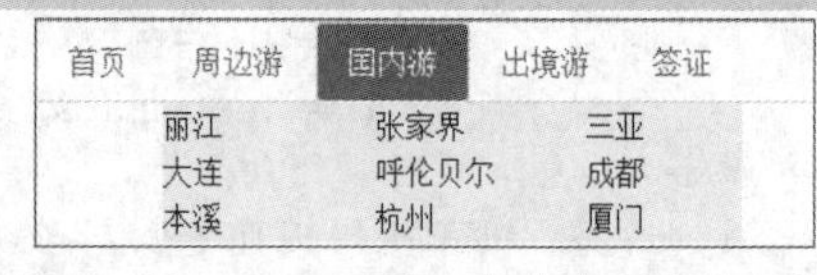

图 6-11　JavaScript 脚本实现的选项卡

3. 渐入渐出式选项卡

如果要为选项卡添加渐入渐出式效果，可以为每个.tab-pane 添加.fade 属性，而在初始可见内容上添加.show 属性。

【例 6-11】为旅游网站的选项卡设置渐入渐出效果。具体代码如下：

```
<ul class="nav nav-tabs nav-pills flex-sm-row" role="tablist">
   <li class="nav-item"><a class="nav-link" data-toggle="tab" href="#">首页</a></li>
   <li class="nav-item"><a class="nav-link" data-toggle="tab" href="#around">周边游</a></li>
   <li class="nav-item"><a class="nav-link" data-toggle="tab" href="#inland">国内游</a></li>
   <li class="nav-item"><a class="nav-link active" data-toggle="tab" href="#exit1">出境游</a></li>
   <li class="nav-item"><a class="nav-link" data-toggle="tab" href="#visa">签证</a></li>
</ul>
<div class="tab-content container">
    <div class="tab-content col-8" id="myTabContent">
```

```
        <div class="tab-pane fade" style="background: #e6cbc9" id="around" role="tabpanel">
<!--此处代码与例6-10代码相同，故省略-->
        </div>
<!--此处省略其他导航项对应内容的代码-->
    </div>
</div>
```

上述代码的运行结果如图 6-12 所示。

图 6-12 渐入渐出式选项卡

6.2 导航栏

与 6.1 节不同的是，6.1 节讲解的是导航菜单，而本节要讲解的是含有多功能的导航栏，包括导航、下拉菜单和搜索框等。图 6-13 所示就是一个多功能的导航栏。

图 6-13 导航栏

6.2.1 导航栏的内容组成

导航栏的内容组成

1. 导航栏中的 Logo 样式

导航栏中通常需要添加网站的 Logo，例如，图 6-14 所示为 vivo 手机商城网站的导航栏，其第一项“vivo”就是 Logo。

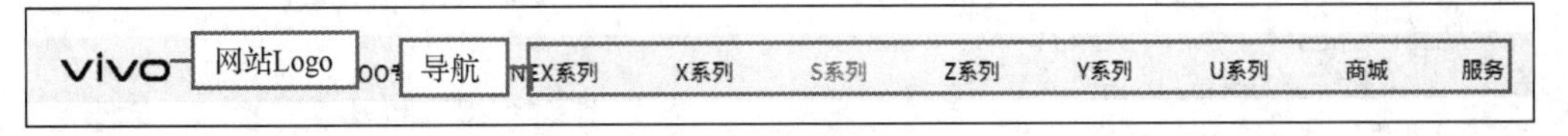

图 6-14 网站 Logo

若要启用 Logo 样式，则需要为 Logo 文字添加类名.navbar-brand。添加 Logo 的标签比较灵活，但使用某些标签时可能需要自定义样式。下面的代码就是通过<span>标签来定义 Logo 样式的：

```
<nav class="navbar navbar-expand bg-dark text-white">
    <span class="navbar-brand">vivo</span>
</nav>
```

2. 导航样式

导航链接是建立在<.nav>上的，拥有其专属样式，并且占用更多水平空间。当然，要添加导航菜单并非必须使用<ul>或<ol>标签，如有需要，也可以使用其他标签。读者也可以自定义导航菜单的样式。例如图 6-15 所示就是使用 Bootstrap 制作的导航样式。

图 6-15 导航样式

实现图 6-15 所示的导航样式的代码如下：

```
<nav class="navbar navbar-expand bg-primary text-white">
    <div class="collapse navbar-collapse" id="navbarNav">
        <ul class="navbar-nav">
            <li class="nav-item active nav-link">iQOO专区</li>
            <li class="nav-item nav-link">NEX系列</li>
          <!--此处省略相似代码-->
        </ul>
      </div>
</nav>
```

上述代码中的导航栏的背景色以及文字颜色是通过代码自定义的，而并非默认的背景颜色和文字颜色。

3. form 表单

在 Bootstrap 中，还可以往导航栏中添加表单内容，例如搜索框、按钮等。例如下面的代码就可以往导航栏中添加搜索框：

```
<nav class="navbar navbar-expand bg-primary text-white justify-content-between">
    <span class="navbar-brand">vivo</span>
    <form class="form-inline">
        <div class="input-group">
            <input type="text" class="form-control" placeholder="搜索">
            <div class="input-group-prepend">
                <button type="button" class="btn btn-outline-light">搜索</button>
            </div>
        </div>
    </form>
</nav>
```

其运行结果如图 6-16 所示。

vivo 搜索 搜索

图 6-16 往导航栏中添加 form 表单

4. 文本样式

如果需要在导航中添加文本内容，可以为文本添加类名.navbar-text，从而对文本进行垂直对齐和水平间距上的优化。例如下面的代码就运用了文本的样式：

```
<nav class="navbar navbar-expand bg-primary text-white justify-content-between">
    <span class="navbar-brand">vivo</span>
    <form class="form-inline">
        <div class="input-group">
            <input type="text" class="form-control" placeholder="搜索">
            <div class="input-group-prepend">
                <button type="button" class="btn btn-outline-light">搜索</button>
            </div>
        </div>
    </form>
    <span class="navbar-text">vivo官网狂欢节 抢1000元神券</span>
</nav>
```

其运行结果如图 6-17 所示。

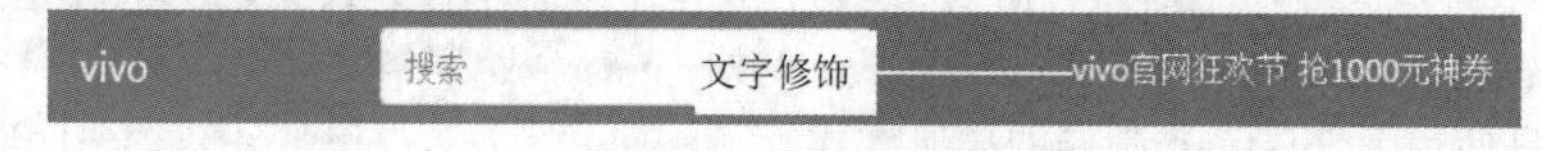

图 6-17 文本样式

【例 6-12】制作明日学院官网的导航栏。具体代码如下：

```
<nav class="navbar bg-light navbar-expand justify-content-between">
    <a href="#" class="navbar-brand"><img src="images/6.png" alt=""> </a>
    <form class="form-inline">
        <div class="input-group">
            <input type="text" class="form-control">
            <div class="input-group-prepend">
                <button class="btn btn-primary"><img src="images/5.png" alt=""></button>
```

```
            </div>
        </div>
    </form>
    <div class="collapse navbar-collapse">
        <ul class="navbar-nav">
            <li class="nav-item nav-link text-danger"><img src="images/4.png" alt="">明日图书</li>
            <li class="nav-item nav-link text-primary"><img src="images/7.png" alt="">App下载</li>
        </ul>
    </div>
</nav>
```

其运行结果如图 6-18 所示。

图 6-18　明日学院官网的导航栏

6.2.2　导航栏的样式

导航栏的样式

设置导航栏样式时，可以通过添加背景样式及文字样式来设置导航栏的风格，还可以设置导航栏的位置，将其固定在顶/底部，或者跟随浏览器滚动。

1. 导航栏的风格

Bootstrap 中的导航栏并没有特定的风格样式，读者可以通过定义背景颜色或者文字颜色来设置导航栏的样式，也可以添加类名.navbar-light 来定义导航颜色翻转（黑白对比），还可以添加.navbar-dark 来定义深色背景，然后引用.bg-*背景样式。

【例 6-13】制作蓝色背景的明日科技官网的导航栏。具体代码如下：

```
<nav class="navbar navbar-dark navbar-expand bg-primary justify-content-center">
<a href="#" class="navbar-brand text-white">明日学院 </a>
    <div class="collapse navbar-collapse mr-auto" id="navbarNavAltMarkup">
        <ul class="navbar-nav">
            <li class="nav-item nav-link active text-white">首页</li>
    <!--此处省略导航菜单的代码-->
        </ul>
        <form class="form-inline ml-4 mr-auto ml-auto">
            <div class="input-group">
                <input type="search" placeholder="搜索" class="form-control">
                <div class="input input-group-append">
                    <button type="button" class="btn btn-outline-light">搜索</button>
                </div>
            </div>
        </form>
        <button type="button" class="btn btn-warning text-white"><img src="images/3.png">VIP会员
</button>
    </div>
</nav>
```

其运行结果如图 6-19 所示。

明日科技　首页　课程　读书　社区　服务中心　App下载　搜索　搜索　VIP会员

图 6-19　蓝色背景的明日科技官网的导航栏

2. 将导航栏固定在顶部

默认情况下，当页面上下滚动时，导航栏会跟随网页一起上下滚动。当然，用户也可以将导航栏固定在顶部或底部。固定导航栏主要依靠.fixed-*。下面具体讲解如何将导航栏固定在顶部。

通过在<nav>标签中添加类名.fixed-top 可以将导航栏固定在顶部。但是需要注意的是，将导航栏固定在顶部后，为防止导航栏覆盖其他元素，读者需要自定义 CSS。例如下面的例子通过在<body>标签中定义 padding-top 属性来解决此问题。

【例 6-14】将明日科技官网的导航栏固定在顶部。具体代码如下：

```
<body style="background-color: #dedede;padding-top: 4rem">
<nav class="navbar navbar-light navbar-expand bg-dark justify-content-center fixed-top">
    <a href="#" class="navbar-brand text-white">明日科技 </a>
    <div class="collapse navbar-collapse mr-auto" id="navbarNavAltMarkup">
        <ul class="navbar-nav">
            <li class="nav-item nav-link active text-white">首页</li>
            <li class="nav-item nav-link text-white">课程</li>
            <li class="nav-item nav-link text-white">读书</li>
            <li class="nav-item nav-link text-white">社区</li>
            <li class="nav-item nav-link text-white">服务中心</li>
            <li class="nav-item nav-link text-white">App下载</li>
        </ul>
        <form class="form-inline ml-4 mr-auto ml-auto">
            <div class="input-group">
                <input type="search" placeholder="搜索" class="form-control">
                <div class="input input-group-append">
                    <button type="button" class="btn btn-primary">搜索</button>
                </div>
            </div>
        </form>
        <button type="button" class="btn btn-warning text-white"><img src="images/3.png">VIP会员
</button>
    </div>
</nav>
    <!--此处省略侧边栏的图片代码-->
</body>
```

运行本例时，缩小浏览器屏幕，然后滚动页面，可看到导航栏始终固定在顶部，如图 6-20 所示。

图 6-20 将导航栏固定在顶部

3. 将导航栏固定在底部

将导航栏固定在底部可以通过添加类名.fixed-bottom 来实现。同样，将导航栏固定在底部后，为了防止导航栏覆盖其他内容，需要自定义 CSS 样式，例如为<body>标签定义 padding-bottom 属性。

【例 6-15】制作明日科技首页部分内容，并且设置顶部导航与底部导航位置分别为固定在顶部和底部。具体代码如下：

```
<body style="background-color: #dedede;padding-top: 3.5rem;padding-bottom: 5.5rem">
```

```
<nav class="navbar navbar-expand fixed-top bg-primary justify-content-between">
    <a href="#" class="navbar-brand text-light">明日科技</a>
    <button type="button" class="btn btn-primary"><img src="images/5.png" alt=""></button>
</nav>
<!--此处省略添加网页图片内容的代码-->
<nav class="navbar navbar-expand fixed-bottom" style="background: #fff">
    <div class="collapse navbar-collapse row text-center" id="navbarNavAltMarkup">
        <ul class="navbar-nav col-4 justify-content-md-around">
            <li class="nav-item nav-link active">
              <img src="images/4.png" alt=""><br>首页</li>
            <li class="nav-item nav-link">
              <img src="images/34.png" alt=""><br>课程</li>
        </ul>
        <form class="nav-item input-group col-4">
            <input type="search" placeholder="搜索" class="form-control">
            <div class="input input-group-append">
              <button type="button" class="btn btn-primary"><img src="images/5.png" alt=""></button>
            </div>
        </form>
        <ul class="navbar-nav col-4 justify-content-md-around">
            <li class="nav-item nav-link active">
               <img src="images/35.png" alt=""><br>推荐</li>
            <li class="nav-item nav-link active">
               <img src="images/36.png" alt=""><br>我的足迹</li>
        </ul>
    </div>
</nav>
</body>
```

在浏览器中运行本例，其初始样式如图 6-21 所示。上下滚动页面时，其样式如图 6-22 所示。

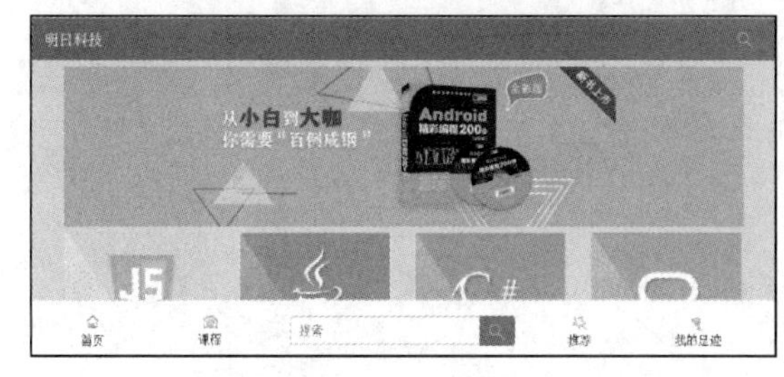

图 6-21　初始样式

图 6-22　滚动页面时的样式

6.2.3　响应式导航栏

响应式导航栏

1. 向左收起的响应式导航栏

Bootstrap 还可以实现响应式导航栏，即根据浏览器的窗口大小来折叠或展开导航栏。这对于响应式设计来说是非常实用的。在 navbar 组件中，可以使用.navbar-toggler、.navbar-collapse 和.navbar-expand{-sm|-md|-lg|-xl}类名来定义导航栏中隐藏或显示的内容。

其中，.navbar-collapse 用于总是隐藏的列；而.navbar-expand 用于总是展开的列，读者也可以通过.navbar-expand{-sm|-md|-lg|-xl}来设置在某些屏幕中展开列。例如要设置在超小屏幕中隐藏列，而在其他尺寸的屏幕中都展开列，则可以通过添加 class 属性值类名.navbar-expand-sm 来实

现。.navbar-toggler 为导航条切换器，默认情况是左对齐的。但是如果它跟随一个兄弟元素，则会自动折叠对齐到最右边。

【例 6-16】制作 51 购商城的导航栏，并且设置当浏览器的屏幕尺寸为中等及以下时，导航栏向左收起。具体代码如下：

```
<nav class="navbar navbar-expand-lg bg-success navbar-light">
    <button class="navbar-toggler btn btn-light bg-light text-dark" type="button" data-toggle=
    "collapse" data-target="#navbarNavAltMarkup" aria-controls="navbarNavAltMarkup" aria-expanded=
    "false" aria-label="toggle navigation">
        <span class="navbar-toggler-icon"></span>
    </button>
    <a href="#" class="navbar-brand text-white">51购</a>
    <div class="collapse navbar-collapse justify-content-between" id="navbarNavAltMarkup">
        <ul class="navbar-nav text-white">
            <li class=" nav-item nav-link text-white">首页</li>
            <!--此处省略导航栏中的其余导航菜单项的代码-->
        </ul>
        <form class="form-inline">
            <div class="input-group">
                <input type="search" placeholder="搜索" class="form-control">
                <div class="input-group-append">
                    <button type="button" class="btn btn-outline-light"><img src="images/5.png"
                    alt=""></button>
                </div>
            </div>
        </form>
        <div class="btn-group">
            <button class="btn  dropdown-toggle rounded-0 text-white" id="dropdown2" type=
            "button" data-toggle="dropdown">我的订单</button>
            <div class="dropdown-menu" aria-labelledby="dropdown2">
                <a href="#" class="dropdown-item">全部订单</a>
                <a href="#" class="dropdown-item">已完成订单</a>
                <a href="#" class="dropdown-item">未完成订单</a>
            </div>
        </div>
    </div>
</nav>
```

运行本例时，当浏览器的屏幕尺寸为中等及以下时，其导航内容是折叠的，单击左上方的图标可以展开导航栏，其效果如图 6-23 所示；在大型或超大屏幕中的运行结果如图 6-24 所示。

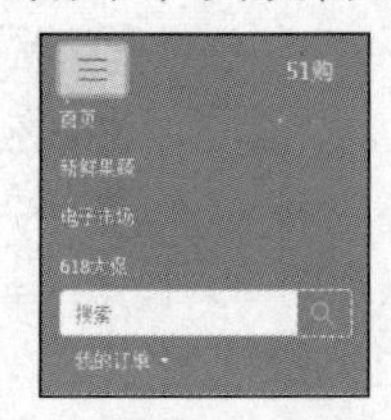

图 6-23　中等及以下屏幕中的效果

图 6-24　大型及以上屏幕中的效果

2. 向右收起的响应式导航栏

前面提到若 navbar-toggler 跟随一个兄弟元素，则可以设置导航栏的折叠方向为向右，同时菜单按钮向右对齐。下面通过例子进行讲解。

【例 6-17】将例 6-16 制作的导航栏的折叠方向设置为向右，且按钮的对齐方式为左对齐。具体代码如下：

```
<nav class="navbar navbar-expand-md bg-success navbar-light" >
    <a href="#" class="navbar-brand text-white">51购</a>
    <button class="navbar-toggler btn btn-light bg-light text-dark" type="button" data-toggle=
    "collapse" data-target="#navbarNavAltMarkup" aria-controls="navbarNavAltMarkup" aria-expanded=
    "false" aria-label="toggle navigation">
        <span class="navbar-toggler-icon"></span>
    </button>
<!--其余代码与例6-16类似，故省略-->
</nav>
```

上述代码在大型及以上屏幕中的运行结果与例 6-16 的运行结果相同，而在中等及以下屏幕中的运行结果如图 6-25 所示。

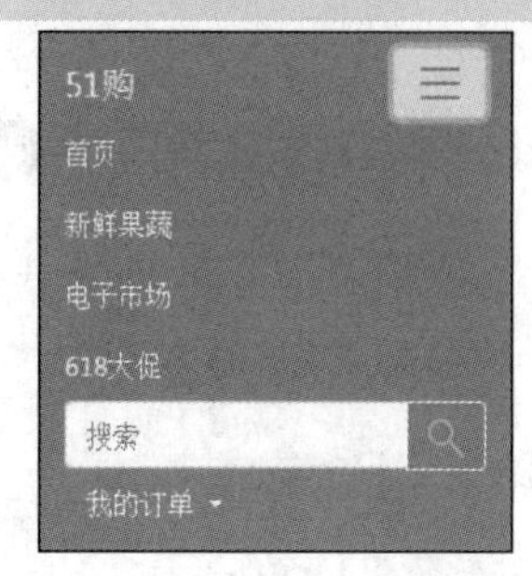

图 6-25　在中等及以下屏幕中的运行结果

6.3　面包屑导航与分页

面包屑导航常用于定位当前页面的位置，而分页则可用于实现分页跳转等功能。下面具体讲解面包屑导航和分页的对齐方式及样式。

6.3.1　面包屑导航

面包屑导航常用于定位当前页面的位置。Bootstrap 中是通过自动添加分隔符、呈现导航层次和网页结构的方式来指示当前页面的位置的。例如，图 6-26 所示就是中国铁路 12306 网站的面包屑导航。

添加面包屑导航需要使用.breadcrumb 类名，具体可通过在<ol>标签中添加类名.breadcrumb，在列表项<li>标签中添加类名.breadcrumb-item 来实现。例如下面的代码添加的就是 Bootstrap 中面包屑导航的默认样式：

```
<ol class="breadcrumb">
    <li class="breadcrumb-item"><a href="#">站车服务</a> </li>
    <li class="breadcrumb-item active">共享汽车</li>
</ol>
```

其运行结果如图 6-27 所示。

当前位置：站车服务 > 共享汽车

图 6-26　中国铁路 12306 网站的面包屑导航

站车服务 / 共享汽车

图 6-27　Bootstrap 中面包屑导航的默认样式

【例 6-18】制作明日学院网站中读书选项卡的新书速递版块中《Python 从入门到项目实践》的内容简介，并且显示当前位置。具体代码如下：

```
<body style="background: #e9ecef">
<!--省略导航栏及其下方广告图片的代码-->
<div class="row align-items-center border-bottom border-secondary">
    <p class="initialism col-auto">我的位置：</p>
    <div class="col">
        <ul class="breadcrumb" aria-label="breadcrumb">
```

```
            <li class="breadcrumb-item"><a href="#">读书</a></li>
            <li class="breadcrumb-item"><a href="#">新书速递</a></li>
            <li class="breadcrumb-item active" aria-current="page">Python从入门到项目实践</li>
        </ul>
    </div>
</div>
<div class="row mt-4">
    <div class="offset-md-2 offset-sm-1 col-sm-10 col-md-8">
        <!--省略图书信息的代码-->
    </div>
</div>
</body>
```

其运行结果如图 6-28 所示。

图 6-28　面包屑导航的使用

6.3.2　设置分页及其样式

设置分页及其样式

分页是网页中常用的一个组件，可用于翻页或跳转到指定页面，图 6-29 所示就是淘宝网中商品列表的分页样式。

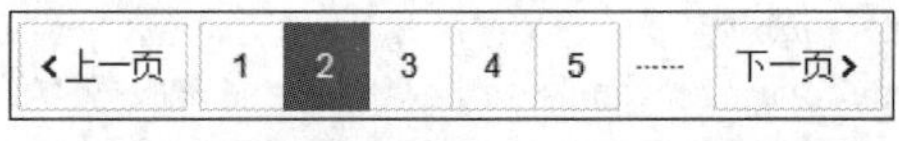

图 6-29　淘宝网中商品列表的分页样式

1. 添加分页

Bootstrap 使用列表和链接标签来构建分页，具体操作是在列表标签上添加类名.pagination，并且为<a>标签添加类名.page-link，使链接成为块级元素并设置其他样式。例如下面的代码就可以添加一个分页：

```
<ul class="pagination">
    <li class="page-item"><a href="#" class="page-link">上一页</a> </li>
    <li class="page-item"><a href="#" class="page-link">1</a> </li>
    <li class="page-item active"><a href="#" class="page-link">2</a> </li>
    <li class="page-item"><a href="#" class="page-link">3</a> </li>
    <li class="page-item"><a href="#" class="page-link">下一页</a> </li>
</ul>
```

其分页样式如图 6-30 所示。

图 6-30　Bootstrap 中分页组件样式

【例 6-19】为明日学院官网的兑换页面添加分页组件。具体代码如下：

```
<div class="container">
    <!--此处省略书籍简介等内容的代码-->
    <ul class="pagination justify-content-center" id="pagination">
        <li class="page-item"><a class="page-link" href="#">前一页</a></li>
        <li class="page-item"><a class="page-link" href="#">1</a></li>
        <li class="page-item"><a class="page-link" href="#">2</a></li>
        <li class="page-item"><a class="page-link" href="#">3</a></li>
        <li class="page-item"><a class="page-link" href="#">后一页</a></li>
        <li class="page-item"><a class="page-link" href="#">尾页</a></li>
    </ul>
</div>
```

其运行结果如图 6-31 所示。

图 6-31　兑换页面的分页组件

2. 设置分页的大小

分页组件的尺寸有 3 种，分别是大尺寸、常规尺寸和小尺寸。其中常规尺寸无需另外设置类名，例 6-19 中的分页尺寸就是常规尺寸；而使用大尺寸和小尺寸需要分别为分页组件添加类名.pagination-lg 和.pagination-sm。

【例 6-20】为明日学院官网的兑换页面添加分页组件。具体代码如下：

```
<div class="container-fluid">
    <div class="row">
        <div class="col-9">
            <!--此处省略课程信息列表-->
             <ul class="pagination pagination-lg justify-content-center" >
                <li class="page-item"><a class="page-link" href="#">前一页</a></li>
                <li class="page-item"><a class="page-link" href="#">1</a></li>
                <li class="page-item active"><a class="page-link" href="#">2</a></li>
                <li class="page-item"><a class="page-link" href="#">3</a></li>
                <li class="page-item"><a class="page-link" href="#">后一页</a></li>
                <li class="page-item"><a class="page-link" href="#">尾页</a></li>
            </ul>
        </div>
        <div class="col-3 initialism">
            <!--此处省略课程列表-->
            <ul class="pagination pagination-sm justify-content-center" id="pagination">
                <li class="page-item disabled"><a class="page-link" href="#">前一页</a></li>
                <li class="page-item"><a class="page-link" href="#">1</a></li>
                <li class="page-item active"><a class="page-link" href="#">2</a></li>
                <li class="page-item"><a class="page-link" href="#">3</a></li>
                <li class="page-item"><a class="page-link" href="#">后一页</a></li>
                <li class="page-item"><a class="page-link" href="#">尾页</a></li>
            </ul>
        </div>
    </div>
</div>
```

其运行结果如图 6-32 所示。

图 6-32　设置分页的尺寸

3．设置分页的禁用和活动状态

Bootstrap 中可以使用.disable 将分页链接设置为不可用，而使用.active 来使当前分页为活动状态。

【例 6-21】为明日学院官网的兑换页面添加分页组件，并且定义分页组件的禁用和活动状态。具体代码如下：

```
<div class="container">
    <div class="row mt-2">
        <p class="col-auto mr-auto text-muted">我的可兑换学分?</p>
        <p><span class="text-primary">全部</span><span>可兑换</span></p>
    </div>
    <div class="row">
        <!--此处省略添加图书信息的代码-->
    </div>
    <ul class="pagination justify-content-center" id="pagination">
        <li class="page-item disabled"><a class="page-link" href="#">前一页</a></li>
        <li class="page-item"><a class="page-link" href="#">1</a></li>
        <li class="page-item active"><a class="page-link" href="#">2</a></li>
        <li class="page-item"><a class="page-link" href="#">3</a></li>
        <li class="page-item"><a class="page-link" href="#">后一页</a></li>
        <li class="page-item"><a class="page-link" href="#">尾页</a></li>
    </ul>
</div>
```

其运行结果如图 6-33 所示。

图 6-33　分页的禁用和活动状态

4．定义分页的对齐方式

Bootstrap 中设置分页的对齐方式可以直接使用弹性布局中项目的对齐方式，即.justify-content-*。

【例 6-22】制作商品推荐列表，并且分别设置各类型的商品列表的分页为左对齐、居中和右对齐。具体代码如下：

```
<body style="background-color: #cce5ff">
```

```
    <div class="container">
        <div class="row mt-2">
            <div class="col bg-white pt-2">
                <div><img src="images/21.jpg" alt="" class="img-fluid"></div>
                <div>
                    <h4>机内够洁净，出风更清爽</h4>
                    <p>想要空调能够持续给室内提供洁净干爽的冷风，让自己能够在炎热的夏季拥有凉爽的居家
环境，那么就需要重视……</p>
                </div>
                <ul class="pagination pagination-sm justify-content-left">
                    <li class="page-item"><a class="page-link" href="#">前一页</a></li>
                    <li class="page-item"><a class="page-link" href="#">1</a></li>
                    <li class="page-item active"><a class="page-link" href="#">2</a></li>
                    <li class="page-item"><a class="page-link" href="#">3</a></li>
                    <li class="page-item"><a class="page-link" href="#">后一页</a></li>
                    <li class="page-item"><a class="page-link" href="#">尾页</a></li>
                </ul>
            </div>
            <!--此处省略其他模块的商品列表和分页的代码-->
        </div>
    </div>
    </body>
```

其运行结果如图 6-34 所示。

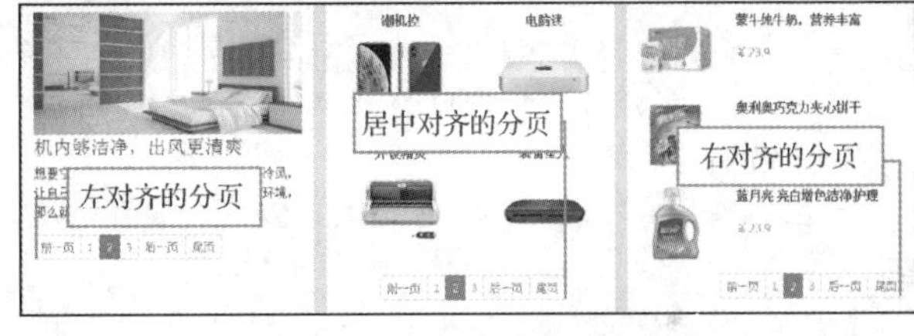

图 6-34　设置分页的对齐方式

6.4　本章小结

本章介绍了 Bootstrap 中与导航相关的组件，主要包括导航菜单、导航栏、面包屑导航以及分页组件。学习完本章，读者可以在网页中快速添加水平或垂直的响应式导航菜单、分页和面包屑导航等。另外，实践出真知，希望读者多动手练习，以便快速掌握 Bootstrap 相关知识。

上机指导

制作一个响应式导航菜单，实现在大型屏幕中浏览页面时，导航菜单展开，并且显示侧边栏，具体效果如图 6-35 所示；而在小型屏幕中浏览时，导航菜单折叠，单击右侧图标，可以垂直展开导航菜单，并且隐藏侧边栏，具体效果如图 6-36 所示。

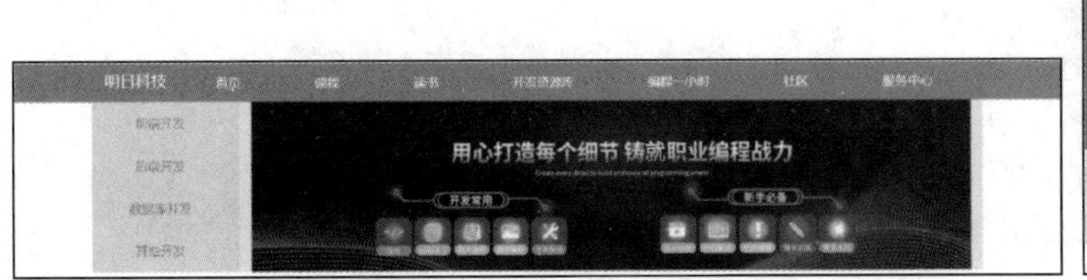

图 6-35　大型屏幕中的页面效果

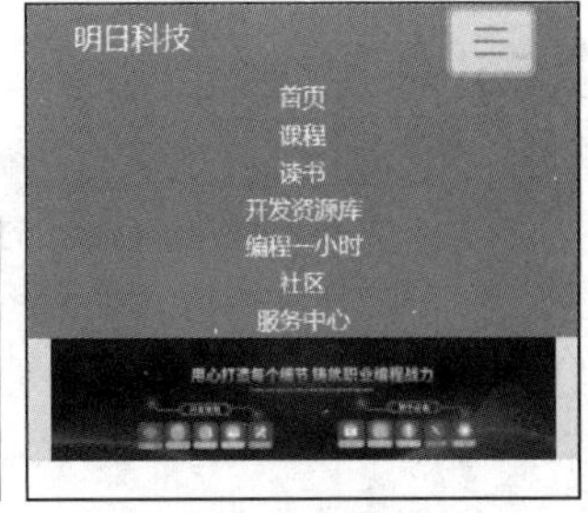

图 6-36　小型屏幕中展开导航时的效果

开发步骤如下。

（1）导航栏由 Bootstrap 中的 navbar 组件实现，导航栏由 3 部分组成，分别是 Logo、展开和折叠按钮，以及导航菜单，具体代码如下：

```
<div class="container-fluid bg-primary">
    <div class="container navbar navbar-expand-lg bg-primary py-0 navbar-light">
        <span class="navbar-brand h4 text-white">明日科技</span>
        <button class="navbar-toggler btn btn-light bg-light text-dark" type="button"
data-toggle="collapse"
                data-target="#navbarNavAltMarkup">
            <span class="navbar-toggler-icon"></span>
        </button>
        <ul class="collapse navbar-collapse justify-content-around navbar-nav text-white"
id="navbarNavAltMarkup">
            <li class=" nav-item ">首页</li>
            <li class=" nav-item ">课程</li>
            <li class=" nav-item ">读书</li>
            <li class=" nav-item ">开发资源库</li>
            <li class=" nav-item ">编程一小时</li>
            <li class=" nav-item ">社区</li>
            <li class=" nav-item ">服务中心</li>
        </ul>
    </div>
</div>
```

（2）第二部分有一个垂直的 nav 组件和一张图片，可以通过网格布局设置这部分的大小和位置，具体代码如下：

```
<div class="container" style="background: #e1e5e7">
    <div class="row">
        <div class="nav col-md-2 d-none d-md-flex flex-column justify-content-around text-center
rounded-lg" style="background: #b1efd0">
            <a href="#" class="nav-item nav-link ">前端开发</a>
            <a href="#" class="nav-item nav-link ">后端开发</a>
            <a href="#" class="nav-item nav-link ">数据库开发</a>
            <a href="#" class="nav-item nav-link ">其他开发</a>
        </div>
        <div class="col-12 col-md">
            <img src="images/ad.jpg" class="img-fluid">
        </div>
    </div>
</div>
```

习题

（1）添加基本的导航菜单时，菜单项和菜单项的父容器的类名是什么？

（2）添加选项卡时，如何将选项卡与选项卡的内容一一对应？

（3）将导航栏固定在顶部或底部时，分别需要添加什么类名？

（4）面包屑导航的作用是什么？如何添加面包屑导航？

第7章

Bootstrap徽章及加载动画

本章要点

- 添加基本的徽章和“胶囊”形徽章的方法
- 添加进度条的方法
- 设置进度条的背景颜色和当前进度的方法
- 添加旋转加载动画和渐变缩放加载动画的方法

7.1　添加徽章

本节主要讲解徽章的使用，主要内容包括徽章的基本使用、徽章的样式以及徽章的链接效果。

7.1.1　徽章的基本使用

徽章的基本使用

徽章在网页中也是比较常见的一部分，图 7-1 所示为淘宝网的购物车样式，其右上角的数字就可以通过徽章来实现。当然，徽章中的内容不仅可以是数字，而且可以是字母或汉字等。

图 7-1　徽章的使用

徽章的基本样式需要类名.badge 来指定，然后通过.badge-secondary 等类名来指定徽章的背景颜色。徽章可以嵌套在标题标签、文字标签等中。

【例 7-1】制作百度的搜索页面。具体代码如下：

```
<form class="row justify-content-center pt-2">
    <div class="col-12 col-md-10">
        <div class="row   justify-content-center">
            <div class="col-2   col-md-2 col-xl-1"><img src="images/1.png" alt="" class="img-fluid"></div>
            <div class="col-8 col-sm-4">
                <div class="input-group border border-primary">
                    <div class="input-group-prepend">
```

```
                <button class="btn btn-link dropdown-toggle" type="button" data-toggle=
                "dropdown">网页</button>
                <ul class="dropdown-menu">
                    <li class="dropdown-item">音乐</li>
                    <li class="dropdown-item">视频</li>
                    <li class="dropdown-item">图片</li>
                </ul>
            </div>
            <input type="text" class="form-control border-0">
            <div>
                <span class="badge badge-danger">20</span>
                <button type="button" class="btn btn-primary rounded-0">百度一下</button>
            </div>
        </div>
      </div>
    </div>
  </div>
</form>
<script type="text/javascript">
    $(".dropdown-toggle").dropdown()
</script>
```

其运行结果如图 7-2 所示。

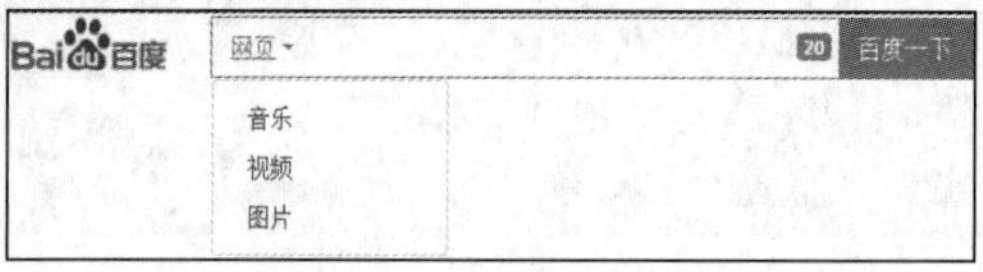

图 7-2　徽章的样式

7.1.2　徽章的样式

徽章的样式

1. 徽章的背景样式

Boostrap 中预设的徽章的背景颜色样式与按钮的背景颜色样式相同，但是设置徽章背景颜色时，需要添加类名为.badge-*，例如.badge-primary。图 7-3 所示为 Bootstrap 中徽章的背景颜色样式。

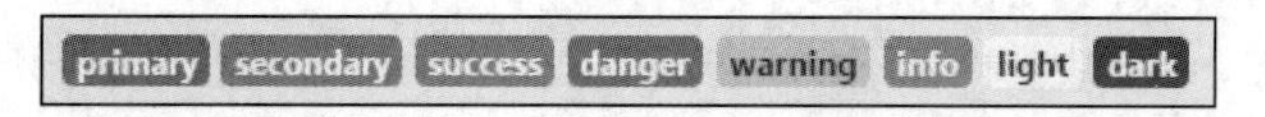

图 7-3　Bootstrap 中徽章的背景颜色样式

【例 7-2】制作火车票预订页面，并且使用徽章来体现各类型车票的剩余情况。具体代码如下：

```
<body style="background-color: #e6f2f3">
<div class="container">
    <div class="row align-items-center justify-content-center bg-white mt-2">
        <div class="col-3 col-md-1"><p class="font-weight-bold">Z157</p>
        </div>
       <!--此处省略车次信息的代码-->
        <div class="col-3 col-md-3">
            <p><span>硬座</span><span class="text-danger font-weight-bold">¥128.5</span>
                <span class="badge badge-danger">有票</span></p>
```

```
            <p><span>硬卧</span><span class="text-danger font-weight-bold">￥237.5</span>
                <span class="badge badge-warning">无票</span></p>
            <p><span>软卧</span><span class="text-danger font-weight-bold">￥363.5</span>
                <span class="badge badge-success">余1张</span></p>
            <p><span>高级软卧</span><span class="text-danger font-weight-bold">￥666.5
            </span><span class="badge badge-primary">可抢票</span></p>
        </div>
        <div class="col-2 col-md-3">
            <p><button type="button" class="btn btn-sm btn-danger">预订</button></p>
            <p><button type="button" disabled class="btn btn-sm btn-danger">预订</button></p>
            <p><button type="button" class="btn btn-sm btn-danger">预订</button></p>
            <p><button type="button" class="btn btn-sm btn-primary">抢票</button></p>
         </div>
      </div>
      <!--此处省略G399车次相关代码-->
     </div>
  </body>
```

上述代码的运行结果如图 7-4 所示。

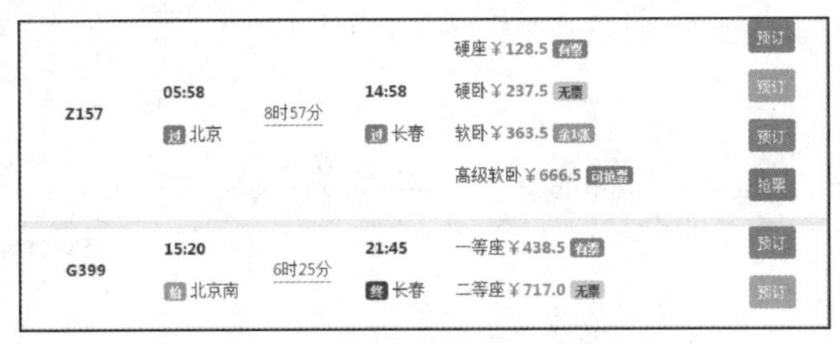

图 7-4 用徽章显示各类火车票的剩余情况

2. “胶囊”形徽章样式

Bootstrap 中可以将徽章设为“胶囊”形，而设置“胶囊”形徽章需要为徽章添加类名.badge-pill。图 7-5 所示为“胶囊”形徽章的样式。

图 7-5 “胶囊”形徽章的样式

【例 7-3】制作歌曲排行榜，并且为歌曲添加标签。具体代码如下：

```
<div class="table-responsive">
    <table class="table table-striped text-center">
        <thead>
        <tr><th>歌名</th><th>时长</th><th>歌手</th></tr>
        </thead>
        <tbody>
        <tr>
            <td>孤身<span class="badge-pill badge badge-danger">top1</span></td>
            <td>03:31</td><td>徐秉龙</td>
        </tr>
        <tr>
            <td>你曾是少年<span class="badge-pill badge badge-primary">top2</span></td>
            <td>04:34</td><td>焦迈奇</td>
```

```
            </tr>
            <!--此处省略其余歌曲信息的代码-->
            </tbody>
        </table>
    </div>
```

其运行结果如图 7-6 所示。

歌名	时长	歌手
孤身 top1	03:31	徐秉龙
你曾是少年 top2	04:34	焦迈奇
vabilla top3	02:31	落日飞车
你回头看 [illegible]	04:04	张叶蕾
沙漠骆驼 hot	05:38	展展与罗罗
起风了 vip	05:13	吴青峰
fellings 原创	03:50	迪丽娜尔
归去来兮 [illegible]	03:26	花粥

图 7-6 “胶囊”形徽章的歌曲排行榜

7.1.3 徽章的链接效果

徽章的链接效果

徽章还可以添加在链接标签上。当使用链接标签来添加徽章后，可以为徽章添加状态样式（单击时或鼠标指针悬停时的样式）。

【例 7-4】制作音乐网站的榜单，并且通过链接标签添加徽章以显示歌曲的相关信息。具体代码如下：

```
<div class="table-responsive">
    <table class="table table-striped text-center">
        <thead>
        <tr><th>歌名</th><th>时长</th><th>歌手</th></tr>
        </thead>
        <tbody>
        <tr>
            <td>孤身<a href="#" class="badge badge-danger">live</a></td>
            <td>03:31</td><td>徐秉龙</td>
        </tr>
        <!--此处省略其余歌曲信息的代码-->
        </tbody>
    </table>
</div>
```

其运行初始效果如图 7-7 所示。单击第三首歌曲的徽章“评论”时，其徽章的样式如图 7-8 所示。

歌名	时长	歌手
孤身 live	03:31	徐秉龙
你曾是少年 mv	04:34	焦迈奇
vabilla 评论	02:31	落日飞车
你回头看 分享	04:04	张叶蕾
沙漠骆驼 下载	05:38	展展与罗罗
起风了 专辑	05:13	吴青峰
fellings 歌词	03:50	迪丽娜尔
归去来兮 其他	03:26	花粥

图 7-7 初始效果

歌名	时长	歌手
孤身 live	03:31	徐秉龙
你曾是少年 mv	04:34	焦迈奇
vabilla 评论	02:31	落日飞车
你回头看 分享	04:04	张叶蕾
沙漠骆驼 下载	05:38	展展与罗罗
起风了 专辑	05:13	吴青峰
fellings 歌词	03:50	迪丽娜尔
归去来兮 其他	03:26	花粥

图 7-8 徽章链接效果的激活状态的样式

7.2 进度条

进度条比较常用于加载或安装软件时，显示安装进度等信息。Bootstrap 中同样提供了进度条的样式，具体可以设置进度条的高度、背景色和条纹样式。

7.2.1 进度条的基本使用

进度条的基本使用

进度条的添加需要通过两个<div>标签嵌套来实现，具体操作是在外层的<div>标签中添加类名.progress，而在内层添加类名.progress-bar。要设置进度条的“进度”为.progress-bar，只需添加 width 属性即可。例如下面的代码就可以添加基本进度条：

```
<div class="progress">
    <div class="progress-bar" style="width: 50%"></div>
</div>
```

【例 7-5】通过进度条展现计算机硬盘的使用情况。具体代码如下：

```
<div class="container">
    <div class="row">
        <p class="col-auto font-weight-bold">硬盘（2）</p>
        <hr class="col">
    </div>
    <div class="row border border-info">
        <div class="col d-flex align-items-center">
            <div class=""><img src="images/3.png"></div>
            <div><span>本地磁盘（C）</span>
                <div class="progress">
                    <div class="progress-bar" role="progressbar" aria-valuenow="40" style="width:
                    25%" aria-valuemin="0" aria-valuemax="100"></div>
                    </div>
                    <p class="text-muted">23.8GB可用，共50GB</p></div>
            </div>
            <div class="col d-flex align-items-center">
                <div class=""><img src="images/2.png"></div>
              <!--此处省略第二个磁盘信息的代码-->
          </div>
     </div>
</div>
```

其运行结果如图 7-9 所示。

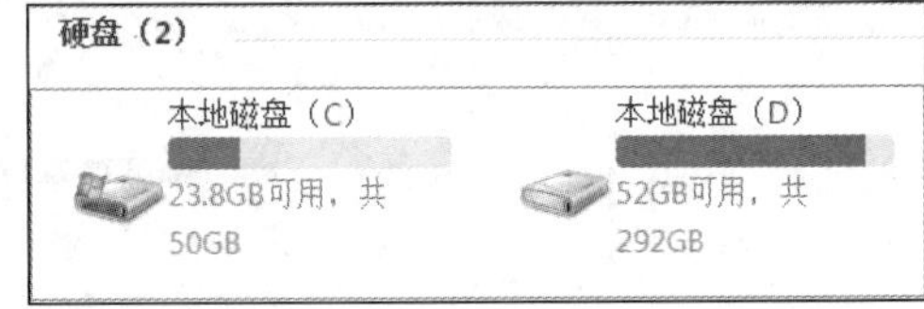

图 7-9 用进度条展现硬盘的使用情况

7.2.2 进度条的样式

进度条的样式

在 Bootstrap 中，用户可以自定义进度条的样式，比如设置进度条的高度、背景颜色以及为进度条添加条纹样式等。下面进行具体介绍。

1. 设置进度条的高度

进度条高度的设置是通过为外层<div>标签中的 progress 添加 height 属性来实现的。添加该属性后，其内部的 progress-bar 会自动调整高度。

【例 7-6】通过进度条显示学生的考试成绩。具体代码如下：

```
<h3 class="text-center">高二（1）班考试成绩统计</h3>
<div class="container">
    <div class="row align-items-center">
        <p class="col-auto">语文：</p>
```

```
        <div class="col">
            <div class="progress" style="height: 5px">
                <div class="progress-bar" role="progressbar" aria-valuenow="40" style="width:
                80%" aria-valuemin="0"aria-valuemax="100"></div>
            </div>
        </div>
        <p class="col-auto">平均分：80</p>
    </div>
<!--此处省略数学和外语成绩统计的代码-->
</div>
```

其运行结果如图 7-10 所示。

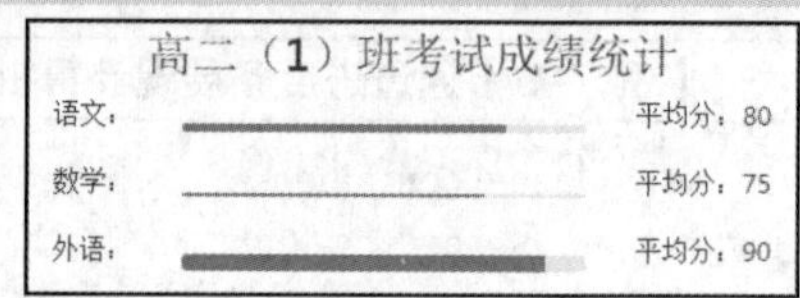

图 7-10　用进度条显示学生的考试成绩

2. 进度条的背景颜色

进度条背景颜色的设置需要通过背景通用样式来实现，即在.progeess-bar 所在的<div>标签中添加类名.bg-*。例如要设置进度条的背景颜色为黑色，则需在.progress-bar 所在的<div>标签中添加类名.bg-dark。

【例 7-7】使用彩色进度条体现超市各类型商品的销量。具体代码如下：

```
<h3 class="text-center">超市销量统计</h3>
<div class="container">
    <div class="row">
        <p class="col-auto">日用商品：</p>
        <div class="col-9">
            <div class="progress">
                <div class="progress-bar bg-success" role="progressbar" aria-valuenow="40"
                style="width: 80%" aria-valuemin="0" aria-valuemax="100"></div>
            </div>
        </div>
        <p class="col">80%</p>
    </div>
<!--此处省略其余统计信息的代码-->
</div>
```

本例运行结果如图 7-11 所示。

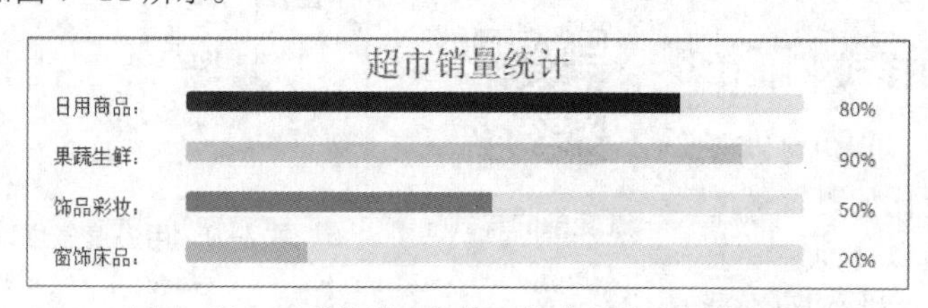

图 7-11　用彩色进度条体现超市各类商品的销量

3. 条纹样式进度条

除了可以改变进度条的背景色以外，还可以设置进度条为条纹样式，具体方法是在.progress-bar 所在的<div>标签中添加类名.progress-bar-striped。

【例 7-8】使用彩色条纹进度条体现超市各类型商品的销量。具体代码如下：

```
<div class="container">
    <div class="row">
        <p class="col-auto">日用品销量：</p>
```

```
        <div class="col-9">
            <div class="progress">
                <div class="progress-bar progress-bar-striped bg-danger" role="progressbar"
                aria-valuenow="40" style="width: 76%"aria-valuemin="0" aria-valuemax="100"></div>
            </div>
        </div>
    </div>
<!--此处省略其余信息的代码-->
</div>
```

其运行结果如图 7-12 所示。

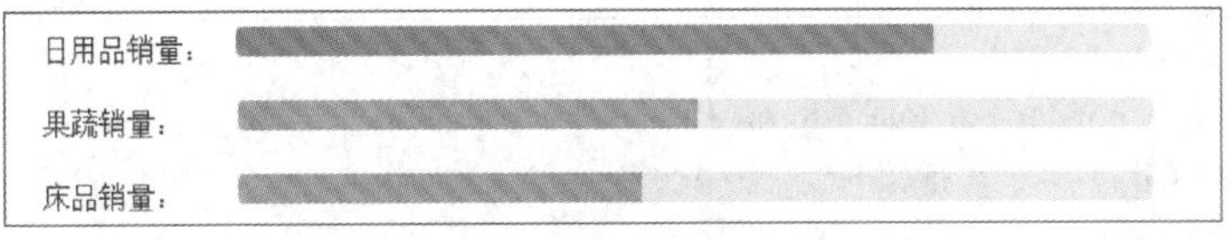

图 7-12　条纹样式进度条

7.2.3　其他风格进度条

其他风格进度条

1. 多功能进度条

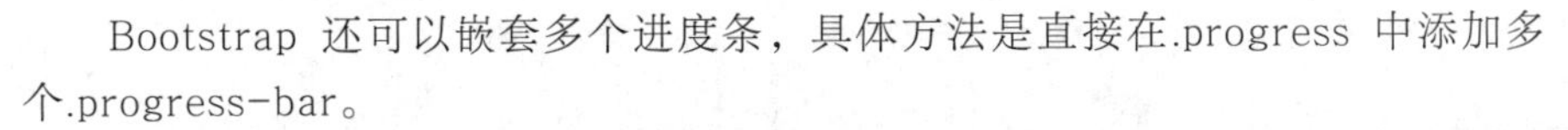

Bootstrap 还可以嵌套多个进度条，具体方法是直接在.progress 中添加多个.progress-bar。

【例 7-9】使用进度条体现某年级各班的各科考试成绩分析。具体代码如下：

```
<h3 class="text-center">某年级各班考试成绩分析</h3>
<div class="container">
    <div class="row">
        <p class="col-auto">（1）班：</p>
        <div class="col-9">
            <div class="progress">
                <div class="progress-bar bg-primary" role="progressbar" aria-valuenow="40"
style="width: 23%" aria-valuemin="0"aria-valuemax="100"></div>
                <div class="progress-bar bg-success" role="progressbar" aria-valuenow="40"
style="width: 25%" aria-valuemin="0"aria-valuemax="100"></div>
                <div class="progress-bar bg-danger" role="progressbar" aria-valuenow="40"
style="width: 17%" aria-valuemin="0"aria-valuemax="100"></div>
                <div class="progress-bar bg-warning" role="progressbar" aria-valuenow="40"
style="width: 19%" aria-valuemin="0"aria-valuemax="100"></div>
                <div class="progress-bar bg-info" role="progressbar" aria-valuenow="40"
style="width: 16%" aria-valuemin="0"aria-valuemax="100"></div>
            </div>
        </div>
    </div>
<!--此处省略其余班级成绩统计的代码-->
    </div>
    <div class="row justify-content-around">
        <div class="col d-flex"><p class="bg-primary flex-fill"></p><p>语文</p></div>
        <div class="col d-flex"><p class="bg-success flex-fill"></p><p>数学 </p></div>
        <div class="col d-flex"><p class="bg-danger flex-fill"></p><p>英语 </p></div>
        <div class="col d-flex"><p class="bg-warning flex-fill"></p><p>政史 </p></div>
```

```
        <div class="col d-flex"><p class="bg-info flex-fill"></p><p>理化 </p></div>
    </div>
</div>
```

其运行结果如图 7-13 所示。

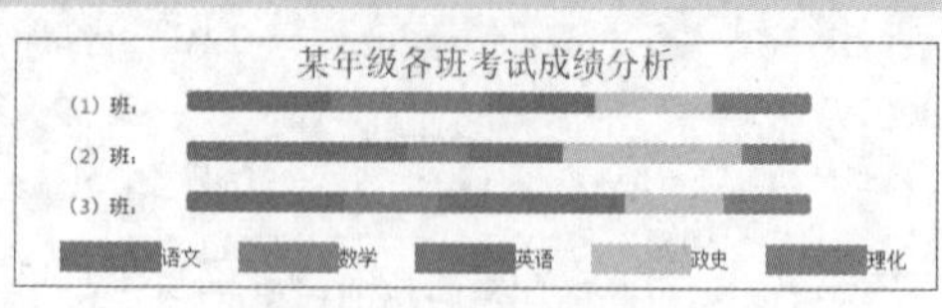

图 7-13 多功能进度条

2. 进度条动画

前文讲述了进度条的样式，而 Bootstrap 还提供了条纹进度条的动画样式，具体实现方法是在.progress-ba 所在的<div>标签中添加.progress-bar-animated。

【例 7-10】在网页中添加进度条动画。具体代码如下：

```
<div class="container">
    <div class="row border border-info mt-2 pt-2">
        <p class="col-auto">正在安装……</p>
        <div class="col-9">
            <div class="progress">
                <div class="progress-bar progress-bar-striped bg-danger progress-bar-animated"
                role="progressbar" aria-valuenow="40"style="width: 86%" aria-valuemin="0" aria-valuemax=
                "100"></div>
            </div>
        </div>
    </div>
</div>
```

其运行结果如图 7-14 所示。

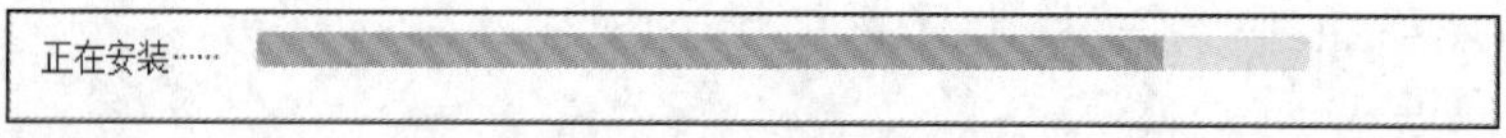

正在安装……

图 7-14 进度条动画

7.3 加载动画

Bootstrap 中提供了加载动画，用于指示控件或页面的加载状态。加载动画主要分为旋转加载动画和渐变缩放加载动画。

加载动画及其样式

7.3.1 加载动画及其样式

1. 旋转加载动画

旋转加载动画的设置要通过.spinner-border 来实现。旋转加载动画的默认颜色为#212529，读者可以通过添加.text-*来更改。例如设置蓝色旋转加载动画的代码如下：

```
<div class="spinner-border text-primary"></div>
```

旋转加载动画的颜色设置是通过.text-*而不是.border-*来实现的。其原因是，旋转加载动画的其中一条边框颜色被设置成了颜色透明（transparent）。若使用.border-*，则会覆盖其样式，从而造成错误。

【例 7-11】结合选项卡制作背景颜色为绿色的旋转加载动画。具体代码如下：

```
<nav class="nav nav-tabs nav-pills" role="tablist">
    <a class="nav-link nav-item" data-toggle="tab" href="#reset1">默认样式</a>
    <!--此处省略其余选项卡的代码-->
```

```
</nav>
<div class="tab-content">
    <div class="text-center tab-pane" id="reset1">
        <div class="spinner-border"></div>
    </div>
<!--此处省略其余加载动画样式的代码-->
</div>
```

其运行的结果如图 7-15 所示。

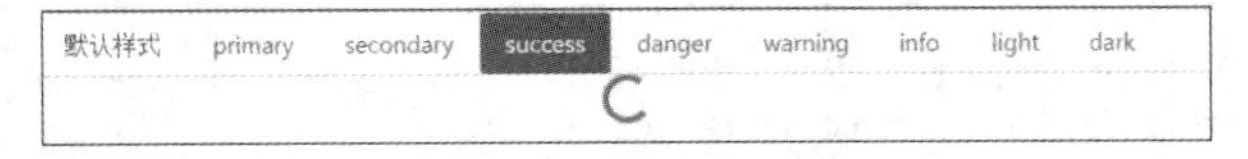

图 7-15　旋转加载动画

2. 渐变缩放加载动画

渐变缩放加载动画的设置是通过类名.spinner-grow 来实现的，并且要设置动画的颜色，同样需要类名.text-*。例如设置蓝色背景的渐变缩放加载动画的代码如下：

```
<div class="spinner-grow text-primary"></div>
```

【例 7-12】使用选项卡显示渐变缩放的加载动画样式。具体代码如下：

```
<nav class="nav nav-tabs nav-pills" role="tablist">
    <a class="nav-link nav-item" data-toggle="tab" href="#reset1">默认样式</a>
    <a class="nav-link nav-item" data-toggle="tab" href="#primary">primary</a>
<!--此处省略其余选项卡的代码-->
</nav>
<div class="tab-content">
    <div class="text-center tab-pane" id="reset1">
      <div class="spinner-grow"></div>
    </div>
   <!--此处省略其余渐变缩放加载动画样式的代码-->
</div>
```

其运行结果如图 7-16 所示。

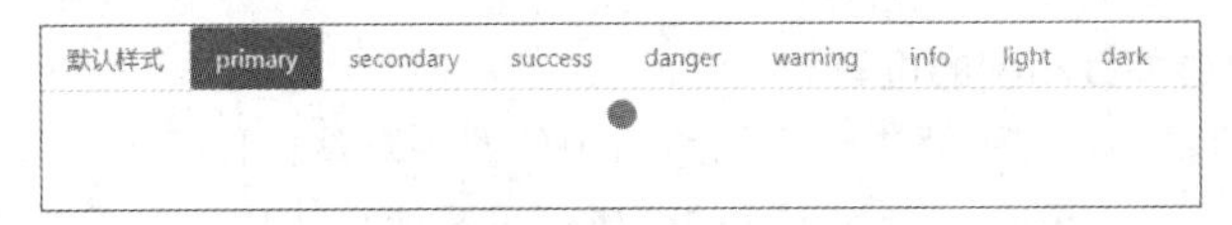

图 7-16　渐变缩放加载动画

7.3.2　设置加载动画的位置

设置加载动画的位置

设置加载动画位置的方式有很多，包括通过自定义加载动画的边距、文本对齐、浮动以及弹性盒等来设置加载动画的位置。

1. 通过自定义加载动画的边距设置加载动画的位置

添加加载动画时，可以通过添加 m-*来自定义加载动画的边距。例如下面代码可以为加载动画自定义 0.5rem 的边距：

```
<div class="spinner-border text-success m-3"></div>
```

其运行效果如图 7-17 所示，而图 7-18 所示为没有设置边距的加载动画。

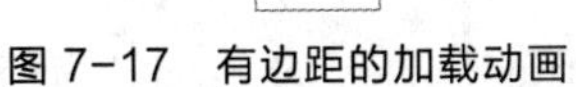

图 7-17　有边距的加载动画

图 7-18　无边距的加载动画

2. 通过文本对齐方式设置加载动画位置

加载动画位置的设置还可以通过文本对齐的方式来实现，即通过为.spinner-border 或.spinner-grow 的父元素添加类名.text-left 等来设置加载动画左对齐、居中对齐或者右对齐。例如下面代码可以设置加载动画向右对齐：

```
<div class="text-right"><div class="spinner-border"></div></div>
```

其运行效果如图 7-19 所示。

图 7-19　加载动画右对齐

【例 7-13】通过自定义加载动画的边距和文本对齐方式设置加载动画的位置。具体代码如下：

```
<nav class="nav nav-tabs nav-pills" role="tablist">
    <a class="nav-item nav-link active" data-toggle="tab" href="#m-5">自定义边距</a>
    <a href="#text-left" data-toggle="tab" class="nav-item nav-link">text-left</a>
    <a href="#text-center" data-toggle="tab" class="nav-item nav-link">text-center</a>
    <a href="#text-right" data-toggle="tab" class="nav-item nav-link">text-right</a>
</nav>
<div class="tab-content">
    <div class="m-5 tab-pane active" id="m-5">
        <div class="spinner-border text-success"></div>
    </div>
    <!--此处省略其余动画位置设置的代码-->
</div>
```

上述代码的运行结果如图 7-20 所示。

3. 通过浮动设置加载动画的位置

除了通过对齐方式，还可以通过浮动来设置加载动画的位置，具体方式是添加 float-left 或 float-right。例如设置加载动画向右浮动的代码如下：

```
<div class="float-right"><div class="spinner-border text-primary"></div></div>
```

其运行结果如图 7-21 所示。

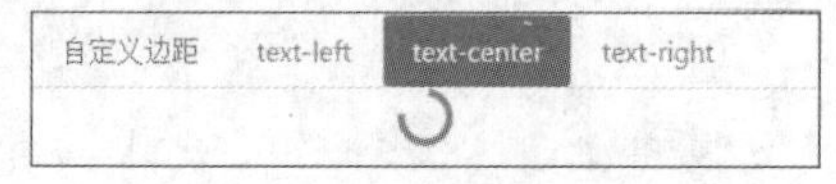

图 7-20　加载动画位置的设置

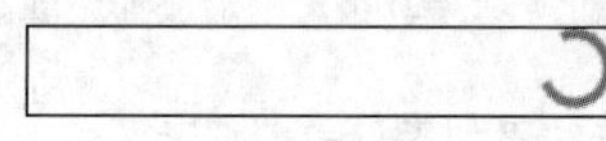
图 7-21　向右浮动的加载动画

4. 通过弹性盒设置加载动画的位置

通过弹性布局中项目的对齐方式来设置加载动画位置的具体操作是为.spinner-border 的父元素添加.d-flex 和.justify-content-*。例如下面的代码可设置加载动画在页面中居中对齐：

```
<div class="d-flex justify-content-center">
    <div class="spinner-border text-warning"></div>
</div>
```

其运行效果如图 7-22 所示。

图 7-22　通过弹性盒设置加载动画的位置

【例 7-14】通过浮动、弹性盒设置加载动画的位置。具体代码如下：

```
<nav class="nav nav-tabs nav-pills" role="tablist">
    <a href="#float-left" class="nav-item nav-link" data-toggle="tab">float-left</a>
    <a href="#float-right" class="nav-item nav-link" data-toggle="tab">float-right</a>
    <a href="#justify-content-start" class="nav-item nav-link" data-toggle="tab">justify-
content-start</a>
    <a href="#justify-content-center" class="nav-item nav-link active" data-toggle="tab">
.justify-content-center</a>
    <a href="#justify-content-end" class="nav-item nav-link" data-toggle="tab">.justify-content-end</a>
```

```
</nav>
<div class="tab-content">
    <div class="float-left tab-pane" id="float-left">
        <div class="spinner-border text-success"></div>
    </div>
<!--此处省略其余加载动画位置设置的代码-->
</div>
```

其运行结果如图 7-23 所示。

图 7-23　通过浮动和弹性盒设置加载动画的位置

7.3.3　设置加载动画的大小

设置加载动画的大小

Bootstrap 中预设了加载动画的常规尺寸和缩小的尺寸（.spinner-border-sm 或.spinner-grow-sm）。当然，用户还可以自定义加载动画的尺寸。

【例 7-15】使用选项卡分别显示各种尺寸的旋转加载动画和渐变缩放加载动画。具体代码如下：

```
<nav class="nav nav-tabs nav-pills" role="tablist">
     <a href="#spinner-border-sm" class="nav-link active" data-toggle="tab">spinner-border-sm</a>
     <a href="#spinner-border" class="nav-link" data-toggle="tab">spinner-border</a>
     <a href="#spinner-border-auto" class="nav-link" data-toggle="tab">自定义尺寸</a>
     <a href="#spinner-grow-sm" class="nav-link" data-toggle="tab">spinner-grow-sm</a>
     <a href="#spinner-grow" class="nav-link" data-toggle="tab">spinner-grow</a>
     <a href="#spinner-grow-auto" class="nav-link" data-toggle="tab">自定义尺寸</a>
</nav>
<div class="tab-content">
    <div class="tab-pane active" id="spinner-border-sm">
        <div class="spinner-border spinner-border-sm text-danger active"></div>
    </div>
<!--此处省略其余加载动画大小设置的代码-->
</div>
```

其初始运行结果如图 7-24 所示，该图所示为小尺寸旋转加载动画，而图 7-25 所示为自定义尺寸的旋转加载动画。

图 7-24　小尺寸旋转加载动画

图 7-25　自定义尺寸的旋转加载动画

7.3.4　在按钮中添加加载动画

在按钮中添加加载动画

加载动画还可以放置在按钮中，具体实现方法是在.btn 所在标签中嵌套含有类名.spinner-border 或.spinner-grow 的标签。

【例 7-16】制作含有旋转加载动画和渐变缩放加载动画的按钮。具体代码如下：

```
<a class="btn btn-primary text-white" href="#">
    <span class="clk">单击开始加载</span>
    <span class="lading spinner-border spinner-border-sm" style="display: none"></span>
    <span class="lading" style="display: none">正在加载</span>
</a>
<a class="btn btn-primary text-white" href="#">
    <span class="clk">单击开始加载</span>
    <span class="lading spinner-grow spinner-grow-sm" style="display: none"></span>
    <span class="lading" style="display: none">正在加载</span>
</a>
<script type="text/javascript">
    $(document).ready(
        $("a").click(function () {
            $(this).children(".clk").toggle();
            $(this).children(".lading").toggle()
        })
    )
</script>
```

其初始运行结果如图 7-26 所示。单击按钮后，按钮中会显示加载动画，如图 7-27 所示。

图 7-26　初始运行结果

图 7-27　单击按钮后显示加载动画

7.4　本章小结

本章主要讲解了网页中的一些小部件，包括 Bootstrap 中的徽章、进度条和加载动画。学完本章，读者可以在自己的网页中适当添加徽章和加载动画等，使自己的网页界面更加友好、美观。

上机指导

实现动态切换加载动画样式和加载动画颜色的功能。图 7-28 所示为页面的初始效果，单击“切换样式”按钮后，加载动画的动画样式由旋转动画切换为渐变缩放动画；单击“切换颜色”按钮后，动画的颜色会发生变化，如图 7-29 所示。

图 7-28　加载动画初始效果

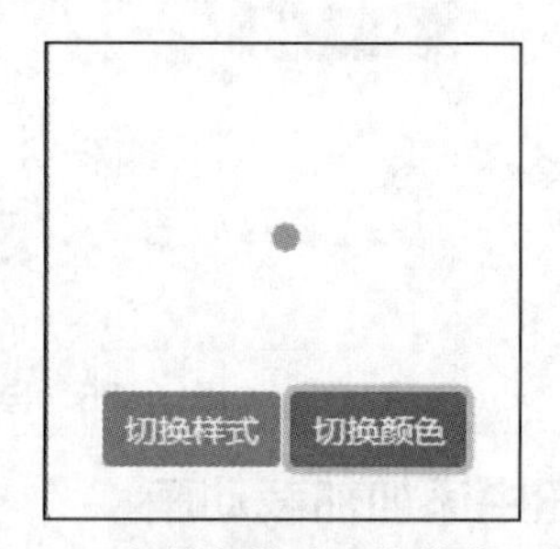

图 7-29　切换加载动画的样式和颜色

开发步骤如下。

（1）添加加载动画以及页面的按钮。具体代码如下：

```
<div class="d-flex flex-column justify-content-around align-items-center border border-primary
```

```
rounded-lg"style="width: 200px;height: 200px;margin: 0 auto">
        <div></div>
        <div class="">
            <span class="spinner-border text-success" id="cir"></span>
        </div>
        <div>
            <button type="button" class="btn btn-success btn-sm" onclick="changeStyle()">切换样式
</button>
            <button type="button" class="btn btn-success btn-sm" onclick="changeColor()">切换颜色
</button>
        </div>
    </div>
```

（2）为按钮添加功能，通过 JavaScript 代码实现单击按钮后切换加载动画的样式和颜色的功能。具体代码如下：

```
    <script type="text/javascript">
        function changeStyle() {
            $("#cir").toggleClass("spinner-grow")
            $("#cir").toggleClass("spinner-border")
        }
        function changeColor() {
            var temp = 0;
            var color1 = ["text-success", "text-primary", "text-secondary", "text-info", "text-danger",
"text-warning", "text-dark"];
            var class1 = $("#cir").attr("class").split(" ");
            console.log(class1.length)
            for (var j = 0; j < class1.length; j++) {
               for(var i=0;i<color1.length;i++){
                   if(class1[j].indexOf(color1[i])>=0){
                      temp = (i >= color1.length - 1 ? 0 : (i + 1))
                      $("#cir").removeClass(class1[j])
                      $("#cir").addClass(color1[temp])
                   }
               }
            }
        }
    </script>
```

习题

（1）使用 Bootstrap 添加背景颜色为红色的徽章时，需要添加哪些类名？添加背景颜色为红色的“胶囊”形徽章的类名是什么？

（2）如何设置进度条的背景颜色？如何设置条纹样式的进度条？

（3）为进度条添加进度条动画需要添加什么类名？

（4）如何设置渐变缩放加载动画的颜色？

Chapter 08

第8章

Bootstrap中的图文混排

本章要点

- 使用Bootstrap排列图片和文字的方法
- 在列表中嵌套媒体对象的方法
- 添加列表组的方法
- 列表组与选项卡的嵌套使用
- 卡片的样式与卡片的排列

8.1 媒体对象

媒体对象是一些抽象元素，其也是建立一些略显复杂、烦琐，同时又高度重复使用的组件的基础。媒体对象同样是基于弹性盒的，支持左对齐、右对齐、内容对齐、嵌套等。

8.1.1 媒体对象的使用

媒体对象的使用

媒体对象用于构建逻辑复杂、内容重复的列表，一般左边为图片，右边为内容，形成两列。由于采用了弹性盒流式布局，因此仅需两个类名即可完成。

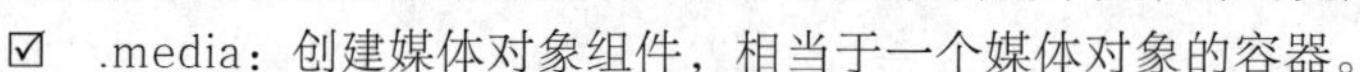

☑ .media：创建媒体对象组件，相当于一个媒体对象的容器。

☑ .media-body：定义媒体对象的正文区域。

例如下面的代码就使用了媒体对象：

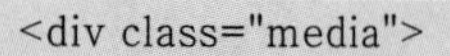

```
<div class="media">
    <img src="images/24.jpg" alt="">
    <div class="media-body">
        <p class="h4 font-weight-bold">手机淘宝</p>
        <p>有了手机淘宝，逛街的日子都变少了</p>
        <p class="initialism"><span class="text-danger">4.5分</span><span class="text-muted">
        101M</span></p>
    </div>
```

```
</div>
```

其运行结果如图 8-1 所示。

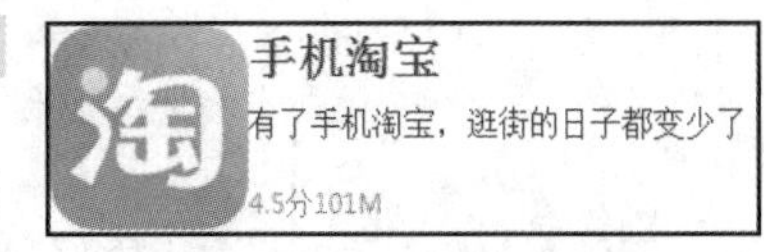

图 8-1　媒体对象的使用

【例 8-1】采用图文混排方式制作（某游戏中）英雄推荐列表中英雄的描述。具体代码如下：

```
<div class="container border border-info">
    <div class="row justify-content-between pt-4 px-4">
        <p class="font-weight-bold">英雄推荐</p>
        <p class="border border-secondary rounded-pill p-2">进入英雄列表</p>
    </div>
    <div class="media border-bottom border-secondary pb-4 px-4">
        <img src="images/7.jpg" alt="">
        <div class="media-body">
            <p class="m-0">断案大师</p>
            <p class="h3 m-0 text-primary">狄仁杰</p>
            <p class="m-0 text-muted">狄仁杰是一个比较全面的射手，能进能退，输出能力爆表，合理使
            用其他控制效果是狄仁杰非常重要的技能</p>
        </div>
    </div>
<!--此处省略第二个和第三个英雄描述的代码-->
</div>
```

其运行结果如图 8-2 所示。

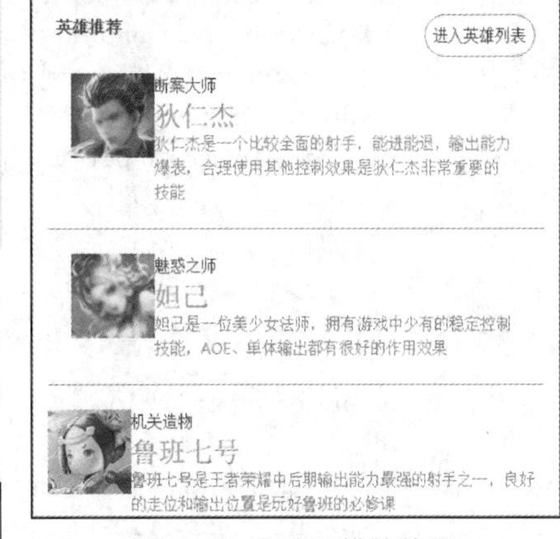

图 8-2　图文混排的效果

8.1.2　媒体对象的样式

媒体对象的样式

本小节将讲述媒体对象的对齐、列表呈现以及重排序。

1. 媒体对象的对齐

前文提到媒体对象是基于弹性盒的，所以要设置媒体对象的垂直对齐方式，仅须为媒体元素添加.align-self-*类名即可。例如设置媒体元素垂直居中对齐，需在媒体元素上添加类名.align-self-center。

【例 8-2】制作游戏人物的属性描述页面，并且分别设置人物形象与顶部对齐、居中对齐以及与底部对齐。具体代码如下：

```
<div class="container">
    <div class="media border border-primary">
        <img src="images/4.jpg" alt="" class="align-self-start m-2">
        <div class="media-body">
            <div><span class="h2">盾山</span><span>辅助</span></div>
            <div>
                <div class="d-flex align-items-center">
                    <span>生存能力</span>
                    <div class="progress flex-fill" style="height: 5px;">
                        <div class="progress-bar bg-primary" role="progressbar" aria-valuenow=
"40" style="width: 100%"aria-valuemin="0" aria-valuemax="100"></div>
                    </div>
                    <!--此处省略其余3项信息的代码-->
```

```
            </div>
          <!--此处省略其余英雄信息的代码-->
           </div>
          </div>
        </div>
      </div>
    <!--此处省略其余两位英雄的对齐方式设置的代码-->
    </div>
```

其运行结果如图 8-3 所示。

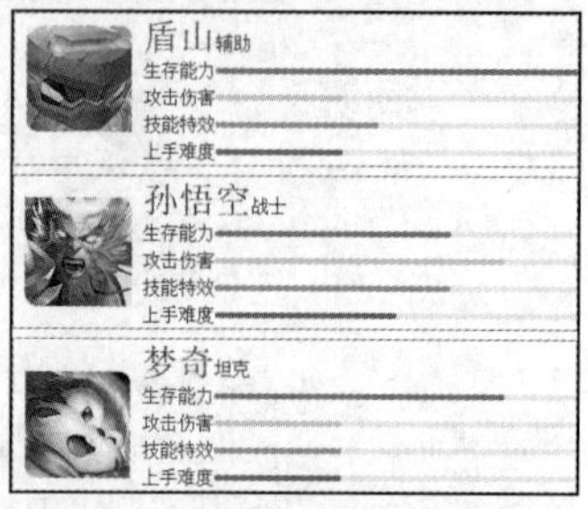

图 8-3　媒体对象的对齐

2．媒体对象的列表呈现

媒体对象的结构要求很少，读者也可以在列表里使用媒体对象。使用时在列表标签<ul>或<ol>中添加类名.list-unstyled 以删除默认的列表样式，然后在<li>标签中添加类名.media，还可以根据自己的需要调整间距。

【例 8-3】通过列表呈现媒体对象，制作支付宝账单页面。具体代码如下：

```
<div class="container border border-info px-0" style="background-color: #e1e1e1">
    <div class="row bg-light align-items-center m-0">
        <div class="text-center col-3">筛选</div>
        <div class="col-3 text-center">分类</div>
        <div class="input-group form-inline col">
            <input type="text" class="form-control">
            <div class="input-group-prepend">
                <span class="input-group-text">搜索</span>
            </div>
        </div>
    </div>
    <div class="d-flex align-items-center justify-content-between px-2">
        <div>
            <button type="button" class="btn btn-light rounded-pill">本月</button>
        </div>
        <div><p class="text-muted m-0">支出：￥452.85</p>
            <p class="text-muted m-0">收入：￥752.85</p></div>
    </div>
    <ul class="list-unstyled bg-white no-gutters">
        <li class="media border-bottom border-info py-2">
            <img src="images/10.jpg" alt="" class="img-fluid">
            <div class="media-body">
                <div class="d-flex justify-content-between font-weight-bold">
                    <p>【狂欢价】韩方五谷香……</p>
                    <p>-89.70</p>
                </div>
                <p class="font-weight-bold">生活日用</p>
                <div class="text-muted d-flex"><p class="px-2">06-18</p>
                    <p class="px-2">19:04</p></div>
            </div>
        </li>
        <li class="media border-bottom border-info py-2">
```

```
            <img src="images/11.jpg" alt="">
            <div class="media-body">
                <div class="d-flex justify-content-between font-weight-bold">
                    <p>苏宁易购商品</p>
                    <p>-19.37</p>
                </div>
                <p class="font-weight-bold">其他消费</p>
                <div class="text-muted d-flex"><p class="px-2">06-20</p>
                    <p class="px-2">9:04</p></div>
            </div>
        </li>
<!--此处省略其余账单信息的代码-->
    </ul>
</div>
```

其运行结果如图 8-4 所示。

图 8-4　媒体对象的列表呈现

3. 媒体对象的重排序

Bootstrap 中可以对多个媒体对象进行排序，排序实现方法是为每个媒体对象添加类名.order-*。

【例 8-4】制作王者荣耀英雄使用教程页面，并且按观看数量从高到低排列。具体代码如下：

```
<div class="row">
    <div class="media col-12 col-md-6 order-4 p-2">
        <img src="images/19.jpg" alt="">
        <div class="media-body d-flex flex-column justify-content-between" style="height: 140px">
            <div>上官婉儿连招杀集锦，高爆发法伤一套带走</div>
            <div class="d-flex align-items-center"><img src="images/23.png" alt=""><span class=
            "mr-auto">485</span><span>2019-06-21</span>
            </div>
        </div>
    </div>
<!--此处省略其余视频的代码-->
</div>
```

上述代码的运行结果如图 8-5 所示。

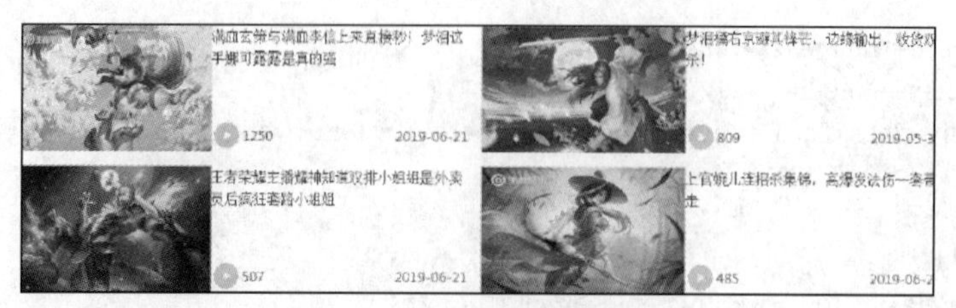

图 8-5　媒体对象的重排序

8.1.3　媒体对象的嵌套

媒体对象的嵌套

媒体对象同样可以进行嵌套，即在.media-body 所在的<div>标签中嵌套使用媒体对象。

【例 8-5】制作介绍英雄联盟中人物的背景故事以及技能使用的页面。具体代码如下：

```
<div class="media p-4">
    <img src="images/14.png" alt="" class="m-2">
    <div class="media-body">
        <div><span class="h2">悠米</span><span class="badge badge-info">辅助</span><span
        class="badge badge-info">法师</span>
        </div>
        <div>
            <p class="font-weight-bold m-0">背景故事</p>
            <p>作为一只来自班德尔城的魔法猫咪，悠米曾是一名约德尔魔女的守护灵，它的主人叫诺拉。而
            当主人神秘消失以后，悠米就成了《门扉魔典》的守护者……</p>
        </div>
        <div class="media">
            <img src="images/15.png" alt="">
            <div class="media-body">
                <p class="m-0"><span class="h4">摸鱼飞弹</span><span class="text-muted">快捷键
                Q</span></p>
                <p>悠米召唤一个飘忽不定的飞弹，可对命中的首个敌人造成魔法伤害。如果飞弹在命中敌人
                前飞行了数秒，那么它会转而造成魔法伤害，并使英雄减速8%</p>
            </div>
        </div>
        <!--此处省略英雄的第二、三、四个技能介绍的代码-->
    </div>
</div>
```

其运行结果如图 8-6 所示。

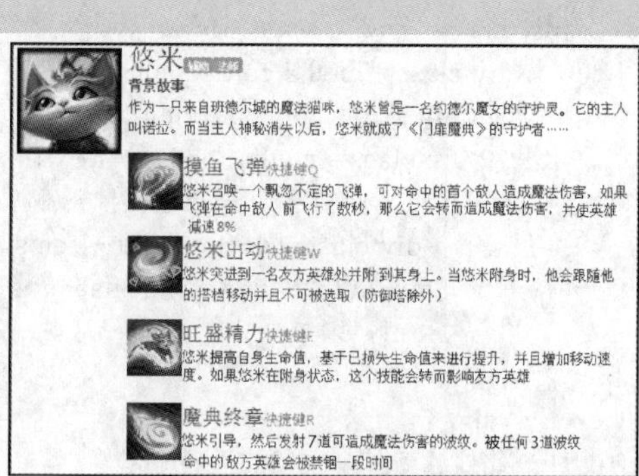

图 8-6　媒体对象的嵌套

8.2　列表组

列表组是一个灵活而且强大的组件，不仅可以用来显示简单的元素列表，还可以通过定义显示复杂内容。

列表组的基本使用

8.2.1　列表组的基本使用

最基本的列表组是由无序列表、

列表项和引入的适当样式定义类组成的。在此基础上可以使用下拉菜单或者根据需要调整 CSS 样式。

1. 列表组的使用

最基本的列表组的使用可以通过为无序列表添加类名.list-group，然后为列表项添加类名.list-group-item 来实现。

【例 8-6】使用列表组显示一、二、三等奖的奖品以及获奖名单。具体代码如下：

```
<h4 class="text-danger text-center" style="width: 30rem">**公司优秀员工获奖名单</h4>
<ul class="list-group" style="width: 30rem">
    <li class="list-group-item d-flex" style="background-color: rgba(247,135,255,0.17)">
      <p class="my-0 py-0">一等奖获得者:</p><p class="ml-2 my-0 py-0">大清</p>
    </li>
<!--此处省略其余列表项的代码-->
</ul>
```

其运行结果如图 8-7 所示。

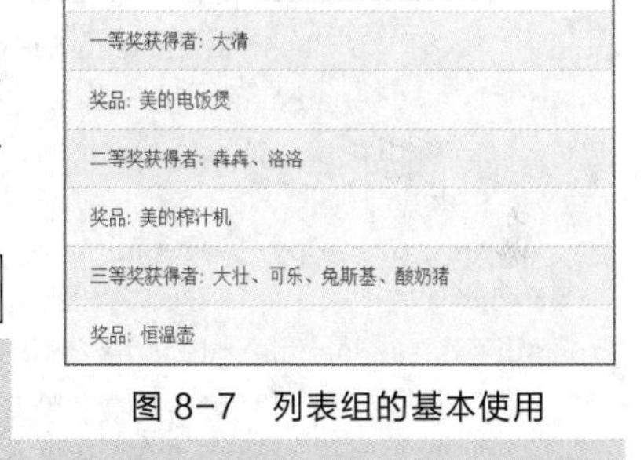

图 8-7 列表组的基本使用

2. 链接和按钮形式的列表组

通过无序列表实现的列表组并没有 hover、禁用、悬停和活动状态的样式，用户可以通过链接标签<a>和按钮标签<button>创建具有 hover、禁用等状态样式的列表组。

【例 8-7】使用列表组实现单词卡片。具体代码如下：

```
<div class="list-group" style="width: 25rem">
    <a href="#" class="list-group-item active">A</a>
    <a href="#" class="list-group-item list-group-item-action">
        <span>abase</span><span class="mx-2">V.</span><span>表现卑微，卑躬屈膝</span>
    </a>
<!--此处省略第一部分其余列表项的代码-->
</div>
<div class="list-group" style="width: 25rem">
    <button type="button" class="list-group-item list-group-item-action active">B</button>
<!--此处省略第二部分的列表项的代码-->
</div>
```

其运行结果如图 8-8、图 8-9 所示。图 8-8 所示是通过链接实现的列表组，而列表组中第三行就是鼠标单击时的样式。图 8-9 所示为按钮组实现的列表组，图中倒数第二项为单击按钮时的样式。通过对比本例与例 8-6，可以看出，通过按钮和链接实现的列表组具有 hover、禁用、悬停和活动状态的样式。

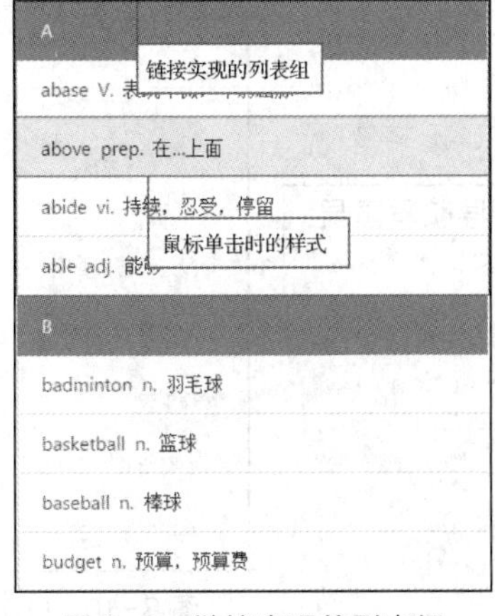

图 8-8 链接实现的列表组

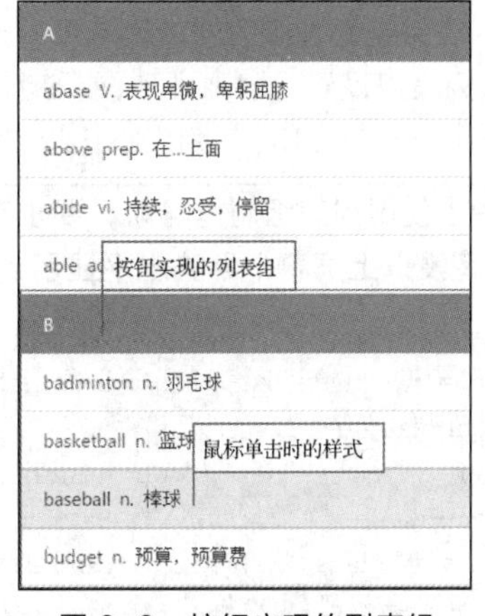

图 8-9 按钮实现的列表组

8.2.2 列表组的样式

列表组的样式

使用 Bootstrap 实现列表组后，还可以通过不同类名快速实现为列表组添加不同样式，例如清除列表组的边框、将列表组水平排列以及设置列表组的背景颜色等。下面进行具体介绍。

1. 列表组边框的清除

通过为列表组添加类名.list-group-flush 可以清除列表组的部分边框，这尤其适合在卡片等组件中嵌套列表组时使用。

【例 8-8】使用列表组制作 QQ 好友列表。具体代码如下：

```
<div style="background: -webkit-linear-gradient(rgba(111,193,114,0.9),rgba(111,193,114,0.3))">
    <div class="media align-items-center py-2">
        <img src="images/21.png">
        <div class="media-body">
            <p class="font-weight-bold">初相识</p>
            <span class="initialism">说不上你哪里好，但就是别人代替不了</span>
        </div>
    </div>
    <div class="py-2"><input type="text" class="form-control rounded-pill" placeholder="搜索"></div>
</div>
<div class="nav nav-tabs nav-fill">
    <a href="#" class="nav-item nav-link">消息</a>
    <a href="#" class="nav-item nav-link active">联系人</a>
    <a href="#" class="nav-item nav-link">空间</a>
</div>
<ul class="list-group list-group-flush">
    <li class="list-group-item">> 新朋友</li>
    <li class="list-group-item d-flex">> 我的设备 2/2</li>
    <li class="list-group-item d-flex">> 我的好友 7/9</li>
    <li class="list-group-item d-flex">> 特别关心 4/7</li>
    <li class="list-group-item d-flex">> 心有所属 5/20</li>
    <li class="list-group-item d-flex">> 高中友谊 1/3</li>
</ul>
```

其运行结果如图 8-10 所示。

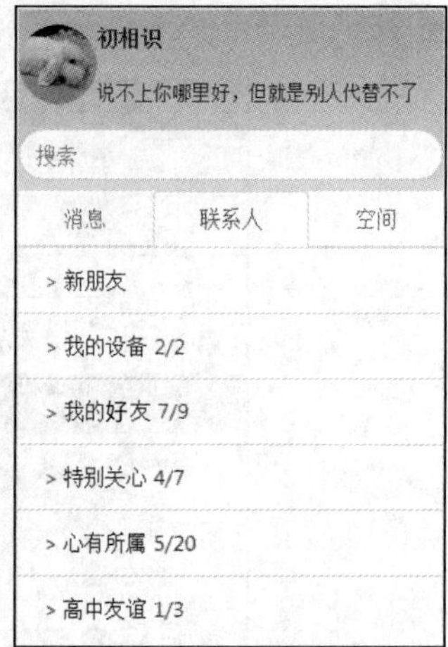

图 8-10 QQ 好友列表

2. 水平排列的列表组

默认的列表组是垂直排列的，读者可以通过添加类名.list-group-horizontal 将列表组设置为水平排列，或者也可以添加类名.list-group-horizontal-{sm|md|lg|xl}，使列表组从断点的最小宽度开始水平呈现。

【例 8-9】使用列表组制作导航，要求在超小屏幕中导航垂直显示，而在小型及以上屏幕中导航水平显示。具体代码如下：

```
<div class="list-group list-group-horizontal-sm text-center">
    <a href="#" class="list-group-item list-group-item-action
list-group-item-danger">最新上架</a>
    <a href="#" class="list-group-item list-group-item-action
list-group-item-danger">独家畅品</a>
    <a href="#" class="list-group-item list-group-item-action
list-group-item-danger">重点推荐</a>
```

```
    <a href="#" class="list-group-item list-group-item-action list-group-item-danger">电子书</a>
    <a href="#" class="list-group-item list-group-item-action list-group-item-danger">网络文学</a>
</div>
```

超小屏幕中的显示效果如图 8-11 所示，小型及以上屏幕中的显示效果如图 8-12 所示。

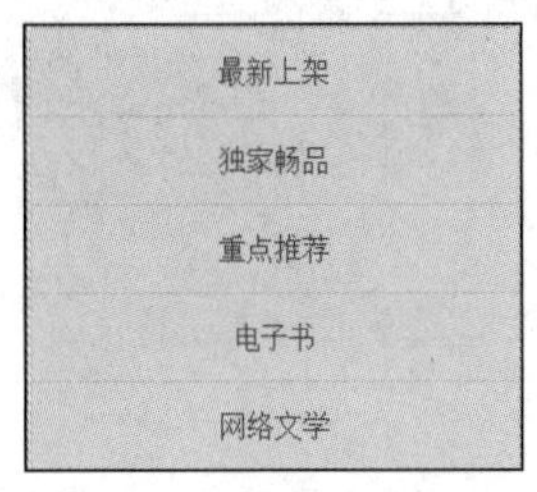

图 8-11　垂直排列的列表组

最新上架 | 独家畅品 | 重点推荐 | 电子书 | 网络文学

图 8-12　水平排列的列表组

3．设置列表组的背景颜色

设置列表组的背景颜色时，需要为.list-group-item 添加类名.list-group-item-*，如.list-group-item-primary、.list-group-item-danger 等。

【例 8-10】使用列表组制作驾驶证考试网站的导航菜单。具体代码如下：

```
<div class="list-group text-center list-group-horizontal-sm">
    <a href="#" class="list-group-item list-group-item-action list-group-item-danger">模拟考试</a>
    <a href="#" class="list-group-item list-group-item-action list-group-item-primary">找驾校</a>
<!--此处省略其余列表项的代码-->
</div>
```

上述代码的运行结果如图 8-13 所示。

模拟考试 | 找驾校 | 学车指南 | 学车视频 | 交通标志 | 软件下载 | 驾校帮

图 8-13　列表组的背景颜色设置

8.2.3　列表组的嵌套使用

列表组的嵌套使用

1．列表组与徽章

列表组中还可以添加徽章，来显示计数、活动状态等。

【例 8-11】通过在列表组中添加徽章实现 QQ 未读消息提醒的效果。具体代码如下：

```
<ul class="list-group">
    <li class="list-group-item d-flex justify-content-between list-group-item-primary
    align-items-center">
        <img src="images/20.png" alt="" style="width: 3rem">
        <span class="font-weight-bold">消息</span><span class="font-weight-bold"> + </span></li>
    <li class="list-group-item"><input type="text" class="form-control rounded-pill" placeholder="搜
    索"></li>
    <li class="list-group-item d-flex align-items-center">
        <img src="images/21.png">
        <div class="mr-auto">
            <div class="font-weight-bold">大黑小白</div>
            <div class="text-muted initialism">别忘了交作业</div>
        </div>
```

```
        <span class="badge badge-pill badge-danger">3</span>
    </li>
    <!--此处省略其余列表组项目的代码-->
</ul>
<nav class="nav nav-fill fixed-bottom" style="background-color: rgba(225,225,225,0.38)">
    <a href="#" class="nav-link nav-item text-secondary">消息</a>
    <a href="#" class="nav-link nav-item">联系人</a>
    <a href="#" class="nav-link nav-item">看点</a>
    <a href="#" class="nav-link nav-item">动态</a>
</nav>
```

其运行结果如图 8-14 所示。

图 8-14　在列表组中添加徽章

2．列表组与选项卡

列表组还可运用于选项卡，使用时可以通过设置 data-toggle 属性或者编写 JavaScript 脚本来实现，具体方法可参照第 6 章。此处以设置 data-toggle 属性为例，演示列表组运用于选项卡的方法。

【例 8-12】结合列表组和选项卡制作包含多种题型的考试界面。具体代码如下：

```
<div class="row no-gutters">
    <div class="col-sm-10 col-md-6 offset-sm-1 offset-md-3">
        <div class="list-group list-group-horizontal" role="tablist" id="mylist">
            <a class="list-group-item active flex-fill" data-toggle="list" href="#radio">单选题</a>
            <a class="list-group-item flex-fill " data-toggle="list" href="#checkbox">多选题</a>
            <a class="list-group-item flex-fill " data-toggle="list" href="#judge">判断题</a>
        </div>
        <div class="tab-content">
            <ul class="tab-pane list-group active" id="radio" role="tabpanel">
                <li class="list-group-item">1.申请小型汽车准驾车型驾驶证的人的年龄条件是什么？</li>
                <li class="list-group-item pl-5">
                    <input type="radio" class="form-check-input">18周岁以上不设上限
                </li>
                <li class="list-group-item pl-5">
                    <input type="radio" class="form-check-input">21周岁以上50周岁以下
                </li>
                <li class="list-group-item pl-5">
```

```
                <input type="radio" class="form-check-input">18周岁以上60周岁以下
            </li>
            <li class="list-group-item pl-5">
                <input type="radio" class="form-check-input">24周岁以上70周岁以下
            </li>
        </ul>
<!--此处省略其余选项卡面板信息的代码-->
        </div>
    </div>
</div>
```

其运行结果如图 8-15 所示。

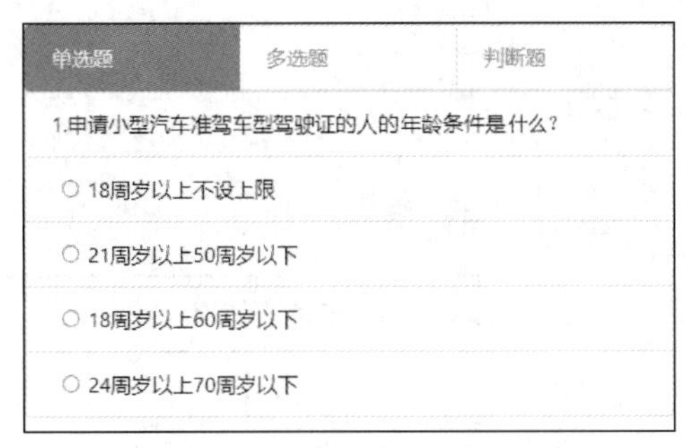

图 8-15　列表组运用于选项卡

8.3　卡片

卡片组件是 Bootstrap 4 新增的一组样式，它是一个灵活的、可扩展的容器，包含卡片头、卡片体以及卡片脚等内容的显示选项。

8.3.1　卡片的基本使用

卡片的基本使用

使用卡片组件时，需要添加类名.card。该组件相当于容器，而卡片的其他内容则嵌套在.card 所在的<div>标签的内部。.card-body 为卡片的主体内容，在主体内容中可以通过.card-title 来修饰卡片标题，通过.card-text 来修饰文本内容。

【例 8-13】利用卡片制作电影列表。具体代码如下：

```
<div class="container">
    <div class="d-flex">
        <div class="card m-2">
            <img src="images/01.jpg" alt="" class="card-img-top">
            <div class="card-body">
                <h4 class="card-title">龙猫（普通话）</h4>
                <div class="card-text text-muted">
                    <p>类型：冒险/动画/家庭</p>
                    <p>主演：杨铭/赵一楠/孟令军</p>
                    <p>剧情简介：小月的母亲生病住院了，她的父亲带着她与四岁的妹妹到乡间居住，他们
                    对那里的环境感到十分新奇，也发现……</p>
                </div>
                <a href="#" class="btn btn-primary text-white">前往观看</a>
            </div>
```

```
            </div>
            <!--此处省略其余卡片内容的代码-->
        </div>
    </div>
```

其运行结果如图 8-16 所示。

图 8-16　卡片的使用

8.3.2　卡片的样式

卡片的样式

卡片中除了可以添加标题和文本，还可以添加导航、列表组其他组件，除此之外还可以通过其他类名来修饰卡片样式。

1. 在卡片中添加列表组

卡片组件中可以添加列表组作为卡片内容。添加列表组时，可以为列表组添加类名.list-group-flush，以清除列表组的边框。

【例 8-14】在卡片中添加列表组，以制作驾考科目一考试题目及答案页面。具体代码如下：

```
<div class="container d-flex">
    <div class="card m-2">
        <div class="card-header initialism">小车科目一 > 随机练习</div>
        <img src="images/04.jpg" alt="" class="card-img-top">
        <div class="card-body">
            <h4 class="card-title">2.在这个路口右转弯如何同行？</h4>
            <ul class="list-group list-group-flush">
                <li class="list-group-item"><input type="radio" class="form-check-input">鸣喇叭催促
                </li>
                <li class="list-group-item"><input type="radio" class="form-check-input">抢在对面车前
                右转弯</li>
                <li class="list-group-item"><input type="radio" class="form-check-input">直接向右转弯
                </li>
                <li class="list-group-item"><input type="radio" class="form-check-input">先让对面车左
                转弯</li>
                <li class="list-group-item d-flex justify-content-around">
                    <a href="#" class="btn btn-primary">上一题</a><a href="#" class="btn
                    btn-primary">下一题</a>
                </li>
            </ul>
        </div>
```

```
    </div>
    <!--此处省略答案相关内容的代码-->
</div>
```

其运行结果如图 8-17 所示。

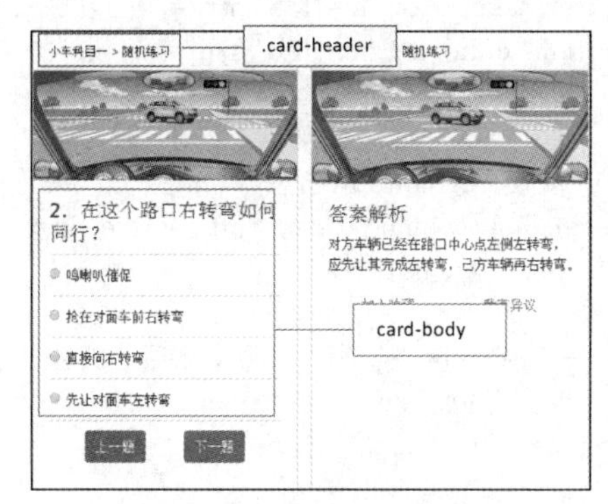

图 8-17 卡片的内容组成

2. 在卡片中添加导航

使用卡片组件时，可以将导航添加到卡片头部或者卡片体中。

【例 8-15】通过在卡片头部添加导航的方式制作影视网站页面。具体代码如下：

```
<div class="card" style="width: 20rem">
    <div class="card-header">
        <nav class="nav nav-tabs card-header-tabs ">
            <a href="#recommend" class="nav-link nav-item active" data-toggle="tab">影视推荐</a>
            <a href="#live" class="nav-link nav-item" data-toggle="tab">正在直播</a>
            <a href="#gauss" class="nav-link nav-item" data-toggle="tab">猜你在追</a>
        </nav>
    </div>
    <div class="tab-content card-body">
        <div class="tab-pane active m-4" id="recommend">
            <img src="images/05.jpg" alt="">
            <p class="card-title">小猪一家亲——心想事成的萌萌</p>
            <p class="d-flex justify-content-between">
                <span class="text-muted">3557人在看</span><span class="badge-pill
                badge-success">更新至408集</span>
            </p>
        </div>
<!--此处省略其余选项卡面板的相关代码-->
    </div>
</div>
```

其运行结果如图 8-18 所示。

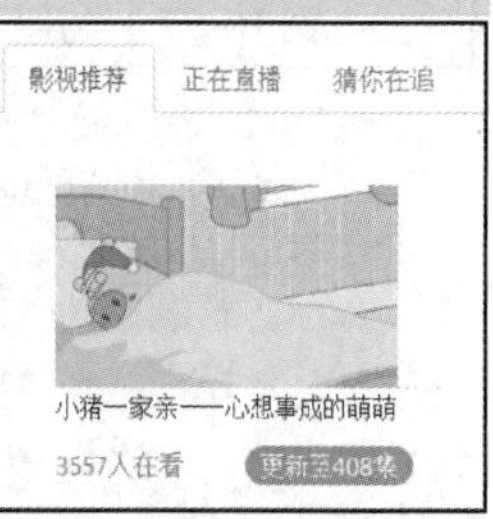

图 8-18 卡片中添加导航

3. 卡片的背景颜色设置

使用卡片组件时，可以通过 bg-*和 border-*来设置卡片的背景颜色及边框颜色。

【例 8-16】用卡片制作英文单词的释义和短语展示页面。具体代码如下：

```
<nav class="nav nav-tabs nav-fill" role="tablist">
    <a class="nav-link nav-item active" data-toggle="tab" href="#page1">
```

```
communicate</a>
        <a class="nav-link nav-item" data-toggle="tab" href="#page2">exchange</a>
        <a class="nav-link nav-item" data-toggle="tab" href="#page3">handsome</a>
        <a class="nav-link nav-item" data-toggle="tab" href="#page4">scare</a>
        <a class="nav-link nav-item" data-toggle="tab" href="#page5">touch</a>
        <a class="nav-link nav-item" data-toggle="tab" href="#page6">strike</a>
    </nav>
    <div class="row">
        <div class="col-12 col-md-6 offset-md-3 tab-content">
            <div class="tab-pane card bg-primary text-white active" id="page1" role="tabpanel">
                <div class="card-header">communicate</div>
                <div class="card-body">
                    <div class="card-title"><p>vi.通信，传达；想通；交流；感染</p>
                        <p>vt.传达；感染；显露</p></div>
                    <div class="card-text">
                        <p class="font-weight-bold">短语</p>
                        <p><span class="font-weight-bold">communicate with </span><span>
                         交流；与某人联系</span></p>
                        <p><span class="font-weight-bold">communicate idea </span><span>
                         沟通思想；详细翻译</span></p>
                    </div>
                </div>
            </div>
        <!--此处省略其余选项卡面板的相关代码-->
        </div>
    </div>
```

其运行结果如图 8-19 所示。

图 8-19　设置卡片的背景颜色

4. 卡片的图片背景设置

设置卡片背景时，不仅可以通过.bg-*设置卡片的背景颜色，还可以将图片设置为卡片的背景。设置卡片的图片背景时，需要为背景图片添加类名.card-img-overlay。

【例 8-17】利用卡片制作日历挂件，并且设置图片为日历挂件的背景。具体代码如下：

```
<div class="card">
    <img src="images/11.png" class="card-img" alt="">
    <div class="card-img-overlay mt-5 ml-5 w-50 h-75" style="background-color:
    rgba(255,255,255,0.5)">
        <p class="card-title w-100 text-center">
            <span class="h4">2019</span><span class="h5">June</span>
        </p>
        <table class="w-100">
```

```
        <tr>
            <th class="font-weight-bold text-muted">Su</th>
            <th>M</th><th>Tu</th><th>W</th>
            <th>Th</th><th>F</th>
             <th class="font-weight-bold text-muted">Sa</th>
          </tr>
        <!--此处省略其余日历相关代码-->
      </table>
   </div>
</div>
```

其运行结果如图 8-20 所示。

图 8-20 卡片的图片背景设置

8.3.3 卡片的排列

1. 卡片的水平排列

使用卡片组件时，同样可以使用弹性盒或网格布局来实现卡片的水平排列。

【例 8-18】通过卡片横向展示电影《反贪风暴 4》的相关信息。具体代码如下：

```
<div class="card container">
    <div class="card-header">热门推荐</div>
    <div class="row">
        <div class="col-6"><img src="images/12.jpg" alt="" class="img-fluid"></div>
        <div class="card-body col-6">
            <div class="card-title d-flex justify-content-between"><p>反贪风暴4</p>
                <p class="text-danger">8.5</p></div>
            <div class="card-text">
                <div class="d-flex justify-content-between">
                    <p>类型：院线 4K </p><p class="text-danger">97分钟</p></div>
                <div>主演：古天乐/郑嘉颖/林峰/林家栋/周秀娜</div>
                <div>
                    剧情简介：廉政公署收到报案人廖雨萍的实名举报，举报正在坐牢的富二代曹元元涉嫌贿
                    赂监狱里的监督沈济全以及惩教员，首席调查主任陆志廉决定深入虎穴，卧底狱中……</div>
                <div class="d-flex justify-content-around">
                    <button type="button" class="btn btn-success text-white">想看</button>
                    <button type="button" class="btn btn-info text-white">收藏</button>
                </div>
            </div>
        </div>
    </div>
</div>
```

其运行结果如图 8-21 所示。

图 8-21 水平排列的卡片

2. 卡片组与卡片阵列

Bootstrap 中提供了 3 种多卡片的排版方式，即卡片组、卡片阵列以及浮动排版。

卡片组排列方式是将多个卡片作为一个群组，使其具有相同的宽度和高度，并且卡片之间彼此紧挨着。使用卡片组排列卡片时，需要在卡片容器上添加类名.card-group。

卡片阵列则可以将多个卡片等宽、等高地显示在同一行，并且卡片

之间保持一定间距。使用卡片阵列时，需要在卡片容器上添加类名.card-deck。卡片组的布局是通过弹性盒实现的。

【例 8-19】使用卡片组和卡片阵列排列视频列表。具体代码如下：

```
<p class="h4 border-bottom border-primary font-weight-bold my-3">影视推荐</p>
<div class="card-group">
    <div class="card">
        <img src="images/05.jpg" alt="">
        <div class="card-body">
            <p class="card-title">小猪一家亲——心想事成的萌萌</p>
            <p class="text-muted">爱奇艺号</p>
        </div>
    </div>
 <!--此处省略第一行的其余卡片的代码-->
</div>
<p class="h4 border-bottom border-primary font-weight-bold my-3">影视推荐</p>
<div class="card-deck">
     <!--此处省略第二行卡片的代码-->
    </div>
```

运行结果如图 8-22 所示。

图 8-22　卡片组与卡片阵列

3. 卡片的浮动排版

卡片的浮动排版可以将多个卡片以“瀑布流”的形式排列。浮动排版是基于 column，而不是弹性盒布局的，从而更方便对齐。实现浮动排版的方法是为卡片容器添加类名.card-columns。

浮动排版的排列顺序是从上至下、从左到右。

【例 8-20】使用浮动排版组织影视卡片。具体代码如下：

```
<div class="container">
    <p class="">影视推荐</p>
    <div class="card-columns">
        <div class="card">
```

```
            <img src="images/05.jpg" alt="">
            <div class="card-body">
                <p class="card-title">小猪一家亲——心想事成的萌萌</p>
                <p class="text-muted">爱奇艺号</p>
            </div>
        </div>
        <!--此处省略其余的卡片的代码-->
    </div>
</div>
```

其运行结果如图 8-23 所示。

图 8-23 浮动排版多卡片

8.4 本章小结

本章介绍了 Bootstrap 中的媒体对象、列表组与卡片组件，这些内容可以帮助我们快速设置网页样式，例如使用媒体对象解决图片文字排版问题、使用卡片解决商品列表样式和排列等问题。希望读者多学多练，熟能生巧。

上机指导

仿制时间轴形式显示图书信息，如图 8-24 所示，默认显示第一本书籍的信息，当用户选择“时间轴”上面的数字时，页面滑动显示对应的图书信息。例如，图 8-25 所示为用户选择数字 2 时，显示的第二本书籍的信息。

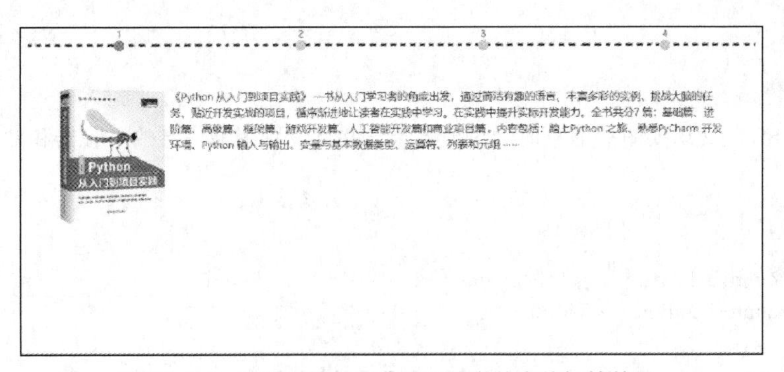

图 8-24 仿制时间轴形式展示图书信息的初始效果

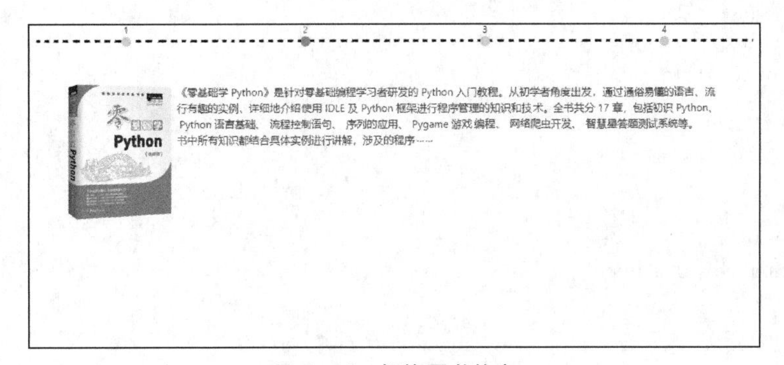

图 8-25 切换图书信息

开发步骤如下。

（1）添加时间轴和图书信息，并且使用 Bootstrap 设置图书信息的定位方式。具体代码如下：

```
<body onload="slide(0)">
<div class="container border border-primary" style="">
    <ul class="d-flex list-unstyled justify-content-around title mb-0 text-center">
        <li class="initialism" onclick="slide(0)"><span class="d-block">1</span><span class="d-block rounded-circle"></span></li>
        <li class="initialism" onclick="slide(1)"><span class="d-block">2</span><span class="d-block rounded-circle"></span></li>
        <li class="initialism" onclick="slide(2)"><span class="d-block">3</span><span class="d-block rounded-circle"></span></li>
        <li class="initialism" onclick="slide(3)"><span class="d-block">4</span><span class="d-block rounded-circle"></span></li>
    </ul>
    <div class="w-100 position-relative outer mt-5 overflow-hidden" style="height:403px">
        <div class="position-absolute inner" style="width: 400%">
            <div class="media float-left w-25 px-5 py-2">
                <img src="image/1.png" alt="" class="img-fluid align-self-center mr-2">
                <div class="media-body" style="">《Python 从入门到项目实践》一书从入门学习者的角度出发，通过简洁有趣的语言、丰富多彩的实例、挑战大脑的任务、贴近开发实战的项目，循序渐进地让读者在实践中学习，在实践中提升实际开发能力。全书共分7篇：基础篇、进阶篇、高级篇、框架篇、游戏开发篇、人工智能开发篇和商业项目篇。内容包括：踏上Python 之旅、熟悉PyCharm 开发环境、Python输入与输出、变量与基本数据类型、运算符、列表和元组……
                </div>
              </div>
            <!--此处省略其余图书信息的代码-->
        </div>
    </div>
</div>
</bady>
```

（2）使用 CSS 定义切换图书信息时的过渡效果，并且设置图书信息的父容器和盒子大小。具体代码如下：

```
<style type="text/css">
    .title{
      background:url("image/bg.png") repeat-x;
      background-position-y: 165%;
    }
    .title li>:last-child{
      width:15px;
      height:15px;
      background: #c4d3de;
    }
    .inner{
      top:0;
      left: 0;
      height:403px;
      transition: left 0.5s linear;
    }
</style>
```

（3）使用 JavaScript 代码实现单击数字时，展示对应图书内容的功能。具体代码如下：

```
<script type="text/javascript">
    function slide(c){
        $(".inner").css("left",-parseInt(c)*100+"%")
        for(var i=0;i<$(".title li").length;i++){
            $(".title li").eq(i).children().eq(0).css("color","#000")
            $(".title li").eq(i).children().eq(1).css("background","#c4d3de")
        }
        $(".title li").eq(c).children().eq(0).css("color","#f00")
        $(".title li").eq(c).children().eq(1).css("background","#f00")
    }
</script>
```

习题

（1）媒体对象包含哪两部分内容？分别如何定义（添加什么类名）？
（2）如何清除列表的默认样式？
（3）添加列表组需要哪些类名？
（4）卡片的排列方式有哪几种？

Chapter 09

第9章 设置Bootstrap中的公共样式

本章要点

- 设置边框的颜色、圆角以及添加和清除边框
- 设置浮动与清除浮动
- 设置元素的位置
- 设置元素的显示与隐藏

9.1 边框样式

使用 Bootstrap 为元素定义边框样式时，需要分别定义所添加的边框的方向及边框的颜色，这些都可以通过添加类名实现。

9.1.1 添加和清除边框

添加和清除边框

1. 添加边框

Bootstrap 中提供了边框样式。这些样式可以用于图像、按钮或者其他元素，并且这些样式仅须添加类名即可实现。添加边框样式时需要分别定义添加的边框方向，即上边框、右边框、下边框、左边框或者所有边框等，其所对应的类名如表 9-1 所示。

表 9-1 各类名所对应的添加的边框的方向

类名	含义
.border	为元素添加上、右、下、左 4 个方向的边框
.border-top	为元素添加上边框
.border-right	为元素添加右边框
.border-bottom	为元素添加下边框
.border-left	为元素添加左边框

为元素添加边框时，需要设置边框的方向及边框的颜色。若仅设置边框的方向而未设置其颜色，则颜色为#dee2e6；若仅设置边框的颜色而未设置其方向，则设置的边框无效。

2. 清除边框

使用 Bootstrap 不仅可以添加边框，还可以为元素清除某个方向的边框。清除边框的具体方法就是在需要清除的边框的类名后面添加“-0”。例如清除元素的上边框，则可以为元素添加类名.border-top-0。表 9-2 所示为清除各方向的边框所需要添加的类名。

表 9-2　各类名所对应的清除的边框的方向

类名	含义
.border-0	为元素清除所有边框
.border-top-0	为元素清除上边框
.border-right-0	为元素清除右边框
.border-bottom-0	为元素清除下边框
.border-left-0	为元素清除左边框

添加了边框方向后，可继续设置边框的颜色。设置边框颜色的类名是由单词 border 和 Bootstrap 预设的颜色词（如 secondary）组成的，例如类名.border-secondary。表 9-3 所示列举了 Bootstrap 中设置边框颜色的类名所对应的十六进制颜色值。

表 9-3　Bootstrap 中设置边框颜色的类名所对应的十六进制颜色值

类名	含义
.border-primary	#007bff
.border-secondary	#6c757d
.border-success	#28a745
.border-danger	#dc3545
.border-warning	#ffc107
.border-info	#17a2b8
.border-light	#f8f9fa
.border-dark	#343a40
.border-white	#fff

【例 9-1】以时间轴形式显示 jQuery 的发展历程。部分代码如下：

```
<style type="text/css">
    /*时间轴样式*/
    .title {
      width: 49px;
      height: 44px;
      padding-top: 5px;
       position: relative;
    }
    .box {
       width: 250px;
       height: 250px;
```

```
    }
    .box p {
        margin: 50px 12%;
    }
    .cont1 {
        top: 20px;
        height: 340px;
        margin-left: 6%;
    }
    .cont1 .title:after, .cont2 .title:after {
        content: "";
        width: 2px;
        height: 50px;
        background: #b9bbbe;
        position: absolute;
        top: 41px;
        left: 50%;
    }
    .cont1 .title:after {
        top: -50px;
    }
    /*时间轴第二行*/
    .cont2 {
        top: 310px;
        height: 300px;
        width: 95%;
    }
    /*时间轴两侧的图标*/
    hr:before {
        content: "";
        width: 15px;
        height: 15px;
        border-radius: 50%;
        background: #fff;
        border: 5px solid #00aa88;
        position: absolute;
        top: -7px;
        left: 0;
    }
    hr:after {
        content: "";
        border-width: 0 20px 20px 20px;
        border-color: transparent #00aa88 transparent transparent;
        border-style: solid;
        transform: rotate(45deg);
        position: absolute;
        top: -16px;
        right: 0;
    }
</style>
<body>
<hr style="height:3px;top:320px;" class="bg-secondary position-absolute w-100">
<div class="cont1 position-absolute d-flex justify-content-around w-100">
```

```
        <div class="d-flex flex-column-reverse align-items-center ">
            <p class="rounded-circle border border-warning text-center title mb-0 mt-5 bg-light small">
2006年1月</p>
            <div class="shadow border border-secondary rounded-circle box text-center">
                <p class="w-75">2006年1月John Resig等人创建了jQuery；8月，jQuery的第一个稳定版本发布，
并且已经支持CSS选择符、事件处理和AJAX交互</p>
            </div>
        </div>
        <!--此处省略第一行其余类似代码-->
    </div>
    <!--此处省略第二行其余类似代码-->
    </body>
```

其运行结果如图 9-1 所示。

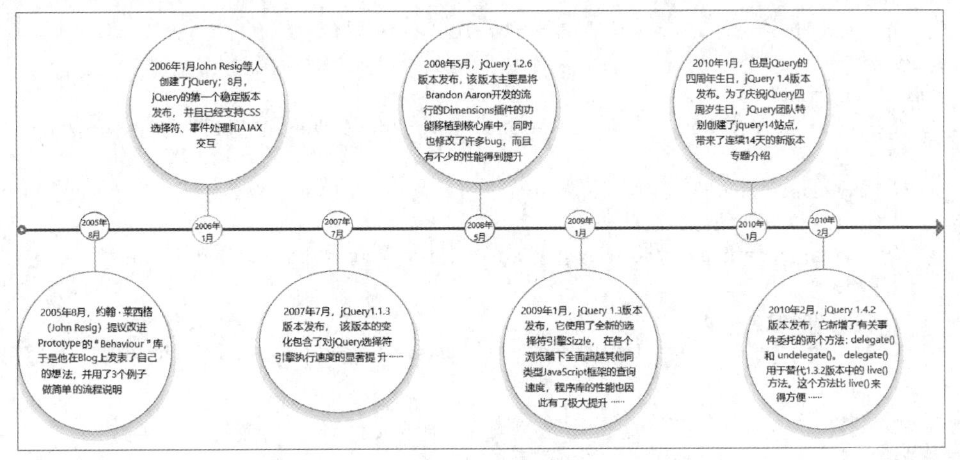

图 9-1　时间轴效果

9.1.2　设置圆角

设置圆角

除了有设置边框样式的类以外，还有设置元素的圆角样式的类名，具体包括为某个方向设置圆角、设置圆角的类型以及大小。设置圆角的类名及其作用如表 9-4 所示。

表 9-4　Bootstrap 中设置圆角的类名

类名	作用
.rounded	设置元素 4 个方向的圆角弧度都为 0.25rem
.rounded-top	设置元素顶部的（即左上角和右上角）圆角弧度为 0.25rem
.rounded-right	设置元素右侧的（即右上角和右下角）圆角弧度为 0.25rem
.rounded-bottom	设置元素底部的（即左下角和右下角）圆角弧度为 0.25rem
.rounded-left	设置元素左侧的（即左上角和左下角）圆角弧度为 0.25rem
.rounded-circle	设置元素的所有圆角弧度为 50%，使元素显示为圆形
.rounded-pill	设置元素 4 个方向的圆角弧度为 50rem，当元素较小时显示为圆形，否则显示为“胶囊”形
.rounded-0	清除元素的圆角边框
.rounded-sm	设置元素的圆角弧度为 0.2rem
.rounded-lg	设置元素的圆角弧度为 0.3rem

【例 9-2】制作一个简单的电商网站的首页部分，并且设置网页中活动部分的图片为圆形，然后设置商品推荐部分的图片为圆角。关键代码如下：

```
<div class="container">
    <div class="top">
        <nav class="nav">
            <a href="#" class="nav-item nav-link text-white bg-danger">果蔬生鲜</a>
            <a href="#" class="nav-item nav-link text-dark">生活用品</a>
            <a href="#" class="nav-item nav-link text-dark">厨房用品</a>
            <a href="#" class="nav-item nav-link text-dark">男女童装</a>
            <a href="#" class="nav-item nav-link text-dark">休闲小吃</a>
            <a href="#" class="nav-item nav-link text-dark">果汁饮品</a>
        </nav>
        <img src="images/ad.jpg" alt="" class="w-100">
    </div>
    <div class="cont">
        <h4 class="border-bottom border-secondary py-2 font-weight-bold">特价活动</h4>
        <div class="row">
            <div class="col-3">
                <!--将图片设置为圆形-->
                <img src="images/activity.jpg" alt="" class="img-fluid rounded-circle">
            </div>
            <div class="col-3">
                <img src="images/activity1.jpg" alt="" class="img-fluid rounded-circle">
            </div>
        </div>
    </div>
    <div class="cont">
        <h4 class="border-bottom border-secondary py-2 font-weight-bold">新鲜水果</h4>
        <div class="d-flex justify-content-around">
            <!--为定义列表设置圆角-->
            <dl class="border border-secondary rounded-lg mx-1" style="background:#fcf8e3">
                <dt><img src="images/5.jpg" alt="" class="img-fluid"> </dt>
                <dd class="p-1 font-weight-bold">红富士苹果</dd>
            </dl>
    <!--此处省略其余类似代码-->
        </div>
    </div>
</div>
```

其运行结果如图 9-2 所示。

图 9-2　设置圆角效果

9.2　设置浮动与清除浮动

使用 Bootstrap 同样可以设置或清除项目的浮动。

如何设置浮动

9.2.1　如何设置浮动

设置元素浮动是可以通过添加类名来实现的。具体浮动方式对应的类名如下所示。

☑ .float-left：设置项目向左浮动显示。

☑ .float-right：设置项目向右浮动显示。

☑ .float-none：设置项目不浮动显示。

例如下面的代码就可以实现前两张图片向左浮动显示，后两张图片向右浮动显示：

```
<div class=" container border border-danger" style="height: 150px">
    <img src="left1.png" alt="" width="100" class="float-left">
    <img src="left2.png" alt="" width="100" class="float-left">
    <img src="right1.png" alt="" width="100" class="float-right">
    <img src="right2.png" alt="" width="100" class="float-right">
</div>
```

其运行结果如图 9-3 所示。

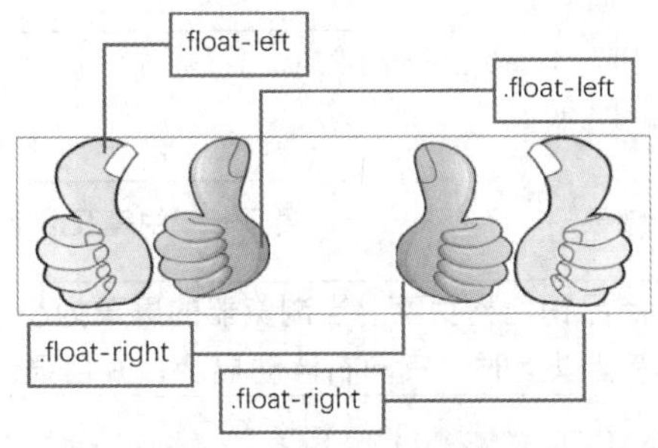

图 9-3　设置项目的浮动

【例 9-3】结合浮动制作电商网站首页中“用券爆款”功能页面。关键代码如下：

```
<div class="container px-5 pt-2" style="background: #ffd4cd;min-height: 420px">
    <h3 class="text-center font-weight-bold pb-2">用券爆款</h3>
    <div>
        <dl class="rounded-lg bg-light float-left" style="width: 23%;margin:10px 1%">
            <dt class="float-left w-50"><img src="images/1.jpg" alt="" class="img-fluid
            rounded-lg"></dt>
            <dd class="float-left initialism w-50 font-weight-bold">
                <p class="pt-2">清新无异味，强效杀菌 蓝泡泡 20只</p>
                <p class="pt-2 text-danger">￥9.90</p>
                <button class="btn btn-danger rounded-pill btn-sm">立即购买</button>
            </dd>
        </dl>
        <!--此处省略其余商品的代码，省略部分与上面商品的代码类似-->
    </div>
</div>
```

其运行结果如图 9-4 所示。

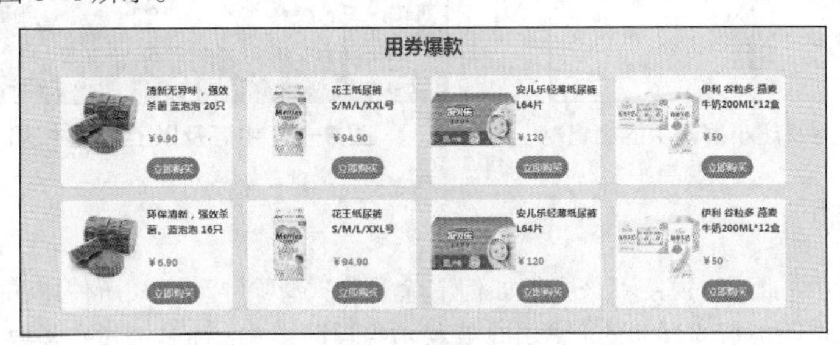

图 9-4　浮动的设置

9.2.2 设置响应式浮动

设置响应式浮动

除了上述设置的浮动以外，Bootstrap 还提供了一种响应式的浮动。设置响应式浮动的方式就是添加类名.float-{sm|md|xl|lg}+{left|right|none}。例如下面的代码就可以设置两张图片为响应式浮动：

```
<div class="container border border-danger" style="height: 150px">
    <img src="left1.png" alt="" width="100" class="float-sm-left float-md-right">
    <img src="right2.png" alt="" width="100" class="float-sm-left float-md-right">
</div>
```

运行上述示例，在小型屏幕中的运行效果如图 9-5 所示，而在中等及以上屏幕中的运行效果如图 9-6 所示。

图 9-5 小型屏幕中的运行效果

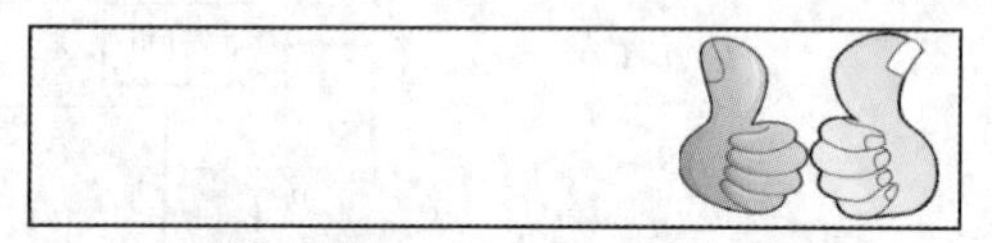
图 9-6 中等及以上屏幕中的运行效果

【例 9-4】制作某大型超市商品销售榜页面，当浏览器的屏幕为小型或超小时，销售榜向左浮动显示；而当浏览器的屏幕为中等及以上时，其向右浮动显示，并且显示背景图像。关键代码如下：

```
<h4 class="text-center">**超市商品销售榜top3</h4>
<div class="container border border-secondary box" style="height:382px">
    <div class="mx-3 float-left float-md-right pro">
        <div><img src="images/p1.png" alt=""></div>
        <div class="bg d-flex flex-column justify-content-end text-center">
            <p>8500</p><div></div>
        </div>
        <p>生活用品</p>
    </div>
<!--此处省略销售榜上第二名和第三名内容的代码-->
</div>
```

在浏览器中运行本例，在小型及超小屏幕中，其运行效果如图 9-7 所示；而当浏览器的屏幕为中等及以上时，其显示效果如图 9-8 所示。

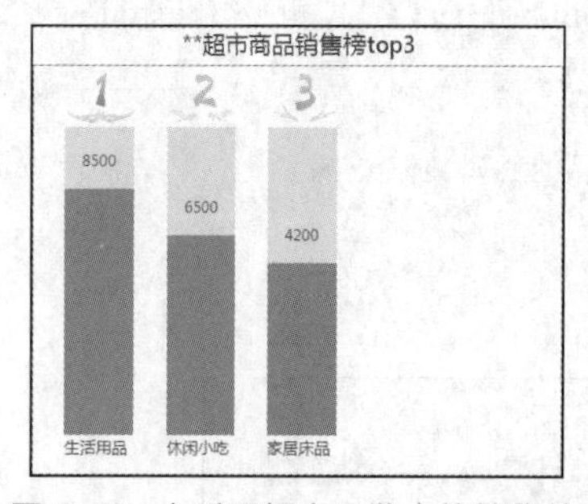

图 9-7 小型及超小屏幕中的销售榜

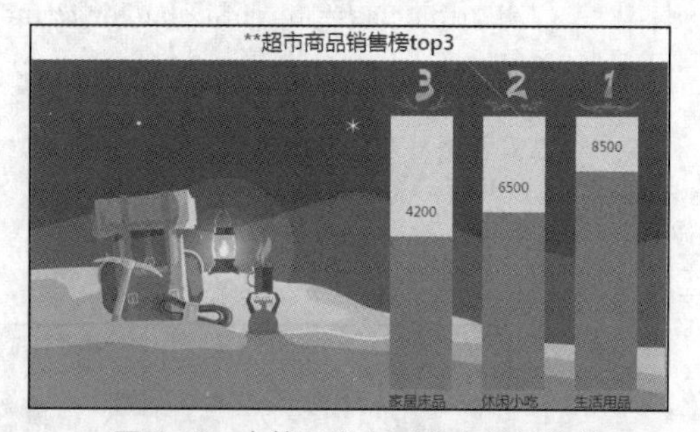

图 9-8 中等及以上屏幕中的销售榜

9.2.3 清除浮动

清除浮动

前文介绍了如何添加浮动，接下来介绍如何清除浮动。清除浮动样式所使用的类名为.clearfix。而清除项目的浮动的方式并非直接清除浮动样式，而是通过在需要清除浮动的项目的内部添加一个空元素，然后为空元素添加 clear:both。其代码为：

```
.clearfix::after {
    display: block;
    clear: both;
    content: "";
}
```

【例 9-5】基于浮动显示玫瑰花的生长过程，并且可通过页面下方的按钮控制玫瑰花的排列方式。关键代码如下：

```
<div id="flower" style="width:900px">
    <div class="float-left"><img src="images/001.gif" width="150" alt=""></div>
    <div class="float-left"><img src="images/002.gif" width="150" alt=""></div>
    <div class="float-left"><img src="images/003.gif" width="150" alt=""></div>
    <div class="float-left"><img src="images/004.gif" width="150" alt=""></div>
    <div class="float-left"><img src="images/005.gif" width="150" alt=""></div>
    <div class="float-left"><img src="images/006.gif" width="150" alt=""></div>
</div>
<div class="justify-content-around clearfix d-flex" style="width:900px">
    <div><button type="button" class="btn btn-primary" onclick="float('float-left')">从左向右看
</button></div>
    <div><button type="button" class="btn btn-primary" onclick="float('float-right')">从右向左看
</button></div>
    <div><button type="button" class="btn btn-primary" onclick="float('clearfix')">从上向下看
</button></div>
</div>
<script type="text/javascript" src="js/jQuery-v3.4.0.js"></script>
<script type="text/javascript" src="js/bootstrap.min.js"></script>
<script type="text/javascript">
    function float(float1){
        $("#flower div").attr("class",float1)
    }
</script>
```

运行本例后，页面初始效果如图 9-9 所示，为向左浮动显示；单击“从右向左看”按钮可以将玫瑰花图片从右向左浮动，其效果如图 9-10 所示；单击“从上向下看”按钮可以清除浮动，其效果如图 9-11 所示。

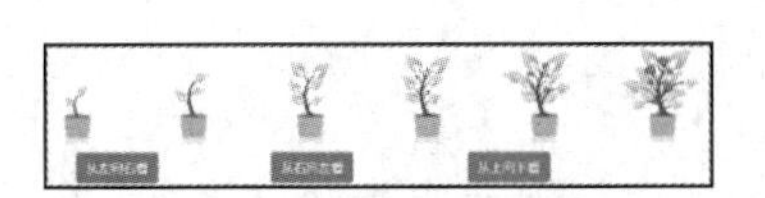

图 9-9　向左浮动显示图片

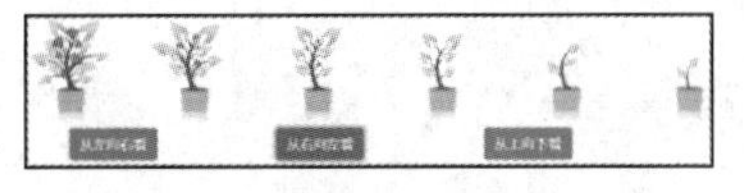

图 9-10　向右浮动显示图片

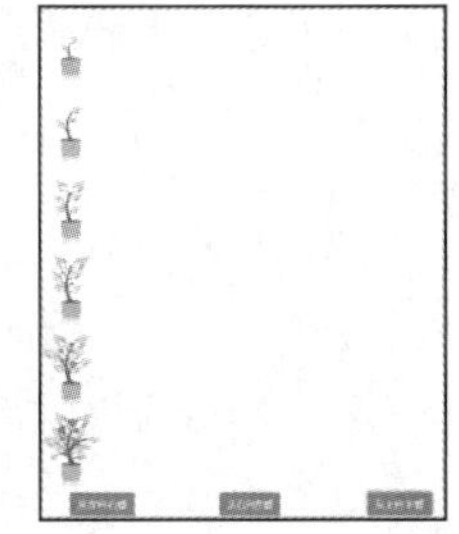

图 9-11　清除浮动

9.3　设置元素位置

Bootstrap 中可以通过添加类名来快速设置元素定位方式及元素的位置。

9.3.1 设置元素的定位方式

设置元素的定位方式

Bootstrap 中可以通过添加类名快速设置元素的定位方式，具体类名对应的定位方式如下。

☑ .position-static：设置定位方式为无特殊定位，即 position:static。

☑ .position-relative：设置定位方式为相对定位，即 position:relative。

☑ .position-absolute：设置定位方式为绝对定位，即 position:absolute。

☑ .position-fixed：设置定位方式为固定定位，即 position:fixed。

☑ .position-stikey：设置定位方式为黏性定位，即 position:stikey。

黏性定位（position:stikey）是一种特殊的定位方式，之所以特殊，是因为它结合了 position:relative 和 position:fixed 这两种定位方式。这种定位方式的兼容性较差，尚在试验阶段，并且目前还不是 W3C 标准。使用这种方式，对象在常规状态时，在屏幕中为常规排版；当页面发生滚动时，元素将固定在屏幕中所设定的位置上，该效果类似于吸附效果。而实现这种定位方式需要注意以下 4 点。

（1）设置该定位方式后，必须要指定 top、right、bottom、left 这 4 个阈值其中之一，这样才可以保证黏性定位有效，否则其定位方式与相对定位相同。并且，若同时设置了 top 和 bottom，则 top 的优先级高于 bottom；若同时设置了 left 和 right，则 left 的优先级高于 right。

（2）被设为黏性定位的元素的父元素的 overflow 属性值必须是 visible，因为如果设定父元素为 overflow：hidden，则父元素无法进行滚动，所以被设定为黏性定位的元素也不会有页面滚动时固定在某一位置的效果。

（3）被设置为黏性定位的元素的父元素的定位方式不可以被设为 position:relative|absolute|fixed，因为设置了这些定位方式后，元素会相对父元素进行定位而不会相对 viewport 定位。

（4）必须达到设定的阈值。换句话说，被设置为黏性定位的元素的定位方式是 relative 还是 fixed，取决于元素是否达到阈值。

下面代码可以为大家演示黏性定位的使用效果：

```
<style type="text/css">
    .sticky-box h2 {
      position: sticky;
      position: -webkit-sticky;
      top: 0px;
      background: #00aa88;
      line-height: 60px;
    }
    .sticky-box p {
      margin-left: 0;
      line-height: 40px;
      background: #e6cbc9;
    }
</style>
<div class="sticky-box">
    <h2>车票</h2>
    <p>购买</p>
    <p>变更</p>
    <p>改签</p>
</div>
```

```
    <div class="sticky-box">
        <h2>团购服务</h2>
        <p>务工人员</p>
        <p>学生团体</p>
    </div>
    <!--此处省略相似代码-->
```

上面代码中，设置二级标题（背景色为绿色的部分）的定位方式为黏性定位，其初始运行效果如图 9-12 所示；滚动页面时，其运行效果如图 9-13 所示。通过对比可以看出黏性定位的作用。

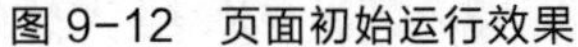
图 9-12　页面初始运行效果

图 9-13　滚动页面时的效果

注意：目前支持黏性定位的主流浏览器有 Firefox、Chrome 和 Safari。其中支持黏性定位的 Firefox 的版本为 Firefox 4.7 及以上，Chrome 的版本为 Chrome 5.6 及以上，Safari 的版本为 Safari 9.1 及以上。

【例 9-6】制作 51 购商城的首页，并且设置滚动页面时，页面顶部的搜索框固定在顶部，网页侧面的客服 QQ 的位置始终固定，然后单击 QQ 头像时，从右侧逐渐向左滑出客服列表。关键代码如下：

```
<style type="text/css">
    .txt1 {
        border-width: 70px 70px 0 0;
        border-color: transparent;
        border-style: solid;
    }
    .txt2 {
        bottom: 5px;
        left: 12%;
    }
    .slid-box {
        width: 219px;
        height: 324px;
        right: -202px;
        top: 400px;
        transition: 0.5s ease all;
        background: url("images/qq_bg.png");
```

```
        }
    </style>
  <!--顶部导航-->
  <nav class="nav px-5" style="background: #d5e9e4">
      <a href="#" class="nav-item nav-link px-2 text-danger">亲，请登录</a>
      <a href="#" class="nav-item nav-link mr-auto text-danger">免费注册</a>
      <a href="#" class="nav-item nav-link px-2  text-dark">我的足迹</a>
      <a href="#" class="nav-item nav-link px-2  text-danger">购物车</a>
      <a href="#" class="nav-item nav-link px-2  text-dark">我的订单</a>
  </nav>
  <div class="container">
      <!--搜索框使用黏性定位，滚动该页面时，搜索框固定在顶部-->
      <div class="row justify-content-around my-4 position-sticky bg-light" style="top:0;margin-top: 40px">
          <img src="images/logo.png" class="img-fluid col-auto">
          <div class="input-group input-group-lg col-5">
              <input type="text" class="form-control">
              <div class="input-group-append">
                  <button class="btn btn-danger">搜索</button>
              </div>
          </div>
          <div></div>
      </div>
      <!--导航菜单-->
      <div class="row nav border-bottom border-danger">
          <a href="#" class="nav-item nav-link bg-danger text-white">首页</a>
          <a href="#" class="nav-item nav-link text-dark">闪购</a>
          <a href="#" class="nav-item nav-link text-dark">生鲜</a>
          <a href="#" class="nav-item nav-link text-dark">团购</a>
          <a href="#" class="nav-item nav-link text-dark">全球购</a>
      </div>
      <!--广告图-->
      <div class="row"><img src="images/ad.png" class="img-fluid w-100"></div>
      <!--今日推荐-->
      <div class="row my-3">
          <div class="col d-flex justify-content-around align-items-center" style="background:
          url('images/bg.png')">
              <p class="text-white">
                  <span class="font-weight-bold">今日<br></span>
                  <span class="">推荐</span></p>
              <img src="images/1.png" alt="" width="120" class="img-fluid">
          </div>
              <!--此处省略类似代码-->
      </div>
      <!--优惠活动-->
      <div class="w-100 my-3">
          <p class="border-bottom border-dark" style="border-width: 2px">
              <span class="h4">活动</span><span class="text-secondary">每期活动，优惠享不停</span>
          </p>
          <div class="row no-gutters">
              <!--此处内容使用相对定位与绝对定位-->
              <div class="col mx-2 position-relative">
```

```
                <p class="position-absolute txt1 m-0" style="border-top-color:#7bcbef"></p>
                <p class="text-white position-absolute p-2">秒杀</p>
                <p class="bg-light position-absolute txt2 w-75 text-center">送礼优选</p>
                <img src="images/5.jpg" alt="" class="img-fluid">
            </div>
            <!--此处省略类似代码-->
        </div>
    </div>
</div>
<!--侧面的客服使用固定定位，将其始终固定在右侧-->
<div class="slid-box float-right position-fixed" onclick="clic()">
    <ul class="mt-5 pt-1">
        <li class="list-unstyled py-2 mt-5 initialism">在线客服1：<img src="images/qq_talk.png"
        alt=""></li>
        <!--此处省略类似代码-->      </ul>
</div>
<script type="text/javascript" src="js/jQuery-v3.4.0.js"></script>
<script type="text/javascript" src="js/bootstrap.min.js"></script>
<script type="text/javascript">
    function clic() {
        if ($(".slid-box").css("right") == "-202px") {
            $(".slid-box").css("right", "0px")
        }
        else {
            $(".slid-box").css("right", "-202px")
        }
    }
</script>
```

其运行结果如图 9-14 所示，滚动页面时，其效果如图 9-15 所示。

图 9-14　51 购商城首页效果

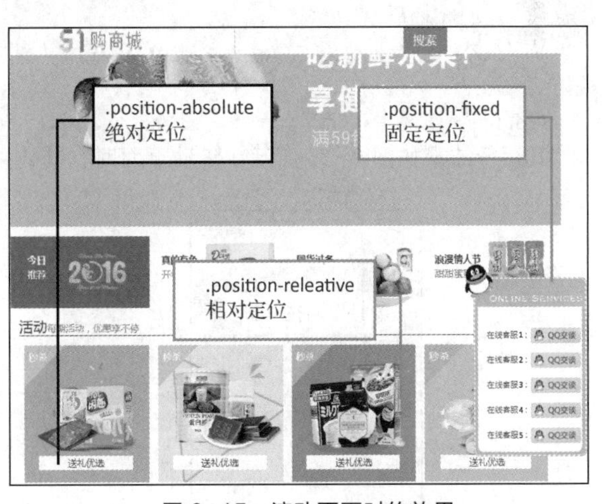

图 9-15　滚动页面时的效果

9.3.2　固定元素的位置

固定元素的位置

除了可以设置元素的定位方式以外，我们还可以使用 Bootstrap 来固定元素的位置，例如将元素固定在网页顶部、底部，或者将元素黏性粘贴在网页顶部。具体使用类如下。

☑ fixed-top：将元素固定在网页顶部。

☑ fixed-bottom：将元素固定在网页底部。

☑ stikey-top：将元素黏性粘贴在网页顶部。

使用.fixed-top 将元素固定在网页顶部以后，滚动网页时，被固定的元素会覆盖其他内容，必要时可以使用 CSS 中的 margin 属性消除覆盖。

【例 9-7】制作 51 购商城的移动端首页，并且将首页的搜索框和 Logo 黏性粘贴在网页顶部，将导航固定在网页底部。关键代码如下：

```
<div class="container">
    <!--将搜索框黏性粘贴在网页顶部-->
    <div class="row justify-content-around my-4 position-sticky bg-light sticky-top"
    style="margin-top:20px">
        <img src="images/logo.png" class="img-fluid col-auto">
        <div class="input-group col-5">
            <input type="text" class="form-control">
            <div class="input-group-append">
                <button class="btn btn-danger">搜索</button>
            </div>
        </div>
        <div></div>
    </div>
    <!--省略网页中间部分内容的代码-->
    <!--将底部导航固定在底部-->
    <div class="row fixed-bottom bg-light">
        <dl class="col text-center">
            <dt><img src="images/12.png" alt=""></dt><dd>首页</dd>
        </dl>
        <!--此处省略底部导航的其他内容的代码-->
    </div>
</div>
```

其运行结果如图 9-16 所示，滚动页面时，其效果如图 9-17 所示。

图 9-16　移动端 51 购商城首页

图 9-17　滚动商城网页时的效果

9.4 display 属性

如何设置 display 属性

9.4.1 如何设置 display 属性

1. 设置 display 属性

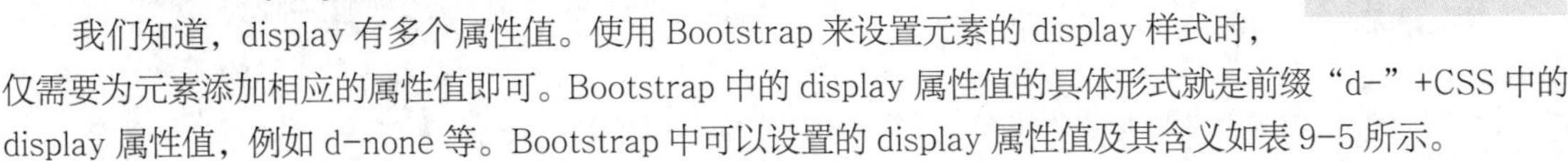

我们知道，display 有多个属性值。使用 Bootstrap 来设置元素的 display 样式时，仅需要为元素添加相应的属性值即可。Bootstrap 中的 display 属性值的具体形式就是前缀“d-”+CSS 中的 display 属性值，例如 d-none 等。Bootstrap 中可以设置的 display 属性值及其含义如表 9-5 所示。

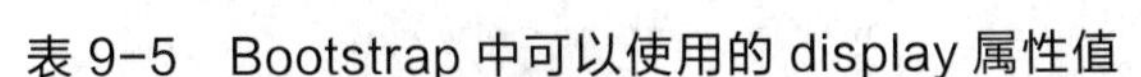

表 9-5 Bootstrap 中可以使用的 display 属性值

类名	含义
.d-none	将元素隐藏
.d-inline	将元素显示为内联元素
.d-block	将元素显示为块级元素
.d-inline-block	将元素显示为行内块级元素
.d-table	将元素作为表格显示
.d-table-cell	将元素作为表格单元格显示
.d-table-row	将元素作为表格行显示
.d-flex	将元素显示为弹性子项目
.d-inline-flex	将元素显示为行内弹性子项目

例如下面这段代码就是通过为<div>标签添加 display 属性实现的表格：

```
<div class="d-table border border-success text-center">
    <div class="d-table-row">
        <div class="d-table-cell border border-success px-5">姓名</div>
        <div class="d-table-cell border border-success px-5">工号</div>
    </div>
    <div class="d-table-row">
        <div class="d-table-cell border border-success px-5">大A</div>
        <div class="d-table-cell border border-success px-5">job001</div>
    </div>
    <div class="d-table-row">
        <div class="d-table-cell border border-success px-5">小A</div>
        <div class="d-table-cell border border-success px-5">job002</div>
    </div>
</div>
```

上述代码的运行效果如图 9-18 所示。

姓名	工号
大A	job001
小A	job002

图 9-18 Bootstrap 中 display 属性值的应用示例

2. 设置 display 的响应式属性

Bootstrap 中还可以设置 display 的响应式属性，具体需要添加的类名的组成就是“d-”+屏幕断点+“CSS 中的 display 属性值”。例如下面的代码可以实现<p>标签在超小及小型屏幕中隐藏，而在中等及以上屏幕中显示为块级元素的效果：

```
<p class="d-none d-md-block">这是一个示例</p>
```

【例 9-8】通过 display 属性实现旅游网站特价榜模块的响应式布局，当浏览器屏幕为超小或者小型时，将项目显示为块级元素；而在中等及以上屏幕中则将项目显示为行内块级元素。关键代码如下：

```
<div class="container-fluid" style="margin-top: 30px">
    <div class="border-bottom border-primary my-3 py-2">
        <p class="d-inline">特价游</p>
        <p class="d-inline float-right">更多</p>
    </div>
    <div>
        <dl class="d-md-inline-block px-4">
            <dt class="d-inline-block d-md-block float-left"><img src="images/1.jpg"></dt>
            <dd class="d-inline-flex flex-column d-md-block justify-content-between">
                <p class="mt-1">成都+丽江+大理4日游</p>
                <div class="d-flex justify-content-between align-items-center initialism ">
                    <h6><h4 class="text-danger">20</h4>人选购</h6>
                    <h6>¥ <h4 class="text-danger">1379</h4>起</h6>
                </div>
            </dd>
        </dl>
        <!--此处省略相似代码-->
    </div>
</div>
```

在浏览器中运行本例，可看到在超小及小型屏幕中的呈现效果如图 9-19 所示；而当屏幕大小为中等及以上时，其效果如图 9-20 所示。

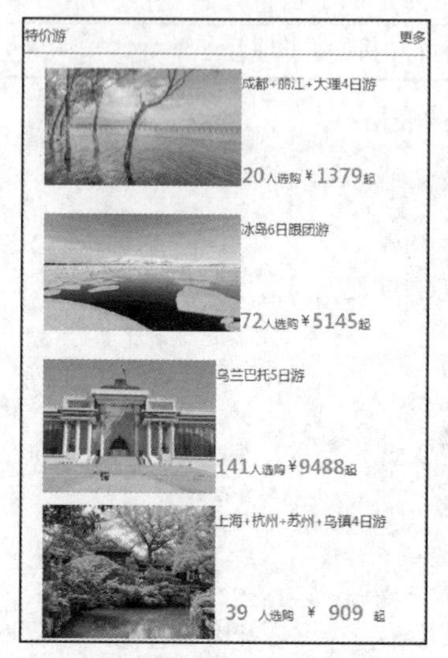

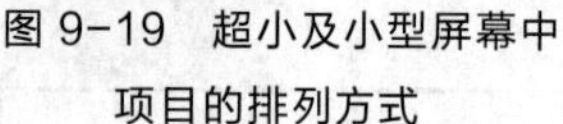
图 9-19 超小及小型屏幕中项目的排列方式

图 9-20 中等及以上屏幕中项目的排列方式

9.4.2 设置元素的显示与隐藏

9.4.1 小节介绍了 Bootstrap 中的 display 属性，接下来将介绍如何通过 display 属性设置元素的显示与隐藏。具体实现方法就是通过类名 d-none 将元素隐藏，而其他类名就可以设置将元素显示为对应的形式，常用的是.d-block（将元素显示为块级元素）。

设置元素的显示与隐藏

【例 9-9】制作明日学院官网中实战课程模块的页面，实现鼠标指针悬停在某课程上时，展开具体课程信息的功能。关键代码如下：

```
<div class="container">
    <div class="border-bottom border-secondary py-2 my-2 row">
        <img src="images/9.png" alt="">
        <span class="text-primary mr-auto ml-2">实战课程</span>
        <span class="text-secondary">更多>></span>
    </div>
    <div class="row no-gutters">
        <dl class="col bg-white mx-3">
            <dt class="border border-secondary border-bottom-0">
                <img src="images/1.jpg" alt="" class="img-fluid"></dt>
            <dd class="p-2 border border-secondary border-top-0 bg-white">
                <p class="d-none font-weight-bold text-primary showName">实现手机QQ农场进入游戏
                界面</p>
                <p class="font-weight-bold txtsm">实现手机QQ农场进入游戏界面</p>
                <div class="d-flex py-1">
                    <div><img src="images/10.png" alt=""></div>
                    <span class="text-secondary mr-auto">Android | 实例</span>
                    <span class="border border-success text-success px-1 rounded">免费 </span></div>
                <div class="d-flex text-secondary py-1">
                    <div><img src="images/11.png" alt=""></div>
                    <span class="mr-auto">12分19秒</span><span>844人学习</span></div>
            </dd>
        </dl>
        <!--此处省略第一行其余项目的相关代码-->
    </div>
    <!--此处省略第二行项目的相关代码-->
    <div class="row no-gutters"></div>
</div>
<script type="text/javascript" src="js/jQuery-v3.4.0.js"></script>
<script type="text/javascript" src="js/bootstrap.min.js"></script>
<script type="text/javascript">
    $("dl").mouseover(function (e) {
        var showName = $(this).find(".showName");
        var dd = $(this).children("dd");
        var dt = $(this).children("dt");
        dd.attr("class", dd.attr("class").replace('border-secondary', "border-primary"))
        dt.attr("class", dt.attr("class").replace('border-secondary', "border-primary"))
        showName.attr("class", showName.attr("class").replace('d-none', "d-block"))
        $(this).find(".txtsm").removeClass("font-weight-bold");
    })
    $("dl").mouseout(function (e) {
        var showName = $(this).find(".showName");
        var dd = $(this).children("dd");
        var dt = $(this).children("dt");
        dd.attr("class",dd.attr("class").replace('border-primary', "border-secondary"))
        dt.attr("class",dt.attr("class").replace('border-primary', "border-secondary"))
        showName.attr("class", showName.attr("class").replace('d-block', "d-none"))
        $(this).find(".txtsm").addClass("font-weight-bold");
```

```
    })
</script>
```

在浏览器中运行本例，其初始效果如图 9-21 所示。当鼠标指针悬停在课程上时，其效果如图 9-22 所示。

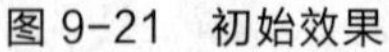

图 9-21　初始效果

图 9-22　鼠标指针悬停在课程上时的效果

9.5　本章小结

本章主要介绍了 Bootstrap 中一些公共样式的设置，主要包括边框样式的设置、设置浮动与清除浮动、设置元素位置以及 display 属性。这些公共样式可以作用于任意 HTML 元素，而使用这些样式时，仅需要为元素添加对应的类名即可。本章内容较为简单，但需要读者熟记这些公共样式对应的类名。

上机指导

仿制游戏活动页面，呈现效果如图 9-23 所示。

开发步骤如下。

在 HTML 中添加图片、文字以及按钮等内容，然后设置各元素的大小、位置等样式。具体代码如下：

图 9-23　仿制游戏活动页面

```
<head>
    <style type="text/css">
        .cont{
          width: 400px;height:260px;margin: 20px auto;background: #f1d4d1
        }
        .cont>.top{
           border:4px dashed #eab71e;border-bottom: none
        }
 </style>
</head>
<body>
<div class="rounded-lg pt-3 cont">
   <div class="top d-flex justify-content-around mx-4 align-items-center pt-2 rounded-lg">
      <div style="font:bold 30px/20px '华文行楷';">misson</div>
      <div><img src="images/cartoon.png"></div>
   </div>
   <div class="bg-warning d-flex justify-content-around py-3 align-items-center">
```

```
        <div><img src="images/carrot.png"></div>
        <div style="font:bold 20px/20px '华文行楷';">胡萝卜两天后成熟，记得来收获哦</div>
    </div>
    <div class="d-flex justify-content-around table-secondary m-2 py-2">
        <div>奖励</div>
        <div><img src="images/egg.png"></div>
        <div><img src="images/start.png"></div>
        <div>
            <button type="button" class="btn btn-success btn-sm">确定</button>
        </div>
    </div>
</div>
</body>
```

习题

（1）如何为元素添加上边框？如何清除上边框？

（2）如何设置元素向左浮动或者向右浮动？如何清除浮动？

（3）Bootstrap 设置元素位置的方式有哪几种？对应的类名是什么？

（4）Bootstrap 中如何将元素设置为块级元素？

（5）如何隐藏元素？如何显示元素？

Chapter 10

第10章 Bootstrap的窗口和提示工具

本章要点

- 添加警告框的方法
- 模态框及其相关事件的使用
- toast组件及其相关方法的使用
- tooltip组件及其相关方法的使用
- popover组件及其相关方法的使用

10.1 警告框

我们知道 JavaScript 中使用 alert()方法可以弹出一个警告窗口，本节讲解的警告框（alert）组件的功能与其类似。不过 Bootstrap 中的警告框组件是通过<div>标签来添加的，且其提供了 8 个主题样式供用户选择。

10.1.1 添加警告框

添加警告框

1. 添加基本的警告框

警告框在网站中并不少见，它用于显示一些提示或警告信息。在 HTML 中，可以使用 JavaScript 中的 alert()方法来添加警告框，也可以使用 Bootstrap 的警告框组件来添加警告框。使用警告框组件，我们仅通过<div>等标签就可以预定义警告框。与 JavaScript 中的 alert()方法相比，警告框组件有以下优点。

☑ 添加方式简单便捷。可直接通过<div>标签、<p>标签等来定义警告框。

☑ 样式美观。警告框组件提供了 8 种样式的警告框。

☑ 灵活。该组件可以为警告框添加关闭按钮，这样用户就可以关闭警告。

使用警告框组件添加警告框的方法比较简单，即为元素添加类名.alert，然后为其定义样式类。例如在下面的代码中，类名.alert 用于调用和显示警告框，类名.alert-primary 用于设置警告框的颜色：

```
<div class="alert alert-primary">这是一个警告框</div>
```

这是一个警告框

图 10-1 警告框示例

上述代码所添加的警告框的样式如图 10-1 所示。

2. 警告框的颜色

警告框有 8 种样式，每种样式都有各自的文字样式、背景样式以及边框样式，并且如果警告框中有链接，那么警告框组件还可以为链接设置对应的文字颜色。各警告框样式及其对应的样式类名如表 10-1 所示。

表 10-1 Bootstrap 预设的警告框样式及其对应的样式类名

类名	文字颜色	背景颜色	边框颜色	链接颜色
.alert-primary	#004085	#cce5ff	#b8daff	#002752
.alert-secondary	#383d41	#e2e3e5	#d6d8db	#202326
.alert-success	#155724	#d4edda	#c3e6cb	#0b2e13
.alert-danger	#721c24	#f8d7da	#f5c6cb	#491217
.alert-warning	#856404	#fff3cd	#ffeeba	#533f03
.alert-info	#0c5460	#d1ecf1	#bee5eb	#062c33
.alert-light	#818182	#fefefe	#fdfdfe	#686868
.alert-dark	#1b1e21	#d68dd9	#c6c8ca	#040505

例如，下面的代码就可以在警告框中添加链接，并且使用相应的警告框样式：

```
<div class="alert alert-primary">这是一个警告框<a href="#" class="alert-link"> 查看警告信息
</a> </div>
```

上述代码添加的警告框如图 10-2 所示。

这是一个警告框 查看警告信息 警告框中的链接

图 10-2 警告框中的链接样式

【例 10-1】在登录表单中添加登录验证设置，用户提交提交表单时，若用户名或密码值为空，则弹出对应的警告框。部分代码如下：

```
<style type="text/css">
    /*设置警告框位置*/
    #myAlert1, #myAlert2, #myAlert3 {
        top: 37px;
        left: 30px;
        z-index: 999;
    }
    #myAlert3 {
        top: -100px;
        left: 100px;
        z-index: 99;
    }
</style>
<form class="p-5" style="width:500px;margin:20px auto;background:url('images/bg1.jpg')">
    <div class="border border-success m-3" style="background: rgba(0,0,0,0.2)">
        <h3 class="text-center py-3">登 录</h3>
        <div class="m-3 py-2 position-relative">
            <div class="input-group">
                <div class="input-group-prepend">
                    <span class="input-group-text">用户名</span>
```

```
            </div>
            <input type="text" class="form-control" id="username" onfocus="hide1()">
          </div>
          <div class="alert-danger alert position-absolute" id="myAlert1">请填写用户名</div>
      </div>
      <!--省略其余警告框的代码-->
      </div>
</form>
<script type="text/javascript">
    //因为警告框是通过不透明度来设置隐藏的，所以为了不影响其他元素，需要先将其隐藏
    $("#myAlert1,#myAlert2,#myAlert3").css("display","none")
    function show1() {
        //用户名为空时，弹出用户名不为空警告，下同
        if ($("#username").val().length == 0) {
          $("#myAlert1").css("display","block")
        }
        else if ($("#password").val().length == 0) {
            $("#myAlert2").css("display","block")
        }
        else {
            $("#myAlert3").css("display","block")
        }
    }
    function hide1(){
        $("#myAlert1,#myAlert2,#myAlert3").css("display","none")
    }
</script>
```

其运行结果如图 10-3 所示。

10.1.2 为警告框添加关闭按钮

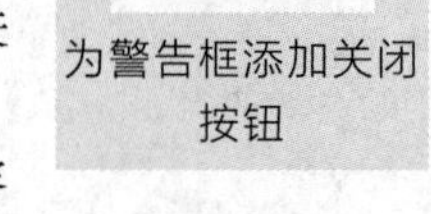

为警告框添加关闭按钮

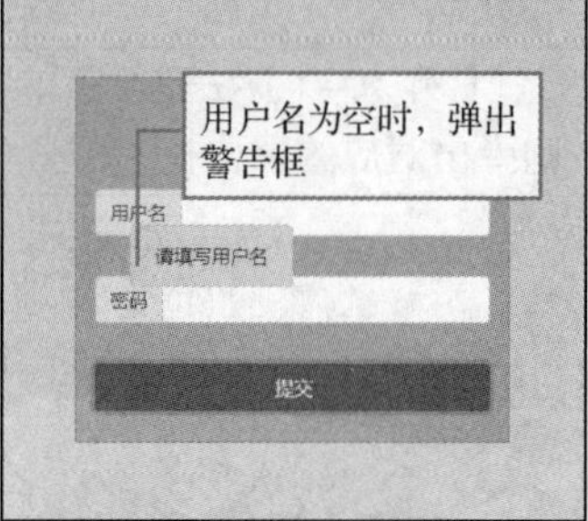

图 10-3 设置登录验证

除了可以设置警告框样式，我们还可以为警告框添加关闭按钮。有了关闭按钮，用户就可以自由地关闭警告框。添加关闭按钮时，需要注意以下几点。

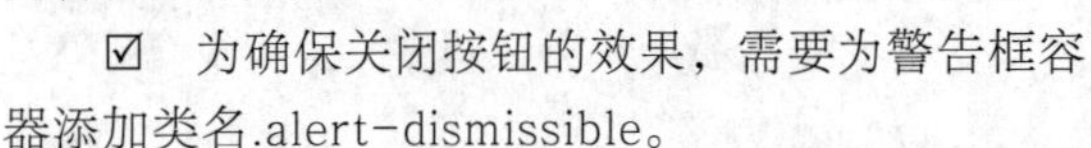

☑ 为确保关闭按钮的效果，需要为警告框容器添加类名.alert-dismissible。

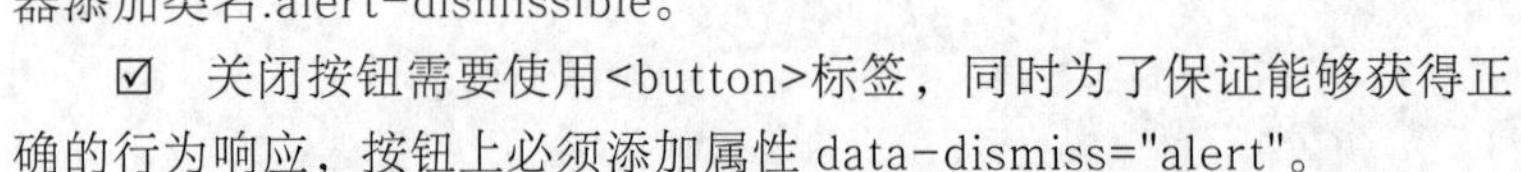

☑ 关闭按钮需要使用<button>标签，同时为了保证能够获得正确的行为响应，按钮上必须添加属性 data-dismiss="alert"。

☑ 为确保警告框显示和隐藏时有渐入渐出式动画，需要为警告框容器添加类名.fade。

例如，下面的代码就可以在页面中添加含有关闭按钮的警告框：

```
<div class="alert alert-success alert-dismissible  fade">
    <p>单击右侧关闭按钮，就可以关闭这个警告框了</p>
    <button class="close" type="button" data-dismiss="alert"><span aria-hidden="true">&times;
</span></button>
</div>
```

其运行结果如图 10-4 所示。

单击右侧关闭按钮，就可以关闭这个警告框了 ×

图 10-4 添加了关闭按钮的警告框

单击关闭按钮后，将会从DOM中移除该警告框。

【例 10-2】制作一个仿移动端的转账页面，并且在提交转账信息与取消转账时，弹出相应警告框。关键代码如下：

```
<style type="text/css">
    .alert {
        position: absolute;
        top: 130px;
        left: 25%;
    }
</style>
<form class="container px-3" style="">
    <h3 class="bg-danger text-center text-white">转 账</h3>
    <div class="row py-3">
        <label class="col-auto col-form-label" for="name">收款人姓名</label>
        <input class="col form-control form-control-plaintext border-bottom" id="name" att="收款
        人姓名">
    </div>
    <!--此处省略其余输入框组的代码-->
    <div class="d-flex justify-content-around">
        <button type="button" class="btn btn-primary" onclick="sure()">确认转账</button>
        <button type="button" class="btn btn-danger" onclick="cancle()">取消转账</button>
    </div>
    <div class="container position-absolute" style="top:0">
<div class="alert alert-danger alert-dismissible fade " style="display:none" id="alert1">
    <h4 class="alert-heading">信息填写不完整</h4>
    <hr>
    <p id="txt"></p>
    <button class="close" type="button" data-dismiss="alert"><span aria-hidden="true">&times;
    </span></button>
</div>
<div class="alert alert-warning alert-dismissible fade " style="display:none" id="alert2">
    <h4 class="alert-heading">支付提醒</h4>
    <hr>
    <p>您将从自己账户向对方支付一笔金额，转账成功后，请及时通知对方</p>
    <button class="close" type="button" data-dismiss="alert"><span aria-hidden="true">&times;
    </span></button>
</div>
    <!--此处省略支付提醒警告框的代码-->
      </div>
</form>
<script type="text/javascript">
    function sure() {
        var info = "";
        for (var i = 0; i < $("form input").length; i++) {
            if ($("form input").eq(i).val() == "") {
                info += $("form input").eq(i).attr("att") + " ";
```

```
            }
        }
        if (info == "") {
          $("#alert2").css("display", "block")
          $("#alert2").attr("class", $("#alert2").attr("class") + "show")
        }
        else {
            $("#txt").text("请填写" + info + "等信息");
            $("#alert1").css("display", "block")
            $("#alert1").attr("class", $("#alert1").attr("class") + "show")
        }
    }
    function cancle() {
        $("#alert3").css("display", "block")
        $("#alert3").attr("class", $("#alert3").attr("class") + "show")
    }
</script>
```

图 10-5 所示为用户填写转账信息的页面，单击“确认转账”按钮后，弹出的警告框效果如图 10-6 所示。单击警告框右侧的关闭按钮，可再次返回图 10-5 所示的页面。

图 10-5　填写转账信息

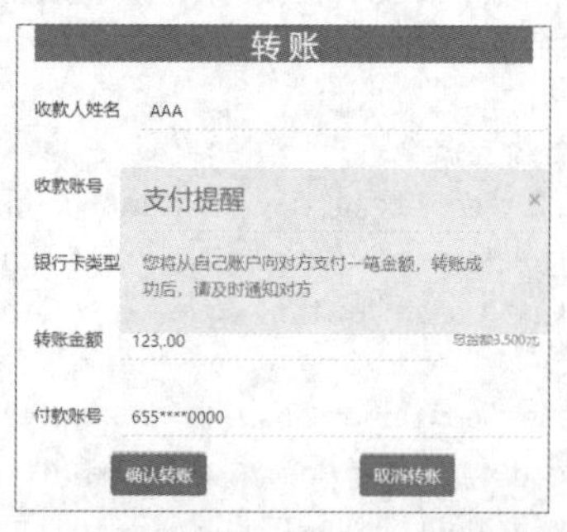

图 10-6　单击“确认转账”按钮后弹出警告框

10.1.3　警告框组件的方法与事件

警告框组件的方法与事件

1. 警告框组件的方法

警告框组件中主要有以下 3 个方法。

☑　$().alert()：使警告框监听具有 data-dismiss="alert"属性的后代元素上的单击事件。但使用 data-API 进行自动初始化时，没必要这么做。

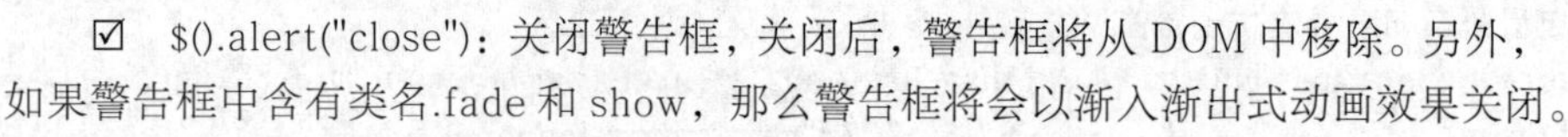

☑　$().alert("close")：关闭警告框，关闭后，警告框将从 DOM 中移除。另外，如果警告框中含有类名.fade 和 show，那么警告框将会以渐入渐出式动画效果关闭。

☑　$().alert("dispose")：破坏警告框。

例如下面的代码可以实现单击“关闭”按钮时，关闭警告框的效果：

```
<div class="alert alert-danger alert-dismissible fade show" id="ccc">
    <p>除了右侧按钮，下方的按钮也可以关闭此警告框</p>
    <button type="button" class="close" data-dismiss="alert">&times;</button>
</div>
<button type="button" class="btn btn-primary" id="close1">关闭</button>
<script type="text/javascript">
    $("#close1").click(function () {
      $(".alert").alert("close")
```

```
    })
</script>
```

2. 警告框组件的事件

Bootstrap 中的警告框组件还提供了以下两个事件，这两个事件我们可以直接调用。

☑ close.bs.alert。当调用 close 方法时，触发此事件。

☑ closed.bs.alert。当 close 方法执行完毕后，触发此事件。

例如下面的代码就可以实现在关闭警告框之前，提醒用户警告框即将被关闭：

```
<div class="alert alert-danger  alert-dismissible fade show">
    <p>这是一个警告框</p>
    <button type="button" class="close" data-dismiss="alert">&times;</button>
</div>
<script type="text/javascript">
    $(".alert").on("close.bs.alert",function () {
        alert("警告框即将被关闭")
    })
</script>
```

在浏览器中运行本示例，单击“关闭”按钮后，会弹出一个即将关闭警告框的提示对话框，待用户单击“确定”按钮后，警告框被关闭。其效果如图 10-7 所示。

图 10-7　单击“关闭”按钮后的效果

【例 10-3】仿制还款页面，并且当用户选择了分期还款或者提前还款后，弹出警告框；而当用户选择关闭警告框时，再次弹出对话框提醒用户分期成功或者还款成功。关键代码如下：

```
<form class="container px-3 position-relative">
<!--此处省略还款页面的部分代码-->
    <div class="card">
        <div class="card-body row justify-content-center m-0"
        style="background:-webkit-linear-gradient(right,#d4f4ae,#6fd4ac,#d4f4ae)">
            <div class="tab-content col-10 col-md-8 col-xl-6 text-center">
                <div class="tab-pane fade active show" id="next" role="tabpanel">
                    <div class="d-flex justify-content-around py-2">
                        <button type="button" class="btn btn-outline-primary" onclick="show1('alert1')">
                        提前还款</button>
                        <button type="button" class="btn btn-primary" onclick="show1('alert2')">分期还款
                        </button>
                    </div>
                </div>
            </div>
        </div>
    </div>
```

```
        <div class="position-absolute alertBox w-100" style="top:0">
            <!--此处省略提前还款的提示框代码-->
            <div class="alert alert-danger alert-dismissible fade " id="alert2" style="display:none">
                <h4 class="alert-heading">您选择了分期还款</h4>
                <p class="small text-secondary">分期还款会将您下月账单进行分期，具体产生的利息与所分的
                期数有关</p>
                <button type="button" class="close" data-dismiss="alert">&times;</button>
            </div>
        </div>
    </form>
    <script type="text/javascript">
        function show1(c) {
            $("#" + c).css("display","block");
            $("#" + c).attr("class",$("#" + c).attr("class") + "show")
        }
        $("#alert1").on("closed.bs.alert", function () {
          alert("恭喜下月账单已完全还清")
        })
        $("#alert2").on("closed.bs.alert", function () {
            alert("分期成功，下个月再来还款吧")
        })
    </script>
```

在浏览器中运行本例，然后单击“分期还款”按钮，弹出分期还款的警告框，如图 10-8 所示。然后单击警告框右侧的“关闭”按钮，警告框关闭，并且再次弹出一个对话框，告知用户分期成功，如图 10-9 所示。

图 10-8　分期还款警告框

图 10-9　关闭分期还款警告框后，弹出对话框

10.2　模态框

模态框组件可以为网站添加醒目的提示和交互，可用于通知用户、进行访客交互以及自定义内容交互等。

模态框的调用

10.2.1　模态框的调用

1. 静态模态框示例

Bootstrap 中的模态框组件可以分为 3 部分：页头、模态框体和页脚。图 10-10 所示为一个静态的模态框示例。

模态框示例（此为模态框标题）　.modal-header　×

这是一个静态的模态框，此部分为模态框体，而下面的按钮部分为页脚　.modal-body

.modal-footer　取消　保存

图 10-10　静态的模态框示例

实现该示例的代码如下：

```
<div class="modal fade" tabindex="-1" id="myModal" style="display:block">
    <div class="modal-dialog">
        <div class="modal-content">
            <div class="modal-header">
                <h5 class="modal-title">模态框示例（此为模态框标题）</h5>
                <button type="button" class="close" data-dismiss="modal">&times;</button>
            </div>
            <div class="modal-body">
                <p>这是一个静态的模态框，此部分为模态框体，而下面的按钮部分为页脚</p>
            </div>
            <div class="modal-footer">
                <button type="button" class="btn btn-secondary" data-dismiss="modal">取消</button>
                <button type="button" class="btn btn-success">保存</button>
            </div>
        </div>
    </div>
</div>
```

注意

因为模态框组件是具有交互性的，其默认为隐藏的状态，而上述代码显示的仅为一个静态的模态框示例，所以此处设置了模态框的 CSS 属性 display:block，将其状态强行设为显示。在动态模态框中不必如此。

2．动态模态框的调用

模态框组件是可以与用户进行交互的，其调用模态框的方式有两种，即设置 data 属性和编写 JavaScript 脚本。具体实现方法如下。

☑ 通过设置 data 属性调用模态框。

以上述模态框为例，通过单击按钮调用模态框的代码如下：

```
<button type="button" class="btn btn-info" data-toggle="modal" data-target="#myModal">单击按钮可以调用模态框</button>
```

☑ 通过编写 JavaScript 脚本调用模态框。

通过编写 JavaScript 脚本调用模态框，可以使用 modal()方法，具体代码如下：

```
<script type="text/javascript">
    $("#myModal").modal()
</script>
```

【例 10-4】制作个人动态页面，并实现单击“分享”按钮时，弹出分享提示的模态框。关键代码如下：

```
<form class="container px-3 position-relative">
<!--省略动态内容的代码-->
<!--添加模态框-->
    <div class="modal fade" tabindex="-1" id="myModal">
        <div class="modal-dialog">
            <div class="modal-content">
                <div class="modal-header">
                    <h5 class="modal-title">分享图片</h5>
                    <button type="button" class="close" data-dismiss="modal">
                        <span aria-hidden="true">&times;</span>
```

```
                    </button>
                </div>
                <div class="modal-body"><p>确定分享这张照片吗？分享后照片对所有人可见</p></div>
                <div class="modal-footer">
                    <button type="button" class="btn btn-primary" data-dismiss="modal">取消
                    </button>
                    <button type="button" class="btn btn-primary">分享</button>
                </div>
            </div>
        </div>
    </div>
</form>
<script type="text/javascript">
    function chang1(a) {
        if ($("#" + a).attr("src").indexOf("1") == -1) {
            $("#" + a).attr("src", $("#" + a).attr("src").replace("2", "1"))
        }
        else {
            $("#" + a).attr("src", $("#" + a).attr("src").replace("1", "2"))
        }
    }
</script>
```

运行本例，其初始界面效果如图 10-11 所示。单击下方的“分享”按钮后，页面效果如图 10-12 所示。

图 10-11　页面初始效果

图 10-12　弹出分享提示

10.2.2　动态模态框

动态模态框

1. 网格布局模态框

前文介绍过的网格布局同样可以用来布局模态框，主要是布局模态框中的模态框体（.modal-body）。例如下面的代码就是网格布局在模态框中的应用示例：

```
<div class="modal fade bd-example-modal-lg show">
    <div class="modal-dialog modal-lg">
        <div class="modal-content">
            <div class="modal-header">
                <h5 class="modal-title">这是一个在模态框中使用网格布局的示例</h5>
                <button type="button" class="close" data-dismiss="modal">&times;</button>
            </div>
```

```
            <div class="modal-body">
                <!--在模态框中使用网格系统-->
                <div class="container">
                    <div class="row">
                        <div class="col" style="background:#c5e297;height:30px"></div>
                    </div>
                    <div class="row align-items-stretch" style="height:150px">
                        <div class="col" style="border:1px solid #41e2ba">col</div>
                        <div class="col" style="border:1px solid #41e2ba">col</div>
                        <div class="col" style="border:1px solid #41e2ba">col</div>
                    </div>
                    <!--此处省略相似代码-->
                </div>
            </div>
            <div class="modal-footer">
                <button type="button" class="btn btn-secondary" data-dismiss="modal">取消</button>
                <button type="button" class="btn btn-success">确定</button>
            </div>
        </div>
    </div>
</div>
```

其运行结果如图 10-13 所示。

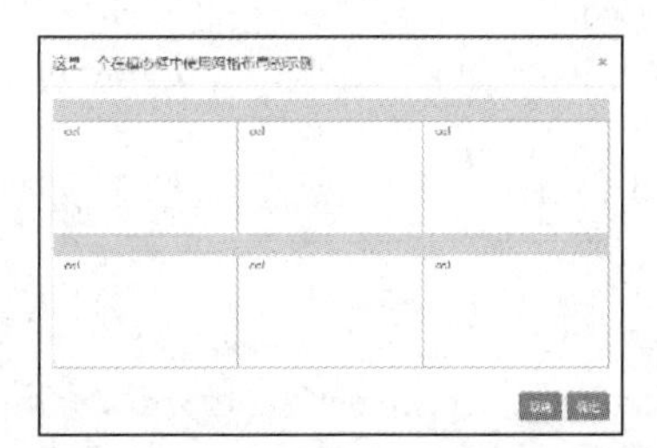

图 10-13　在模态框中运用网格系统的示例

【例 10-5】制作电商网站页面顶部的导航，并且在用户单击导航中的“我的订单”后，弹出模态框，显示订单信息。关键代码如下：

```
<!--省略导航部分代码-->
<div class="modal fade bd-example-modal-lg" tabindex="-1" id="myorder">
    <div class="modal-dialog modal-lg">
        <div class="modal-content">
            <div class="modal-header">
                <h5 class="modal-title">我的订单</h5>
                <button type="button" class="close" data-dismiss="modal"><span aria-hidden=
                "true">&times;</span>
                </button>
            </div>
            <div class="modal-body">
                <div class="container-fluid initialism">
                    <div class="row align-items-center" style="background:#cdf1e8">
                        <div class="col-auto">
                            <div class="custom-checkbox custom-control float-left mr-2">
```

```
                <input type="checkbox" class="custom-control-input" id="checkbox1">
                <label class="custom-control-label" for="checkbox1">2019-11-11</label>
            </div>
            <div class="float-left">
                <span>订单号：</span><span>A190010001</span>
            </div>
        </div>
        <div class="col font-weight-bold">贝贝婴旗舰店</div>
        <div class="col">
            <button type="button" class="btn btn-link btn-sm d-block">在线客服</button>
        </div>
    </div>
    <div class="row border-bottom border-secondary mb-2">
        <dl class="col-5   mb-0">
            <dt class="w-25 float-left"><img src="images/2.jpg" class="img-fluid"></dt>
            <dd class="w-75 float-left align-items-stretch">
                <p class="font-weight-bold">花王纸尿裤S/M/L/XL码64片</p>
                <p class="text-secondary"><span>规格：64片</span><span>尺寸：
                s</span></p></dd>
        </dl>
         <div class="col">¥49.9</div>
         <div class="col-auto">1</div>
         <div class="col-auto align-items-stretch">
              <button type="button" class="btn btn-link btn-sm d-block text-dark">售后
              服务</button>
              <button type="button" class="btn btn-primary btn-sm d-block">投诉商家
              </button>
         </div>
         <div class="col"><p class="font-weight-bold">¥49.9</p>
             <p class="text-secondary">含运费</p></div>
         <div class="col-auto align-items-stretch">
             <button type="button" class="btn btn-link btn-sm d-block text-dark">查看物
             流</button>
             <button type="button" class="btn btn-primary btn-sm d-block">确认收货
             </button>
         </div>
     </div>
     <!--省略购物车中其他两件商品的代码-->
    </div>
  </div>
  <div class="modal-footer">
      <button type="button" class="btn btn-primary" data-dismiss="modal">关闭订单
      </button>
      <button type="button" class="btn btn-primary">订单结算</button>
  </div>
 </div>
</div>
</div>
```

运行本例，页面的初始效果如图 10-14 所示。单击导航中的“我的订单”后，页面效果如图 10-15 所示。

ta8998　消息　手机端　　　　收藏夹　我的订单　购物车　客服

图 10-14　页面初始效果

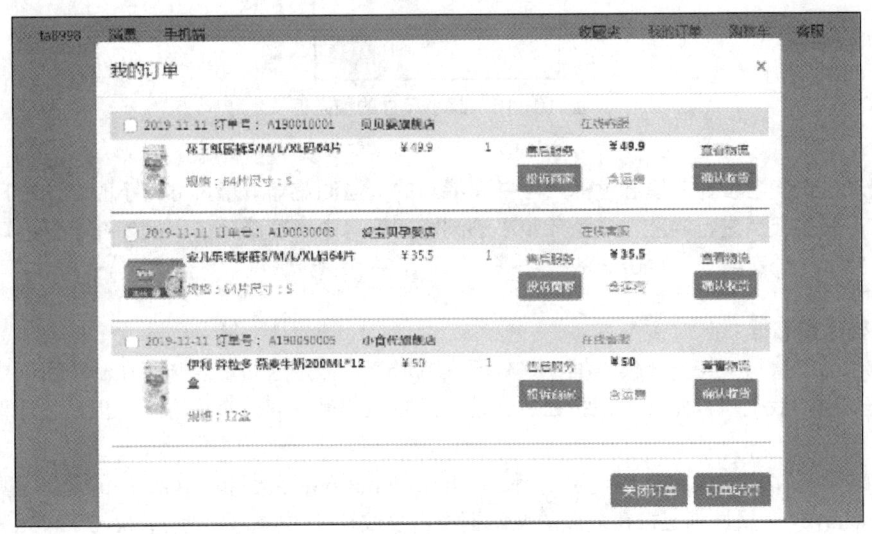

图 10-15　弹出“我的订单”模态框

2. 模态框尺寸设置

Bootstrap 中可以通过类名.modal-{sm|lg|xl}来设置模态框的尺寸。具体类名及其所对应的模态框的最大宽度如表 10-2 所示。

表 10-2　Bootstrap 预设的模态框尺寸及对应类名

类名	模态框的最大宽度	说明
.modal-sm	300px	后文称之为超小尺寸
无	500px	后文称之为默认尺寸
.modal-lg	800px	后文称之为较大尺寸
.modal-xl	1140px	后文称之为超大尺寸

例如，下面的代码就可以设置一个超小尺寸的模态框：

```
<div class="modal fade" tabindex="-1" id="myModal" data-keyboard="false">
    <div class="modal-dialog" modal-sm>
        <div class="modal-content">
            <div class="modal-header">
                <h5 class="modal-title text-primary font-weight-bold">一个超小尺寸的模态框</h5>
                <button type="button" class="close" data-dismiss="modal">&times;</button>
            </div>
            <div class="modal-body">这是一个超小尺寸的模态框</div>
            <div class="modal-footer">
                <button type="button" class="btn btn-primary" data-dismiss="modal">关闭</button>
            </div>
        </div>
    </div>
</div>
```

其效果如图 10-16 所示。

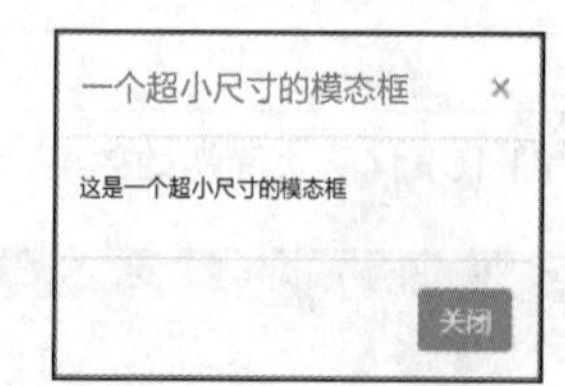

图 10-16　超小尺寸的模态框

通过这些类名设置的模态框的尺寸并非绝对的。当浏览器屏幕尺寸过小时，这些尺寸就会在一些中断点进行调整，避免在较小的浏览器屏幕中出现滚动条。例如在手机屏幕中，无法实现一个宽度为 1140px 的模态框。

3. 多样化模态框

Bootstrap 一次只支持一个模态框，并且不支持嵌套，但是这并不意味着在一个页面中只能添加使用一个模态框。我们可以定义一组按钮，让这一组按钮都触发同一个模态框，但是模态框中内容各不相同。

要添加这样的多样化模态框，需要组合使用 data-whatever 属性和 JavaScript 脚本。具体方法是通过 data-whatever 属性绑定按钮对应的文本框中需要改动的内容，然后通过 JavaScript 脚本为模态框设置文本。例如下面的代码就可以生成一个简易的多样化模态框：

```
<div class="container d-flex justify-content-around">
    <button type="button" class="btn btn-warning" data-toggle="modal" data-target="#myorder"
    data-whatever="我酸了">我酸了
    </button>
    <button type="button" class="btn btn-success" data-toggle="modal" data-target="#myorder"
    data-whatever="我太南了">我太南了
    </button>
</div>
<div class="modal fade bd-example-modal-lg" tabindex="-1" id="myorder">
    <div class="modal-dialog modal-lg">
        <div class="modal-content">
            <div class="modal-header">
                <h5 class="modal-title">2019网络流行语</h5>
                <button type="button" class="close" data-dismiss="modal">&times;</button>
            </div>
            <div class="modal-body"></div>
            <div class="modal-footer">
                <button type="button" class="btn btn-danger" data-dismiss="modal">关闭</button>
            </div>
        </div>
    </div>
</div>
<script type="text/javascript">
    $("#myorder").on("show.bs.modal", function (event) {
        var button = $(event.relatedTarget);
        var txt = button.data("whatever"); //通过data属性获取按钮的内容
        var modal = $(this);
        modal.find(".modal-body").text(txt);
    })
</script>
```

单击按钮，显示的模态框分别如图 10-17 和图 10-18 所示。

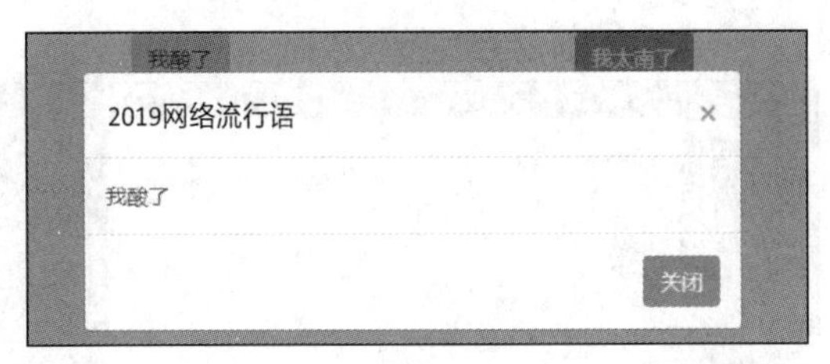

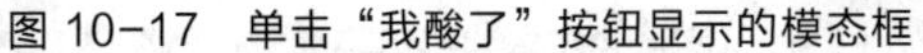

图 10-17　单击“我酸了”按钮显示的模态框

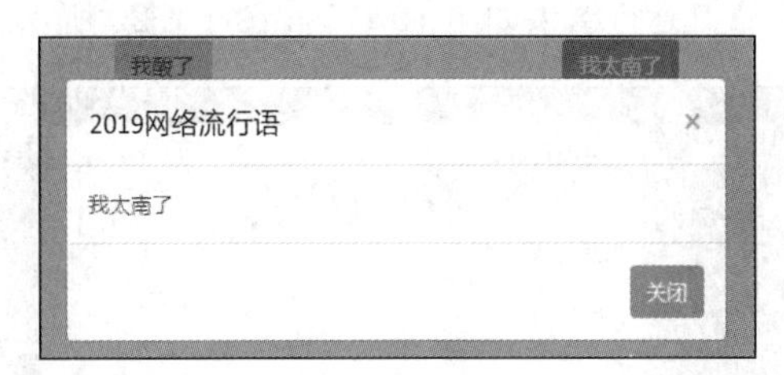

图 10-18　单击“我太南了”按钮显示的模态框

【例 10-6】在购物网站导航的登录和注册链接上引入模态框，实现单击链接时，分别弹出登录模态框和注册模态框。关键代码如下：

```
<!--省略导航部条代码-->
<div class="modal fade bd-example-modal-lg" tabindex="-1" id="myorder">
    <div class="modal-dialog modal-lg">
        <div class="modal-content">
            <div class="modal-header">
                <h5 class="modal-title text-primary font-weight-bold">注册</h5>
                <button type="button" class="close" data-dismiss="modal"><span aria-hidden=
                "true">&times;</span>
                </button>
                </div>
                <div class="modal-body">
                    <div class="container">
                        <div class="row my-2">
                            <label for="user" class="col-auto col-form-label label">昵称</label>
                            <div class="col"><input type="text" class="form-control" id="user"></div>
                        </div>
<!--省略模态框中表单其余内容的代码-->
                    </div>
                </div>
            <div class="modal-footer">
                <button type="button" class="btn btn-primary" data-dismiss="modal">游客模式
                </button>
                <button type="button" class="btn btn-danger">其他方式登录</button>
            </div>
        </div>
    </div>
</div>
<script type="text/javascript">
    $("#myorder").on("show.bs.modal", function (event) {
        var button = $(event.relatedTarget);
        var txt = button.data("whatever");
        var modal = $(this);
        modal.find(".modal-title").text("@" + txt + "账号@")
        modal.find(".modal-body .label").eq(0).text(txt + "账号");
        modal.find(".modal-body .label").eq(1).text(txt + "密码");
        modal.find(".modal-body #submit").text(txt);
    })
```

```
</script>
```

其运行结果如图 10-19 和图 10-20 所示。

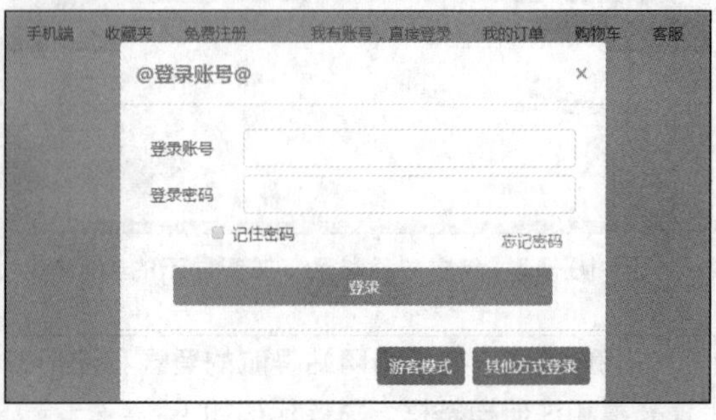

图 10-19　单击“免费注册”链接的效果　　图 10-20　单击“我有账号，直接登录”链接的效果

10.2.3　模态框组件的选项、方法与事件

模态框组件的选项、方法与事件

1. 模态框组件的选项

使用模态框组件时，可以结合 data 属性和 JavaScript 脚本来设置模态框的一些选项。表 10-3 所示为模态框组件的选项信息。

表 10-3　Bootstrap 预设的模态框组件的选项信息

选项名称	取值	含义
data-backdrop	true、false、static	表示是否显示遮罩层，默认值为 true，表示显示；false 表示不显示；而 static 表示显示遮罩层，但是单击遮罩层区域不关闭模态框
data-keyboard	true、false	表示按 Esc 键时，是否关闭模态框，默认值为 true，表示关闭
data-focus	true、false	表示初始化时，是否将焦点放置在模态框上。默认值为 true，表示初始化时，焦点放置在模态框上
data-show	true、false	表示初始状态是否显示模态框。默认值为 true，表示显示模态框

前文代码创建的模态框总是显示遮罩层，而下面的代码添加的模态框就不会显示遮罩层：

```
<div class="modal fade show" tabindex="-1" data-show="true" style="display:block" >
    <div class="modal-dialog">
        <div class="modal-content">
            <div class="modal-header">
                <h3 class="modal-title">模态框提醒</h3>
                <button type="button" class="close" data-dismiss="modal"><span aria-hidden=
                "true">&times;</span>
                </button>
            </div>
            <div class="modal-body">这个模态框不会显示遮罩层</div>
            <div class="modal-footer">
                <button type="button" class="btn btn-primary" data-dismiss="modal">取消</button>
                <button type="button" class="btn btn-primary">确定</button>
            </div>
        </div>
```

```
        </div>
    </div>
```

其运行结果如图 10-21 所示。

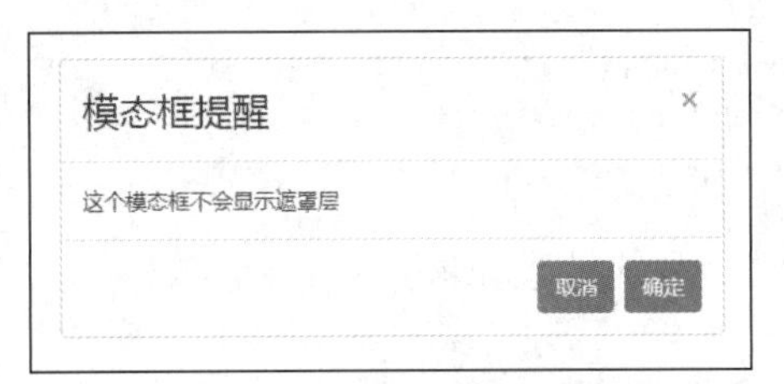

图 10-21　不显示遮罩层的模态框

【例 10-7】制作商品详情页面，并且实现单击“立即购买”和“加入购物车”按钮后，弹出对应的无遮罩层的模态框，并且避免用户误按 Esc 键退出模态框。关键代码如下：

```
<body>
<div class="container">
    <div class="row justify-content-center">
        <div class="info col-6">
            <!--省略商品信息部分的代码-->
             <div class="d-flex justify-content-center w-50 my-2">
                 <div class="mx-2">
                     <button class="btn btn-outline-danger" type="button" data-whatever="购买"
                     data-toggle="modal" data-target="#myModal">立即购买</button>
                 </div>
                 <div class="mx-2">
                     <button class="btn btn-danger" type="button" data-whatever="加入购物车"
                     data-toggle="modal" data-target="#myModal">加入购物车</button>
                 </div>
             </div>
         </div>
     </div>
<!--添加模态框-->
<div class="modal fade" tabindex="-1" id="myModal" data-keyboard="false" data-backdrop="false">
        <div class="modal-dialog">
            <div class="modal-content">
                <div class="modal-header">
                    <h5 class="modal-title text-primary font-weight-bold">提醒</h5>
                    <button type="button" class="close" data-dismiss="modal"><span aria-hidden=
                    "true">&times;</span>
                    </button>
                </div>
                <div class="modal-body"><p class="text1"></p></div>
                <div class="modal-footer">
                    <button type="button" class="btn btn-primary" data-dismiss="modal">取消
                    </button>
                    <button type="button" class="btn btn-primary">确定</button>
                </div>
            </div>
        </div>
```

```
    </div>
  </div>
  </body>
  <script type="text/javascript">
    $("#myModal").on("show.bs.modal", function (event) {
      var button = $(event.relatedTarget);
      var info = button.data("whatever");
      var modal = $(this);
      modal.find(".modal-body .text1").text("确定要" + info+"吗")
    })
    $("#myModal").on("shown.bs.modal", function () {
      $(document).keydown(function (e) {
        if (e.which == 27) {
          alert("Esc键不能关闭窗口哦！请单击空白处或者单击窗口中的关闭按钮")
        }
      })
    })
  </script>
```

运行本例，以单击“加入购物车”按钮为例，其效果如图 10-22 所示。

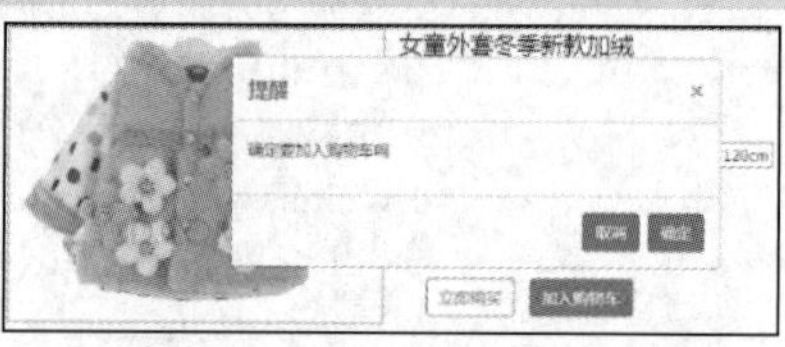

图 10-22　单击“加入购物车”按钮后弹出的模态框

2．模态框组件的方法

Bootstrap 模态框组件提供了 6 个方法，通过这 6 个方法我们可以直接对模态框进行手动操作，例如打开或关闭模态框等。具体的方法和其所对应的功能如表 10-4 所示。

表 10-4　Bootstrap 预设的模态框组件的方法及其功能

方法	功能
modal(option)	激活内容作为模态框，并且将选项加入 object 内
modal("toggle")	手动切换模态框的显示或隐藏状态
modal("show")	手动打开一个模态框
modal("hide")	手动隐藏一个模态框
modal("handleupdate")	如果模态框在打开状态（例如出现滚动条）下应用该方法，则模态框会重新改变高度，并调整位置
modal("dispose")	销毁一个模态框

例如，下面的代码就可以手动打开一个模态框：

```
$("#myModal").modal("show")
```

3．模态框组件的事件

除了上述 6 个方法外，模态框组件中还提供了 4 个事件，具体事件及其含义如下。

☑　show.bs.modal。调用 show 方法时，触发该事件，即该事件会在模态框显示之前被触发。

☑　shown.bs.modal。调用 show 方法后，触发该事件。

☑　hide.bs.modal。调用 hide 方法时，触发该事件，即该事件会在模态框隐藏之前被触发。

☑　hidden.bs.modal。hide 方法调用完成后，触发该事件。

例如下面的代码可以实现分别在打开和关闭模态框前后弹出模态框：

```
<script>
  $("#myModal").on("show.bs.modal", function () {
    alert("即将打开模态框")
```

```
    })
    $("#myModal").on("shown.bs.modal", function () {
        alert("已经打开模态框")
    })
    $("#myModal").on("hide.bs.modal", function () {
        alert("即将关闭模态框")
    })
    $("#myModal").on("hidden.bs.modal", function () {
        alert("已经关闭模态框")
    })
</script>
```

【例10-8】制作登录表单，要求用户必须输入用户名和密码，且在用户单击"登录"按钮后，弹出模态框，并且在弹出和关闭模态框的前后分别弹出提示对话框。关键代码如下：

```
<div class="container border border-danger justify-content-center text-center">
    <!--此处省略登录表单的代码-->
</div>
<div class="modal fade" tabindex="-1" id="myModal" data-keyboard="false">
    <div class="modal-dialog">
        <div class="modal-content">
            <div class="modal-header">
                <h5 class="modal-title text-danger">提醒</h5>
                <button type="button" class="close" data-dismiss="modal"><span aria-hidden=
                "true">&times;</span>
                </button>
            </div>
            <div class="modal-body">你在新设备上登录了账号，若非本人操作，请及时更改密码</div>
            <div class="modal-footer">
                <button type="button" class="btn btn-primary" data-dismiss="modal">退出账号</button>
            </div>
        </div>
    </div>
</div>
<script type="text/javascript">
    $(".subm").click(function () {
        if ($("#text").val() == "" || $("#pass").val() == "") {
            alert("请填写完整信息");
        }
        else {
            $("#myModal").modal("show")
        }
    })
    $("#myModal").on("show.bs.modal", function () {
        alert("确定要异地登录吗")
    })
    $("#myModal").on("hide.bs.modal", function () {
        alert("确定要退出账号吗")
    })
    $("#myModal").on("hidden.bs.modal", function () {
        alert("已退出")
    })
```

```
</script>
```

运行本例，以关闭模态框时的效果为例，单击模态框的“关闭”按钮后的效果如图 10-23 和图 10-24 所示。

图 10-23 关闭模态框之前弹出提示

图 10-24 关闭模态框后弹出提示

10.3 提示工具的使用

本节主要讲解轻量级的提示工具，主要包括 toast 组件、tooltip 组件以及 popover 组件。其中，toast 组件是模仿移动和桌面操作系统推送通知的警告消息组件；tooltip 组件使用 CSS3 及 data 属性实现动画效果和提示内容；popover 组件可以实现提示消息的渐变显示和隐藏。

10.3.1 toast 组件

toast 组件

1. toast 组件的样式

toast 组件是一个轻量级的、易于定制的警告消息组件，它主要用于向用户推送通知，其特点是模仿移动端和桌面操作系统的推送通知。toast 组件由提示框页眉和提示框主体组成，其调用方法是添加类名.toast，示例代码如下：

```
<div class="toast" role="alert" aria-live="assertive" aria-atomic="true" id="myToast">
    <div class="toast-header d-flex justify-content-between">
        <p>toast组件示例</p>
        <button type="button" class="close" data-dismiss="toast" aria-label="Close">
            <span aria-hidden="true">&times;</span>
        </button>
    </div>
    <div class="toast-body">toast组件主体</div>
</div>
<script type="text/javascript">
    $("#myToast").toast("show")
</script>
```

其运行结果如图 10-25 所示。

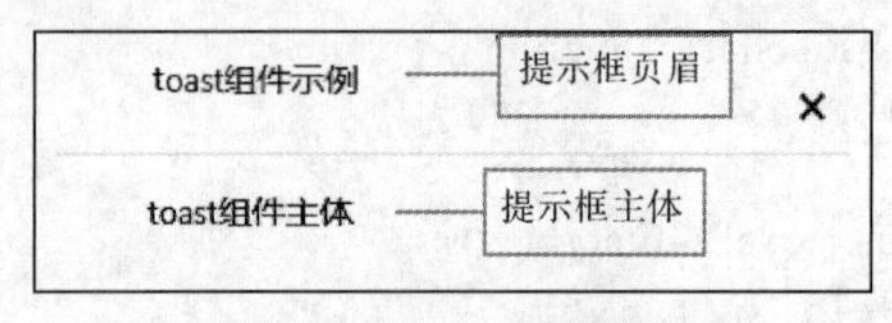

图 10-25 toast 组件

说明：想要 toast 组件正确显示，我们需要通过 toast()方法来初始化。

2. 设置 toast 组件的位置

toast 组件的位置并非一成不变的，如果我们需要设置其位置，可以通过 CSS 中的属性，例如 position 以及弹性布局等属性来自定义。例如下面的代码可以设置一个位于屏幕右上角的 toast 组件：

```
<div class="toast-box" style="position:absolute;top: 0;right:0">
    <!--此部分代码与上面toast示例的代码相同，故省略-->
</div>
```

【例 10-9】仿制移动端应用下载页面，当用户单击下载按钮时，弹出 toast 提示框，提示用户“正在下载，请稍后”。关键代码如下：

```
<!--此处省略移动端下载页面的代码-->
<div class="toast" role="alert" aria-live="assertive" aria-atomic="true" id="myToast" style=
"margin:20px auto;">
    <div class="toast-header d-flex justify-content-between">
        <p>正在下载，请稍后</p>
        <button type="button" class="close" data-dismiss="toast" aria-label="Close">
            <span aria-hidden="true">&times;</span>
        </button>
    </div>
    <div class="toast-body">正在下载，请稍后……</div>
</div>
```

在浏览器中运行本例，然后单击“下载”按钮，其效果如图 10-26 所示。

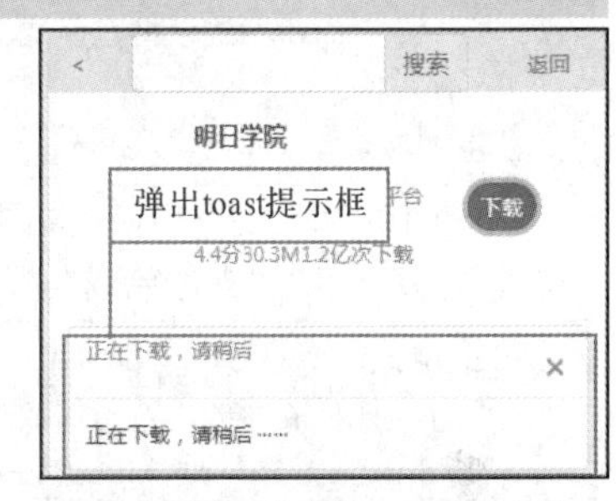

图 10-26　弹出的 toast 提示框

3. toast 组件的参数

toast 组件中提供了 3 个选项。通过这些选项，用户可以设置一些参数，具体选项及含义如下。

☑ data-animation：是否显示 toast 组件显示和隐藏时的动画，取值为 true 或 false。

☑ data-autohide：是否自动隐藏 toast 组件，取值为 true 或 false。

☑ data-delay：延迟隐藏 toast 的时间（单位为 ms），默认值为 500。

例如，下面的代码通过 data-autohide 属性设置 toast 组件为显示状态：

```
<div class="toast w-100" role="alert" aria-live="assertive" aria-atomic="true" id="myToast"
data-autohide="false">
    <div class="toast-header d-flex justify-content-between">
        <p>默认显示的toast </p>
        <button type="button" class="close" data-dismiss="toast" aria-label="Close">
            <span aria-hidden="true">&times;</span>
        </button>
    </div>
    <div class="toast-body">一打开页面，你就可以看见我了</div>
</div>
```

4. toast 组件的方法

toast 组件提供了 4 个方法。通过这 4 个方法，我们可以显示或隐藏甚至销毁 toast 组件。具体方法及其含义如下。

☑ $().toast(option)：将 toast 组件添加到元素集合。

☑ toast("show")：显示（调用）toast 组件。

☑ toast("hide")：隐藏 toast 组件。

☑ toast("dispose")：销毁 toast 组件。

5. toast 组件的事件

toast 组件提供了 4 个事件，具体事件及其含义如下。

☑ show.bs.toast：在 toast 组件显示之前（还未显示）触发该事件。

☑ shown.bs.toast：在 toast 组件显示之后（已显示）触发该事件。

☑ hide.bs.toast：在 toast 组件隐藏之前（还未隐藏）触发该事件。

☑ hidden.bs.toast：在 toast 组件隐藏之后（已隐藏）触发该事件。

例如，分别为 toast 组件添加显示前、显示后、隐藏前和隐藏后的提示内容，其 JavaScript 代码如下：

```
<script type="text/javascript">
    $("#myToast").on("show.bs.toast",function(){
      alert("toast提示框即将登场")
    })
    $("#myToast").on("shown.bs.toast",function(){
      alert("toast提示框已经登场")
    })
    $("#myToast").on("hide.bs.toast",function(){
      alert("toast提示框即将退场")
    })
    $("#myToast").on("hidden.bs.toast",function(){
      alert("toast提示框已经退场")
    })
</script>
```

【例 10-10】制作电商网站中的购物车页面，并且当用户单击“结算”按钮时，依次弹出“正在支付”提示框和“支付完成”提示框。关键代码如下：

```
<div class="container initialism">
    <!--此处省略购物车页面的代码-->
    <div class="d-flex justify-content-end">
        <button type="button" class="btn btn-danger" onclick="$('#myToast1').toast('show')">结算
        </button>
    </div>
</div>
<div class="position-absolute w-100 d-flex flex-column align-items-center" style="top:150px;
left:0">
    <div class="toast w-100" role="alert" aria-live="assertive" aria-atomic="true" id="myToast1">
        <div class="toast-header d-flex justify-content-between">
            <p>订单结算</p>
            <button type="button" class="close" data-dismiss="toast" aria-label="Close">
                <span aria-hidden="true">&times;</span>
            </button>
        </div>
        <div class="toast-body">正在支付，请稍后……</div>
    </div>
    <div class="toast w-100" role="alert" aria-live="assertive" aria-atomic="true" id="myToast2">
        <div class="toast-header d-flex justify-content-between">
            <p>订单结算</p>
            <button type="button" class="close" data-dismiss="toast" aria-label="Close">
                <span aria-hidden="true">&times;</span>
            </button>
```

```
        </div>
        <div class="toast-body">支付成功</div>
    </div>
</div>
<!--第一个toast组件隐藏后，显示第二个toast组件-->
<script type="text/javascript">
    $("#myToast1").on("hidden.bs.toast", function () {
        $("#myToast2").toast("show")
    })
</script>
```

其运行结果如图10-27和图10-28所示。

图10-27　显示“正在支付”提示框

图10-28　显示“支付完成”提示框

10.3.2　tooltip组件

tooltip组件

1. tooltip组件的添加

tooltip组件实现的是提示“冒泡”效果，调用该组件主要通过设置data属性来实现。具体代码如下：

```
<button type="button" class="btn btn-success" data-toggle="tooltip" data-placement="top" title="这是一个提示冒泡工具">鼠标移动到此处查看效果</button>
<script type="text/javascript">
    $(function () {
        $("[data-toggle='tooltip']").tooltip()
    })
</script>
```

上述代码的具体解析如下。

☑ data-toggle：声明为button添加tooltip组件。

☑ data-placement：设置tooltip组件的展开方向。

☑ title：tooltip组件中显示的文字内容。

☑ tooltip()：激活tooltip组件。

当鼠标指针悬停在按钮上时，效果如图10-29所示。

图10-29　tooltip组件应用示例

【例10-11】制作明日学院官网中实战课程模块的页面，实现鼠标指针悬停在“立即购买”按钮上或单击“立即购买”按钮时展开具体课程信息的功能。关键代码如下：

```
<div class="container">
    <div class="row">
        <div class="col-2 p-4 bg-danger text-white text-center d-flex flex-column justify-
        content-around align-items-center font-weight-bold">
```

```
            <h3 class="">京东秒杀</h3><p class="">秒杀倒计时</p>
            <div class="d-flex">
                <p class="bg-dark px-1">00</p>:
                <p class="bg-dark px-1">47</p>:
                <p class="bg-dark px-1">47</p></div>
        </div>
        <dl class="col text-center mx-2 border border-secondary">
            <dt><img src="images/1.png" alt="" class="img-fluid"></dt>
            <dd>
                <p class="text-center initialism">Python编程锦囊</p>
                <div class="d-flex border border-danger mb-2">
                    <div class="text-light bg-danger w-50 h5 p-2 mb-0">￥288</div>
                    <div class="bg-light text-secondary w-50 align-self-center"><strike>￥329
</strike></div>
                </div>
                <button type="button" class="btn btn-danger btn-block rounded-0" data-toggle=
"tooltip" title="Python编程锦囊">立即购买</button>
            </dd>
        </dl>
        <!--此处省略其余商品的代码-->
    </div>
</div>
<script type="text/javascript">
    $(function () {
        $("[data-toggle='tooltip']").tooltip()
    })
</script>
```

在浏览器中运行本例，鼠标指针悬停在“立即购买”按钮上时，效果如图 10-30 所示。

图 10-30　鼠标指针悬停在“立即购买”按钮上的效果

2. tooltip 组件的展开方向

前文提到了 tooltip 组件可以通过 data-placement 属性设置其展开方向，具体有以下 4 个属性值。

☑ top：tooltip 组件在元素的上方展开。

☑ right：tooltip 组件在元素的右方展开。

☑ bottom：tooltip 组件在元素的下方展开。

☑ left：tooltip 组件在元素的左方展开。

其具体代码如下：

```
<button type="button"class=" btn btn-primary"data-toggle="tooltip" data-placement="right" title=
"tooltip提示框">右侧展开tooltip</button>
```

【例 10-12】仿制移动端电话本页面，当鼠标指针悬停在好友名称上或单击好友名称时，弹出 tooltip 组件，显示好友名称及电话号码。关键代码如下：

```
<style type="text/css">
    .lightgray {
        background: #f7f7f7;
    }
</style>
<body style="background:#f7f7f7">
<div class="container">
    <div class="d-flex justify-content-between border-bottom border-secondary">
        <p class="text-primary">编辑</p>
        <p class="">联系人</p>
        <p class="text-primary">添加</p>
    </div>
    <div class="d-flex justify-content-between my-2">
        <input type="text" class="form-control rounded-pill" placeholder="搜索联系人">
    </div>
    <div class="lightgray py-2 pl-5" style="background: #dadbdc">个人资料</div>
    <ul class="list-unstyled" style="background: #dadbdc">
        <li class="lightgray py-2 pl-5">L</li>
        <li class="border-bottom border-secondary px-5 py-2">
            <a href="#" class="text-dark" data-toggle="tooltip" data-placement="top" title="李
LaLa:139****1234">李LaLa</a>
        </li>
        <!--此处省略其他联系人的代码-->
    </ul>
    <div class="d-flex justify-content-between border-top border-secondary pt-1">
        <p>拨号</p><p class="text-primary">联系人</p><p>群组</p><p>收藏</p>
    </div>
</div>
<script type="text/javascript">
    $(function () {
        $("[data-toggle='tooltip']").tooltip()
    })
</script>
</body>
```

其运行结果如图 10-31 所示。

图 10-31　tooltip 组件在元素上方展开

3．tooltip 组件的选项

tooltip 组件中提供了表 10-5 所示的选项。通过这些选项，用户可以设置一些参数，选项的取值及含义如表 10-5 所示。

表 10-5　Bootstrap 预设的 tooltip 组件的选项及其含义

选项名称	取值	含义
data-animation	布尔值（默认值为 true）	是否显示 tooltip 组件显示和隐藏时的动画
data-container	字符串或者 false（默认值为 false）	是否将 tooltip 组件附加到特定元素
data-delay	数字或者对象	显示和隐藏 tooltip 组件的延迟时间。若分别设置显示和隐藏的延迟时间，可以这么设置：{"show":500, "hide":200}
data-html	布尔值（默认值为 true）	在 tooltip 组件中是否允许插入 HTML
data-placement	字符串（默认值为 top）	tooltip 组件展开的方向
data-selector	字符串或者 false（默认值为 false）	如果提供选择器，则 tooltip 组件将被委派给指定目标
data-template	字符串	创建 tooltip 组件时使用的 HTML
data-title	字符串	如果 title 属性不存在，则提供默认的提示文本
data-trigger	字符串（默认值为 hover focus）	如何触发 tooltip 组件
data-offset	数字或者字符串（默认值为 0）	tooltop 组件对其目标的偏移
data-fallbackPlacement	字符串或数组（默认值为"flip"）	指定 tooltip 组件在回调时的位置

例如，下面的代码可以实现当鼠标指针悬停在按钮上 1 秒以后显示 tooltip 组件，并且离开按钮 1 秒以后才隐藏 tooltip 组件的效果：

```
<button class="btn btn-primary" type="button" data-toggle="tooltip" title="1000ms后该冒泡才可以被显示或隐藏" data-delay="1000">发送</button>
```

4．tooltip 组件的方法

与模态框等组件相同，tooltipt 组件也提供了一些方法。通过这些方法，我们可以显示或隐藏甚至销毁 tooltip 组件。具体方法及其对应的功能如表 10-6 所示。

表 10-6　Bootstrap 预设的 tooltip 组件的方法及其功能

方法	功能
tooltip(option)	为元素添加 tooltip 组件
tooltip("show")	显示 tooltip 组件
tooltip("hide")	隐藏 tooltip 组件
tooltip("toggle")	切换 tooltip 组件的状态
tooltip("dispose")	销毁 tooltip 组件
tooltip("disable")	删除 tooltip 组件的显示功能，重新启动后才能显示 tooltip 组件
tooltip("enable")	启用 tooltip 组件，默认情况下为启用状态
tooltip("toggleEnabled")	切换 tooltip 组件的启用状态
tooltip("update")	更新 tooltip 组件的位置

例如下面的代码就可以实现单击按钮后，隐藏或显示 tooltip 组件的效果：

```
<button class="btn btn-primary" type="button" data-toggle="tooltip" onclick="toggle1()" title="这是一个提示冒泡" data-autohide="false">单击按钮可以显示或隐藏冒泡</button>
<script type="text/javascript">
    $(function () {
        $("[data-toggle='tooltip']").tooltip("toggle")
    })
</script>
```

5. tooltip 组件的事件

与模态框等组件相同，tooltip 组件也提供了一些事件，具体事件如表 10-7 所示。

表 10-7　Bootstrap 预设的 tooltip 组件的事件及其描述

事件	描述
show.bs.tooltip	调用 show 方法时触发该事件
shown.bs.tooltip	show 方法调用完毕后触发该事件
hide.bs.tooltip	调用 hide 方法时触发该事件
hidden.bs.tooltip	hide 方法调用完毕后触发该事件
inserted.bs.tooltip	当提示框被添加到 DOM 中时，会在 show.bs.tooltip 事件后触发该事件

【例 10-13】仿制移动端客服聊天页面，当用户单击常见问题时，以“冒泡”形式显示答案。而当用户单击“发送”按钮时，若文本框中的内容为空，则弹出提示框“请输入问题”；反之则弹出提示框“已发送，等待回复中”。关键代码如下：

```
<body style="background: #d5e9e4">
<!--此处省略客服聊天页面的代码-->
<div class="container">
    <dl class="d-flex fixed-bottom mb-0 py-2" style="background: #d8dcdb">
     <div class="input-group">
            <input type="text" class="form-control" id="txt">
            <div class="input-group-append">
                <button class="btn btn-primary" type="button" id="send"data-toggle="tooltip"
                title="" data-animation="false" onclick="show1()">发送
                </button>
            </div>
        </div>
    </dl>
</div>
<script type="text/javascript">
    $(function () {
        $("a[data-toggle='tooltip']").tooltip()
    })
    function show1() {
        if ($("#txt").val() == "") {
            $("#send").attr("title", "请输入问题");
            $("#send").tooltip("show");
            $("#send").on("hidden.bs.tooltip", function () {
                $("#send").tooltip("dispose");
            })
        }
```

```
            else {
                $("#send").attr("title", "已发送，等待回复中");
                $("#send").tooltip("show");
                $("#send").on("hidden.bs.tooltip", function () {
                    $("#send").tooltip("dispose");
                })
            }
        }
    </script>
    <body>
```

其运行结果如图 10-32 和图 10-33 所示。

图 10-32　单击常见问题，显示答案

图 10-33　单击“发送”按钮，显示对应提示

注意：使用 tooltip 组件需要应用 bootstrap.bundle.min.js 或者 popper.js 文件，否则该组件无法正常显示。

10.3.3　popover 组件

popover 组件

1. popover 组件的添加

popover 组件与 tooltip 组件类似，但是与 tooltip 组件相比，它可以提供更多的内容。而它们的添加方法也类似，都是通过 data 属性来添加的，具体代码如下：

```
<button type="button" class="btn btn-primary my-3" data-toggle="popover"
        title="提示框页眉" data-content="提示框主体">单击显示popover组件</button>
<script type="text/javascript">
    $(function () {
        $("[data-toggle='popover']").popover()
    })
</script>
```

上述代码中，data-toggle="popover"声明为 button 元素添加了一个 popover 组件，而 title 属性的值为组件的标题，data-content 属性的值则表示组件的主体内容。设置了组件的内容以后，还需要通过 popover()方法初始化组件。其具体效果如图 10-34 所示。

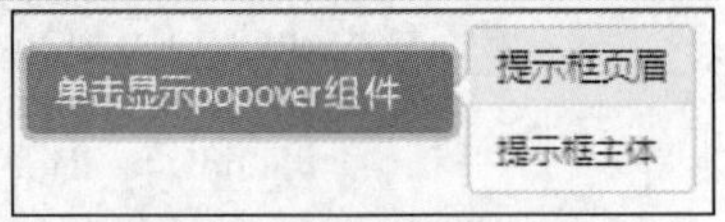

图 10-34　popover 组件

使用该组件时，需要引入 proper.js 文件或者 bootstrap.bundle.js 文件。另外需要特别说明的是，该组件在被禁用的元素上是无法起作用的。

【例 10-14】在注册表单的“注册”按钮上添加 popover 组件，提醒用户设置密码，以及当密码与确认密码不一致时，提示密码不一致。关键代码如下：

```
<div class="container">
    <div class="row justify-content-center">
        <form class="col-10 col-sm-8 col-md-6 col-lg-4 text-center border border-primary">
                <!--此处省略注册表单的代码-->
            <button type="button" class="btn btn-primary btn-block my-3" data-toggle="popover"
                    title="注册提醒" data-content="密码不一致，请重新填写"
                    data-placement="top">注册</button>
        </form>
    </div>
</div>
<script type="text/javascript">
    $(function () {
        $("[data-toggle='popover']").popover()
    })
</script>
```

在浏览器中运行本例，单击“注册”按钮，效果如图 10-35 所示。

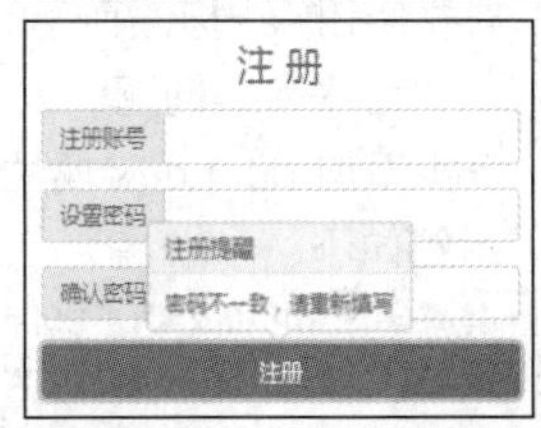

图 10-35　鼠标单击“注册”按钮时的效果

2. popover 组件的展开方向

前文介绍了 tooltip 组件中可以通过 data-placement 属性设置 tooltip 组件的展开方向，而该属性对 popover 组件同样适用。如果没有设置该属性，那么 popover 组件将在当前最适合展开的方向弹出提示框。其具体代码如下：

```
<button type="button" class="btn btn-primary" data-toggle="popover" title="提示框标题"
data-content="提示框内容" data-placement="top"></button>
```

【例 10-15】仿制移动端 51 购商城的订单页面，并且为页面中超链接的 popover 组件设置恰当的展开方向。关键代码如下：

```
<body style="background:#b9bbbe">
<!--此处省略导航菜单等内容的代码-->
<div class="bg-white px-4">
    <div class="d-flex border-bottom border-secondary align-items-center">
        <img src="images/6.png" width="50" alt="">
        <a href="#" class="mr-auto" data-toggle="popover" data-content="查看所有订单"
        data-placement="right">全部订单</a>
        <span class="">&rangle;</span></div>
    <!--此处省略我的关注、足迹和我的收藏的代码-->
</div>
<div class="d-flex justify-content-around fixed-bottom bg-success" style="background:#cce5ff">
    <a href="#" class="nav-item nav-link text-white" data-toggle="popover"
      title="提醒" data-content="点此返回首页"
      data-placement="top">首页</a>
```

```
        <a href="#" class="nav-item nav-link text-white" data-toggle="popover"
            title="提醒" data-content="查看我关注的商品"
            data-placement="top">关注</a>
        <a href="#" class="nav-item nav-link text-white" data-toggle="popover"
            title="提醒" data-content="进入个人中心"
            data-placement="top">我的</a>
        <a href="#" class="nav-item nav-link text-white" data-toggle="popover"
            title="提醒" data-content="进入个人设置"
            data-placement="top">设置</a>
    </div>
    <script type="text/javascript">
        $(function () {
            $("[data-toggle='popover']").popover()
        })
    </script>
    </body>
```

其运行结果如图 10-36 所示。

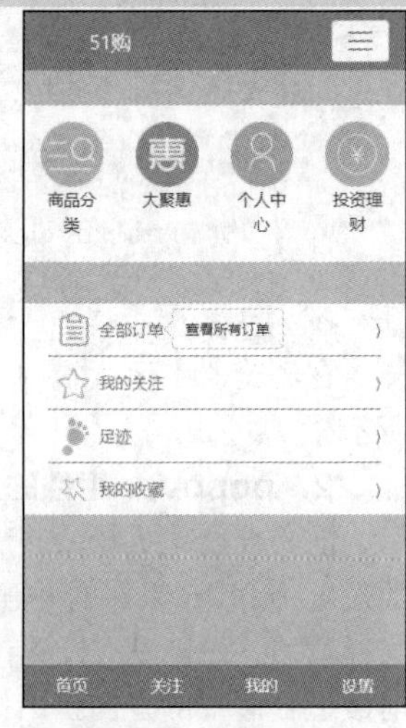

图 10-36　设置 popover 组件的展开方向为上

3．popover 组件的收回方式

popover 组件的默认收回方式是在 popover 组件展开后，下一次单击对应元素。除了默认的收回方式外，我们还可以通过单击空白处或者其他元素收回 popover 组件，完成方法就是设置 data-trigger 属性。使用这种设置方式还需要注意以下两点。

☑　需要使用<a>标签而不是使用<button>标签，这是为了更好地解决跨浏览器和跨平台等问题。

☑　需要添加 tabindex 属性。

具体示例如下：

```
    <a href="#" tabindex="0" class="btn btn-primary" data-toggle="popover"
title="提醒" data-content="单击空白处可关闭此提示框" data-trigger="focus"
data-placement="top">这是一个a链接标签</a>
```

【例 10-16】制作车次预订页面，实现当用户用鼠标单击“预订”按钮时，按钮旁边以提示框的形式显示预订的车次信息。关键代码如下：

```
    <div class="table-responsive">
        <table class="table table-striped">
            <tr class="table-primary">
                <th>车次</th><th>出发站<br>目的地</th>
                <th>出发时间<br>到达时间</th><th>历时</th>
                <th>特等座</th><th>软卧</th>
                <th>硬座</th><th>无座</th><th>备注</th>
            </tr>
            <tr>
                <td>T298</td><td>长春<br>北京</td>
                <td>00:06<br>11:23</td><td>11:17</td>
                <td>30</td><td>6</td>
                <td>1</td><td>-</td>
                <td>
                    <a href="#" tabindex="0" class="btn btn-primary" data-toggle="popover"
                        title="预订提醒" data-content="正在预订T298次列车" data-trigger="focus"
data-placement="top">预订</a> </td>
```

```
        </tr>
    <!--此处省略其余车次信息的代码-->
        </table>
    </div>
    <script type="text/javascript">
        $(function(){
            $("[data-toggle='popover']").popover()
        })
    </script>
```

在浏览器中运行本例，然后单击“预订”按钮可显示对应提示框，其效果如图 10-37 所示，然后单击空白地方即可关闭该提示框。

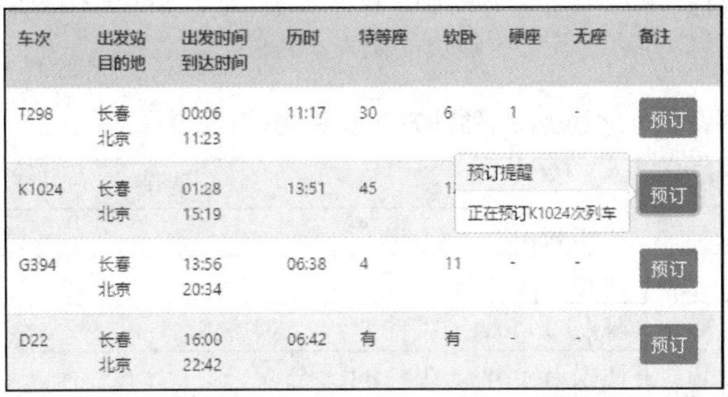

车次	出发站 目的地	出发时间 到达时间	历时	特等座	软卧	硬座	无座	备注
T298	长春 北京	00:06 11:23	11:17	30	6	1	-	预订
K1024	长春 北京	01:28 15:19	13:51	45	1[illegible]	预订提醒 正在预订K1024次列车		预订
G394	长春 北京	13:56 20:34	06:38	4	11	-	-	预订
D22	长春 北京	16:00 22:42	06:42	有	有	-	-	预订

图 10-37　单击“预订”按钮，显示提示框

4. popover 组件的选项

popover 组件中提供了表 10-8 所示的一些选项。通过这些选项，用户可以设置一些参数，选项的取值及含义如表 10-8 所示。

表 10-8　Bootstrap 预设的 popover 组件的选项及其含义

选项名称	取值类型	含义
data-animation	布尔值（默认值为 true）	是否显示 popover 组件显示和隐藏时的动画
data-container	字符串或者布尔值（默认值为 false）	是否将 popover 组件框附加到特定元素
data-delay	数字或者对象（默认值为 0）	显示和隐藏 popover 组件的延迟时间。若分别设置显示和隐藏的延迟时间，可以这么设置：{"show":500,"hide":200}
data-html	布尔值（默认值为 true）	在 popover 组件中是否接受 HTML 标签。true 表示 popover 组件的 title 中的 HTML 标签在组件工具中呈现；false 表示使用 jQuery 的 text()方法将内容插入 DOM 中，这样可以避免跨站脚本攻击
data-placement	字符串（默认值为"right"）	popover 组件展开的方向
data-selector	字符串或布尔值（默认值为 false）	如果提供选择器，则 popover 组件将被委派给指定目标
data-template	字符串	创建 popover 组件时使用的 HTML
data-title	字符串	如果 title 属性不存在，则提供默认的提示文本

续表

选项名称	取值类型	含义
data-content	字符串	popover 组件的主体内容
data-trigger	字符串（默认值为"click"）	如何触发 popover 组件
data-offset	数字或者字符串（默认值为 0）	popover 组件与目标的偏移距离
data-fallbackPlacement	字符串或数组	指定 popover 组件在回调时使用的位置

例如，单击空白处关闭提示框就是 data-trigger 的应用。

5. popover 组件的方法

与模态框等组件相同，popover 组件也提供了一些方法。通过这些方法，我们可以显示或隐藏甚至销毁 popover 组件。具体方法及其对应的功能如表 10-9 所示。

表 10-9　Bootstrap 预设的 popover 组件的方法及其功能

方法	功能
popover (option)	初始化 popover 组件
popover ("show")	显示 popover 组件
popover ("hide")	隐藏 popover 组件
popover ("toggle")	切换 popover 组件的状态
popover ("dispose")	销毁 popover 组件
popover ("disable")	删除 popover 组件的显示功能，重新启动后才能显示 popover 组件
popover ("enable")	启用 popover 组件，默认情况下为启用状态
popover ("toggleEnabled")	切换 popover 组件的启用状态
popover ("update")	更新 popover 组件的位置

6. popover 组件的事件

与模态框等组件相同，popover 组件也提供了一些事件，具体事件如表 10-10 所示。

表 10-10　Bootstrap 预设的 popover 组件的事件及其描述

事件	描述
show.bs. popover	调用 show 方法时触发该事件
shown.bs. popover	show 方法调用完毕后触发该事件
hide.bs. popover	调用 hide 方法时触发该事件
hidden.bs. popover	hide 方法调用完毕后触发该事件
inserted.bs. popover	当提示框被添加到 DOM 中时，会在 show.bs.popover 事件后触发该事件

【例 10-17】制作发送邮件页面，并且为页面下方的“发送”按钮、“定时发送”按钮、“存草稿”按钮、“关闭”按钮添加对应的提示信息。关键代码如下：

```
<div class="container py-3" style="background:#d9ebff">
    <form>
        <!--此处省略邮件收件人、主题和正文内容部分的代码-->
        <div class="row list-unstyled my-2">
            <li class="offset-md-1 col-auto" style="margin-left:110px">
                <button type="button" class="btn btn-primary mx-2 btn-sm"data-toggle="popover"
                title="发送提醒"data-content="正在发送，请稍后" data-placement="top">发送
```

```
                </button>
            </li>
            <li class="col-auto">
                <button type="button" class="btn btn-warning mx-2 btn-sm" data-toggle="popover"
                data-trigger="click"title="定时发送" data-content="2小时后将发送" data-placement=
                "top">定时发送</button>
            </li>
            <li class="col-auto">
                <button type="button" class="btn btn-success mx-2 btn-sm" data-toggle="popover"
                data-trigger="click"title="保存提醒" data-content="正在保存，请稍后" data-placement=
                "top">存草稿</button>
            </li>
            <li class="col-auto">
                <button type="button" class="btn btn-info mx-2 btn-sm" data-toggle="popover" title="
                关闭提醒"data-content="关闭后不会保存当前内容" data-placement="top">关闭</button>
           </li>
        </div>
    </form>
</div>
<script type="text/javascript">
    $(function () {
        $(".btn").click(function () {
            $("[data-toggle='popover']").popover("hide");
            $(this).popover("show")
        })
    })
</script>
```

在浏览器中运行本例，并且单击页面下方的“定时发送”按钮，效果如图 10-38 所示。继续单击上面的“添加密送”按钮，可看到图 10-38 提示框被关闭，然后显示“添加密送”的提示框，如图 10-39 所示。

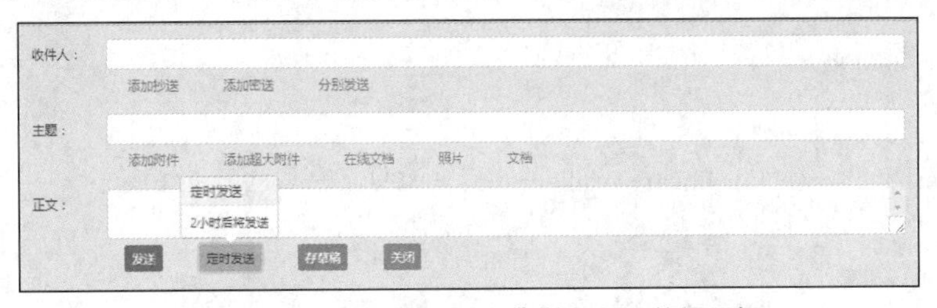

图 10-38 单击“定时发送”按钮显示的提示框

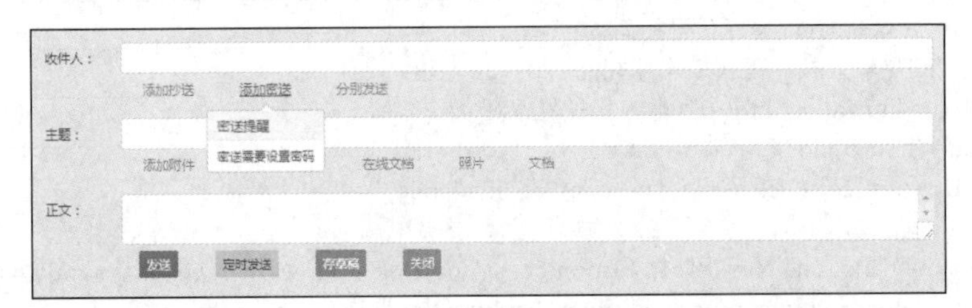

图 10-39 单击“添加密送”按钮显示的提示框

使用 popover 组件需要应用 bootstrap.bundle.min.js 或者 popper.js 文件，否则该组件将无法正常显示。

10.4 本章小结

本章主要介绍了 Bootstrap 中一些常用的警告和提示工具，这些提示工具有些适用于 PC 端，有些适用于移动端。学完本章后，读者可以为自己的网站添加适当的提示信息或者模态框等，使自己的网站页面更加友好。

上机指导

制作游戏中兑换礼品的页面。当用户单击“获取礼品”按钮时，若文本框的内容为空，则弹出一则礼品码无效的警告内容，如图 10-40 所示；反之，则弹出兑换成功的提示，如图 10-41 所示。

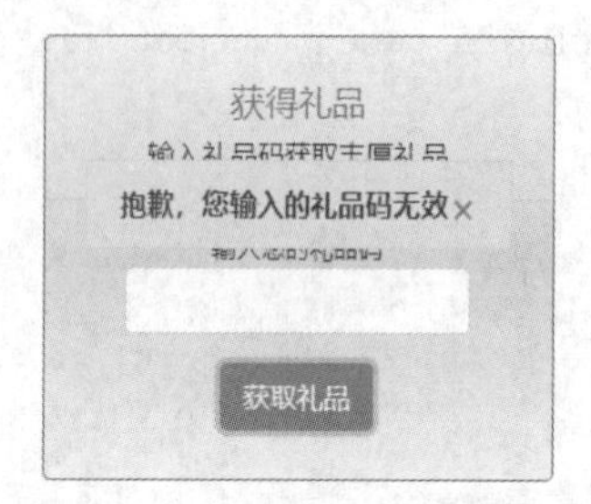

图 10-40　礼品码无效警告框

图 10-41　兑换成功提示

开发步骤如下。

（1）添加文本框、按钮以及警告框，设置页面大小、背景颜色以及警告框的位置，并且设置警告框内容隐藏。具体代码如下：

```
<style type="text/css">
    .cont {
        width: 300px;
        height: 250px;
        margin: 0 auto;
        background: -webkit-linear-gradient(top, #f3fbe0, #c6e899, #f3fbe0);
    }
</style>
<body>
<div class="cont rounded-lg border border-primary text-center py-4 position-relative" style="">
    <h5 class="text-primary">获得礼品</h5>
    <p class="h6">输入礼品码获取丰厚礼品</p><hr>
        <p class="initialism mb-0">输入您的礼品码</p>
    <div class="mx-5 mb-3">
        <input type="text" class="form-control" id="code1">
    </div>
    <button type="button" class="btn btn-success" onclick="show1()">获取礼品</button>
    <div class="alert-danger alert position-absolute" id="myAlert3" style="display: none">
        <strong>抱歉，您输入的礼品码无效</strong>
        <button type="button" class="close" onclick="hid1('myAlert3')">
            <span aria-hidden="true">&times;</span>
        </button>
    </div>
</div>
```

```
</body>
```

（2）Bootstrap 中的销毁警告框是将警告框内容从 DOM 中删除，所以只能显示一次。由于可能需要多次弹出警告框，因此需要为警告框的“关闭”按钮重新添加方法，实现单击警告框的“关闭”按钮时，只是将警告框隐藏的效果。具体代码如下：

```
<script type="text/javascript">
    function show1() {
        $("#code1").val("")
        $('#myAlert3').css("display", "block")
    }
    function hid1(a) {
        $("#" + a).css("display", "none")
    }
</script>
```

习题

（1）如何为警告框添加渐入渐出式动画？
（2）使用 JavaScript 脚本调用模态框时，需要使用什么方法？
（3）Bootstrap 中预设的模态框有哪几种尺寸？类名为什么？
（4）toast 组件包含哪两个部分？分别如何定义？
（5）使用 JavaScript 调用 popover 组件需要用什么方法？

Chapter 11

第11章

折叠面板与轮播组件

本章要点

- 滚动监听的使用
- 折叠面板组件的使用
- 轮播组件的添加
- 大块屏的使用

11.1 滚动监听组件

滚动监听组件可以帮助用户快速定位当前页面在导航中的位置。滚动监听组件主要是通过 Scrollspy 组件来实现的。

11.1.1 滚动监听组件的使用

滚动监听组件的使用

1. 添加滚动监听组件的方法

滚动监听组件会根据滚动位置，自动更新导航条的目标，以正确显示页面所在的位置。添加滚动监听组件通常需要两步。

首先，添加滚动监听组件需要设置<a>标签的 href 属性，并将其属性值指向目标元素的 id。例如下面的代码就将导航中的链接标签指向了目标元素：

```
<nav class="nav nav-pills nav-justified bg-warning" id="myNav">
    <a href="#page" class="nav-item nav-link">网页游戏</a>
    <a href="#console" class="nav-item nav-link">单机游戏</a>
    <a href="#chess" class="nav-item nav-link">棋牌类游戏</a>
    <a href="#eliminate" class="nav-item nav-link">消除游戏</a>
    <a href="#burn" class="nav-item nav-link">烧脑游戏</a>
</nav>
```

然后，指定监听对象（监听对象通常为<body>），并且在监听对象中为各元素设定 id。其代码如下：

```
<body data-spy="scroll" data-target="#myNav">
```

```
    <div class="scroll">
        <div id="page" class="my-4 ">
            <!--网页游戏内容-->
            <div class="d-flex justify-content-between w-100 ">
                <p class="text-primary">网页游戏</p><p class="text-secondary">更多</p>
            </div>
            <div class="row border border-secondary">
                <dl class="col text-center">
                    <dt><img src="img/1.jpg" class="img-fluid"></dt><dd>火柴人打羽毛球</dd>
                </dl>
                <!--省略该行中其余列表的代码-->
            </div>
        </div>
        <!--省略其余游戏的代码-->
    </div>
    <body>
```

上述代码中，通过设置 data-spy="scroll"指定监听的滚动对象为<body>标签内容，即浏览器窗口，然后在<body>标签中通过添加 data-target="#myNav"来指定监听的导航条。其运行效果如图 11-1 所示。

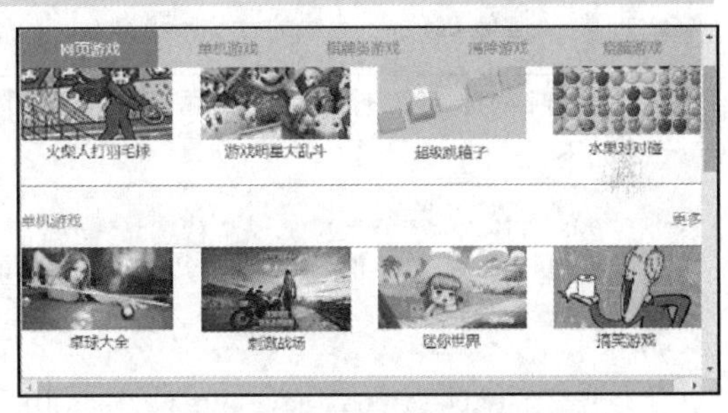

图 11-1　添加滚动监听组件的示例

上述代码指定了<body>标签为监听的滚动对象，当然我们也可以指定网页中的任意元素为监听的对象。需要注意的是，如果指定<body>标签以外的元素为滚动监听的对象，那么除了要设置 data-spy="scroll"和 data-target 以外，还需要通过 CSS 设置滚动监听对象的大小（宽度和高度），以及指定溢出内容的显示方式为添加滚动条滚动显示（overflow:scroll 或者 overflow-y:scroll）。例如将前文所述的游戏列表指定为滚动监听的对象的代码为：

```
<style type="text/css">
    .scroll{
        height:300px;
        overflow-y: scroll;
    }
</style>
<div class="scroll container" data-spy="scroll" data-target="#myNav">
    /*各类型游戏列表*/
    <div id="page" class="my-4 ">
        <div class="d-flex justify-content-between w-100 ">
            <p class="text-primary">网页游戏</p>
            <p class="text-secondary">更多</p></div>
        <div class="row border border-secondary">
            <dl class="col text-center">
                <dt><img src="img/1.jpg" class="img-fluid"></dt>
                <dd>火柴人打羽毛球</dd>
            </dl>
            <!--省略该行中其余列表的代码-->
        </div>
    </div>
    <!--省略其余游戏的代码-->
</div>
```

其运行效果如图 11-2 所示。

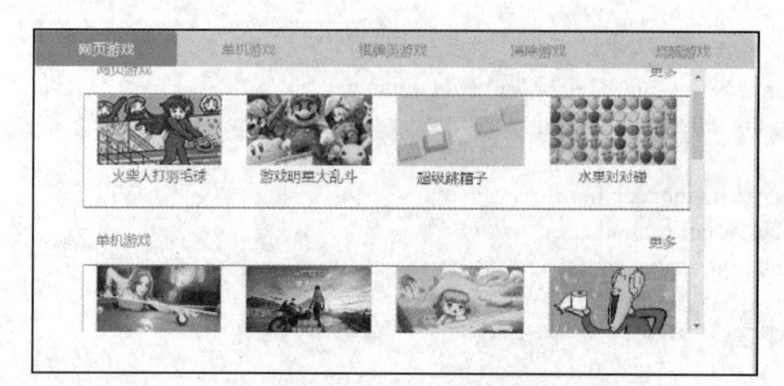

图 11-2　游戏列表为滚动监听对象的示例

2. 在<nav>标签中使用滚动监听

前文介绍了添加滚动监听组件的方法，而要显示滚动监听对象的滚动位置，通常是通过<nav>标签实现的。具体操作方法与前文所讲类似，下面通过具体实例来介绍。

【例 11-1】制作图书列表页面，要求当页面发生滚动时，在导航中显示图书滚动的位置。部分代码如下：

```
<body data-spy="scroll" data-target="#nav1">
<div class="w-100 bg-dark" style="height:40px" >
    <!--导航-->
    <div class="container">
        <nav class="nav nav-pills nav-justified fixed-top bg-dark" id="nav1" style="margin-
        bottom:100px">
            <a href="#back" class="nav-item nav-link text-white">后端开发</a>
            <a href="#mobile" class="nav item nav-link text-white">移动端开发</a>
            <a href="#web" class="nav-item nav-link text-white">前端开发</a>
            <a href="#data" class="nav-item nav-link text-white">数据库开发</a>
            <a href="#other" class="nav-item nav-link text-white">其他</a>
         </nav>
         <div class="w-100" style="padding:40px 0"><img src="images/slider2.jpg" alt=""
         class="img-fluid"> </div>
         <!--滚动内容-->
         <div >
            <div class="row my-4 border border-secondary" id="back">
                <dl class="col d-flex flex-column justify-content-between">
                    <dt><img src="images/b1.png" alt="" class="img-fluid"> </dt>
                    <dd>
                        <h5>零基础学C++</h5>
                        <div class="d-flex justify-content-between align-items-center">
                            <p class="text-danger">¥79.80</p>
                            <p class="text-white bg-danger p-1">电子书</p>
                        </div>
                    </dd>
                </dl>
        <!--此处省略其他图书商品的代码-->
           </div>
           <!--此处省略其他图书商品的代码-->
```

```
            </div>
        </div>
    </div>
    <body>
```

其运行结果如图 11-3 所示。

图 11-3　使用<nav>标签显示滚动信息

11.1.2　在嵌套的导航中添加滚动监听

在嵌套的导航中添加滚动监听

滚动监听适用于嵌套的导航。在嵌套的导航中，如果被嵌套的导航.nav-item 是被激活状态，那么，其父元素.nav 也是被激活状态。下面为在嵌套的导航中添加滚动监听的示例，示例中<a>标签 href 属性的属性值为指定目标元素的 id：

```
<nav class="nav col-auto flex-column nav-pills position-fixed" id="navCon" style=
"left: 0;top:230px">
    <a href="#scroll1" class="nav-item nav-link">导航菜单</a>
    <nav class="nav flex-column nav-pills">
        <a href="#scroll1-1" class="nav-link">二级子菜单</a>
        <a href="#scroll1-2" class="nav-link">二级子菜单</a>
        <a href="#scroll1-3" class="nav-link">二级子菜单</a>
    </nav>
</nav>
```

【例 11-2】制作图书商品列表页面，要求将页面分为两部分，左侧为图书导航，右侧为图书内容，并且要求在导航中显示右侧图书内容的位置。关键代码如下：

```
<body data-spy="scroll" data-target="#myCon">
<!--导航-->
<nav class="nav col-auto flex-column nav-pills position-fixed" id="navCon" style="left: 0;top:230px">
    <a href="#f1" class="nav-item nav-link">后端开发</a>
    <!--二级导航-->
    <nav class="nav flex-column nav-pills ml-4">
        <a href="#Java" class="nav-item nav-link">Java</a>
        <a href="#Javaweb" class="nav-item nav-link">Java Web</a>
        <a href="#PHP" class="nav-item nav-link">PHP</a>
        <a href="#Cp" class="nav-item nav-link">C#</a>
    </nav>
    <a href="#f2" class="nav-item nav-link">移动端开发</a>
    <!--此处省略其余二级导航的代码-->
</nav>
```

```
<!--商品内容-->
<div class="container">
    <div id="f1">
        <div class="row my-4 border border-secondary" id="Java">
            <dl class="col">
                <dt><img src="images/java1.jpg" alt="" class="img-fluid"></dt>
                <dd class="h5">Java学习黄金组合套装</dd>
            </dl>
            <!--此处省略其他Java菜单下的图书的代码-->
        </div>
        <!--此处省略后端开发下其他二级菜单中的图书的代码-->
    </div>
    <!--此处省略其他图书的代码-->
</div>
<body>
```

打开本例，滚动页面时，左侧导航中会显示对应的滚动位置。图 11-4 所示为页面滚动至 Java Web 时的页面效果。

图 11-4　使用嵌套的导航显示滚动信息

11.1.3　在列表组中添加滚动监听

在列表组中添加滚动监听

除了可以通过导航来更新滚动位置外，还可以通过列表组来实现。其示例代码如下：

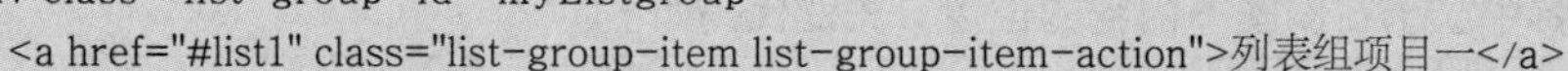

```
<div class="list-group" id="myListgroup">
    <a href="#list1" class="list-group-item list-group-item-action">列表组项目一</a>
    <a href="#list2" class="list-group-item list-group-item-action">列表组项目二</a>
    <a href="#list3" class="list-group-item list-group-item-action">列表组项目三</a>
    <a href="#list4" class="list-group-item list-group-item-action">列表组项目四</a>
</div>
```

【例 11-3】实现电商网站中的楼层展示效果，即在右侧滚动展示商品时，在左侧展示对应商品的所属类型。关键代码如下：

```
<!--左侧楼层展示-->
<div class="floor pos ition-fixed list-group" id="myFloor">
    <a href="#f1" class="list-group-item list-group-item-action">1楼  健身运动</a>
    <a href="#f2" class="list-group-item list-group-item-action">2楼  家具家居</a>
    <a href="#f3" class="list-group-item list-group-item-action">3楼  数码电子</a>
    <a href="#f4" class="list-group-item list-group-item-action">4楼  编程学习</a>
</div>
```

```
<!--商品展示-->
<div class="container" data-spy="scroll" data-target="#myFloor" style="overflow:scroll;height:500px">
    <div class="row my-4 border border-secondary" id="f1">
        <dl class="col d-flex flex-column justify-content-between">
            <dt><img src="img/f1-1.jpg" alt="" class="img-fluid"></dt>
            <dd class="d-flex justify-content-between">
                <p class="h5">瑜伽球 健身</p>
                <p class="text-danger">¥39.80</p>
            </dd>
        </dl>
<!--此处省略1楼其他商品信息的代码-->
   </div>
<!--此处省略其他楼层商品的代码-->
</div>
```

运行本例后，页面滚动至第三楼层，数码电子部分的内容如图 11-5 所示。

图 11-5　显示电商网站中楼层的信息

11.1.4　滚动监听组件的选项、方法和事件

滚动监听组件的
选项、方法和事件

1. 滚动监听组件的选项

滚动监听组件主要提供了 data-offset 选项。该选项的属性类型为 number，决定了计算滚动位置时，从顶部开始计算的偏移距离，其默认值为 10。具体代码如下：

```
<div class="row" data-spy="scroll" data-offset="50"></div>
```

2. 滚动监听组件的方法

滚动监听组件主要有以下两个方法。

☑　$().scrollspy('refresh')：更新 DOM。

☑　$().scrollspy('dispose')：销毁滚动元素。

3. 滚动监听组件的事件

Bootstrap 中的滚动监听组件提供了一个事件，当新项目被滚动激活时，该事件就会在滚动元素上触发。其代码如下：

```
$("[data-spy='scroll']").on("activate.bs.scrollspy",function(){

})
```

【例 11-4】制作明日学院网站课程页面，要求在实现滚动页面时，弹出当前页面滚动位置提示信息的效果。关键代码如下：

```
<div class="container">
```

```
    <nav class="nav nav-justified nav-pills" id="nav1" style="background:rgba(0,0,0,0.5)">
        <a href="#" class="nav-link nav-item bg-success text-white">全部课程</a>
        <a href="#curriculum" class="nav-link nav-item text-white">体系课程</a>.
        <a href="#practice" class="nav-link nav-item text-white">实战课程</a>
        <a href="#live" class="nav-link nav-item text-white">直播课程</a>
    </nav>
  <div class="row" data-spy="scroll" data-target="#nav1" style="height:550px;overflow:scroll">
  <!--此处省略导航下方广告图的代码-->
        <div class="w-100"><img src="images/slider3.png" class="img-fluid"></div>
        <div class="col-2">
            <div class="back">
                <h4>后端开发</h4>
                <ul class="list-unstyled list-inline">
                    <li class="list-inline-item">Java</li>
                    <li class="list-inline-item">Java Web</li>
                    <li class="list-inline-item">PHP</li>
                    <!--此处省略其余后端开发的菜单项的代码-->
                </ul>
            </div>
                    <!--此处省略其余侧边导航项目的代码-->
        </div>
        <div class="col">
            <div class="curriculum" id="curriculum">
                <div class="d-flex border-bottom border-secondary">
                    <img src="images/l.png" alt="">
                    <span class="text-primary mr-auto">体系课程</span>
                    <span class="text-secondary">更多》</span>
                </div>
                <div class="row my-3">
                    <dl class="col border border-secondary mx-2">
                        <dt><img src="images/t1.png" alt="" class="img-fluid"></dt>
                        <dd class="d-flex   align-items-center text-secondary">
                            <p><img src="images/b.png"><span>主讲：根号申</span></p>
                            <p class="mr-auto"><img src="images/c.png"><span>课时：10小时9分钟15秒
                            </span></p>
                            <button type="button" class="btn btn-primary">开始学习</button>
                        </dd>
                    </dl>
                                <!--此处省略第二个课程内容的代码-->
                </div>
            </div>
                                <!--此处省略实战课程与直播课程内容的代码-->
        </div>
    </div>
  </div>
  <script type="text/javascript">
      $("[data-spy='scroll']").on("activate.bs.scrollspy",function(){
        alert("即将展示项目\n\n"+$(".active").text())
      })
  </script>
```

在浏览器中运行本例，然后滚动页面，弹出提示框提醒当前滚动位置，如图 11-6 所示。

图 11-6　监听到滚动目标发生滚动时，弹出提示

11.2　折叠面板组件

折叠面板组件是一个非常灵活的组件，它可以通过简单的几个属性和类名来切换对应内容，控制内容显示或隐藏。

折叠面板组件的使用

11.2.1　折叠面板组件的使用

1. 添加折叠面板组件的方法

对于一些内容较长的网站，网页通常仅显示部分内容，然后通过“展开全文”按钮的单击事件来显示网页的所有内容，这就相当于折叠面板组件的应用。Bootstrap 提供了折叠面板组件，使用该组件，我们仅需要几行简单的代码就可以实现折叠与展开面板的效果。添加折叠面板组件需要使用类 collapse。例如下面的代码就可以创建一个简单的折叠面板：

```
<div class="collapse" id="myCollapse">
    <div class="card">
        <div class="card-header">垃圾分类原则之猪猪原则</div>
        <div class="card-body list-group-flush p-0">
            <div class="list-group-item list-group-item-info">猪可以吃的都是湿垃圾/div>
            <div class="list-group-item list-group-item-info">猪不吃的都是干垃圾</div>
            <div class="list-group-item list-group-item-info">猪吃了会死的是有害垃圾</div>
           <div class="list-group-item list-group-item-info">卖了能买猪的是可回收垃圾</div>
        </div>
    </div>
</div>
```

上述代码将卡片组件作为折叠面板。然而仅有上述代码是无法实现折叠与展开效果的，还需要设置激活折叠效果的“开关”。激活折叠效果的“开关”有以下两种方式。

☑　通过设置 data 属性或者 href 属性创建折叠效果。

激活折叠面板的“开关”可以是<a>标签或者<button>标签。使用它们时，需要添加属性"data-toggle=collapse"来声明这是折叠面板的“开关”，然后添加“开关”所要控制的折叠面板。如果使用<a>标签，则通过设置 href 属性来指定折叠面板；若使用<button>标签，则通过设置 data-target 属性来指定折叠面板。通过<a>标签和<button>标签控制折叠面板的具体代码如下：

```
<div class="d-flex justify-content-around">
    <a href="#myCollapse" class="btn btn-info" data-toggle="collapse">链接标签</a>
    <button data-target="#myCollapse" class="btn btn-info" data-toggle="collapse">链接标签
```

```
        </button>
    </div>
```

☑ 通过 JavaScript 脚本创建折叠效果。

通过 JavaScript 脚本创建折叠效果是使用 JavaScript 中的 collapse()方法。以控制上面的折叠面板为例，其代码如下：

```
$("#myCollapse").collapse("show")
```

2. 折叠面板使用示例

【例 11-5】设计个人博客页面，然后为最近发布的博文添加展开和折叠效果。关键代码如下：

```
<div class="container">
<!--此处省略博主信息的代码-->
    <div class="row">
        <div class="border border-info offset-3 offset-sm-2 offset-md-1 offset-sm-1 px-4 w-100">
            <h5 style="color:#966dff">最近发帖</h5>
            <div class="row initialism">
                <div class="w-100" style="background:#f1e8e2">
                    <a href="#" class="h5 text-decoration-none text-dark">什么是HTML、HTML5、CSS
                    与CSS3? </a>
                    <a href="#text1" class="text-danger" data-toggle="collapse">展开原文</a>
                </div>
                <div class="collapse border border-secondary p-2 w-100" id="text1">
                    HTML是超文本标记语言，人们可以将它理解为通向Web技术世界的钥匙；而HTML5是下一代
                    的HTML，它以HTML4为基础，并对其进行了大量的修改。CSS的全称为Cascading Style
                    Sheets，使用它可以对网页进行布局。而CSS3就是最新的CSS标准，其中增加了许多新特性。
                </div>
                <p class="text-secondary w-50 justify-content-around d-flex">
                    <span>2017-4-8</span><span>27 人观看</span><span>5 人点赞</span>
                </p>
            </div>
            <!--此处省略第二个折叠面板的代码-->
        </div>
    </div>
</div>
```

运行本例，初始界面效果如图 11-7 所示；单击右侧的“展开原文”链接后，效果如图 11-8 所示。

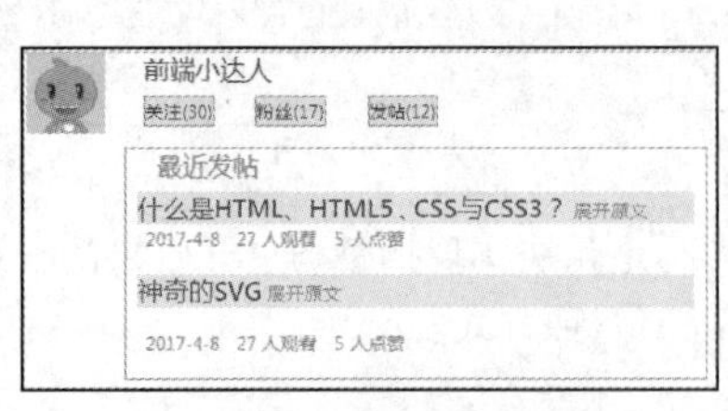

图 11-7 页面初始效果

图 11-8 展开折叠面板

11.2.2 控制多个折叠面板

控制多个折叠面板

<a>标签和<button>标签可以作为折叠面板的“开关”，而这个“开关”可以是一对多的，即一个开关可以控制多个折叠面板，其控制方法依然是通过设置 href 属性和 data-target 属性，为这两个属性设置多个属性值即可。例如下面的代码就

可以实现以一个“开关”控制多个折叠面板的效果：

```
<div class="d-flex justify-content-around">
    <a class="btn btn-info" href="#collapse1,#collapse2" data-toggle="collapse" >我可以控制折叠面板一和二</a>
    <a class="btn btn-info" href=".collapse" data-toggle="collapse" >我可以控制所有折叠面板</a>
    <button class="btn btn-info" data-target="#collapse1,#collapse2" data-toggle="collapse">我可以控制折叠面板一和二</button>
    <button class="btn btn-info" data-target=".collapse" data-toggle="collapse" >我可以控制所有折叠面板</button>
</div>
```

【例 11-6】在网页中添加 3 个相册和 4 个按钮，并且每个相册都可以通过导航中的对应按钮展开或折叠，而第 4 个按钮拥有切换所有相册的展开和隐藏状态的功能。关键代码如下：

```
<div class="w-100" style="background:#d5dfe8">
    <nav class="nav nav-justified">
        <a href="#collapse1" data-toggle="collapse" class=" nav-link nav-item">夕阳</a>
        <a href="#collapse2" data-toggle="collapse" class=" nav-link nav-item">海边</a>
        <a href="#collapse3" data-toggle="collapse" class=" nav-link nav-item">冬雪</a>
        <a href=".collapse" data-toggle="collapse" class="nav-link nav-item">切换相册</a>
    </nav>
</div>
<div class="container">
    <div class="row justify-content-around">
        <div class="collapse col" id="collapse1"><img src="images/scenery1.jpg" class="img-fluid"></div>
        <div class="collapse col" id="collapse2"><img src="images/scenery2.jpg" class="img-fluid"></div>
        <div class="collapse col" id="collapse3"><img src="images/scenery3.jpg" class="img-fluid"></div>
    </div>
</div>
```

运行本例，页面的初始效果如图 11-9 所示；单击页面上方导航中的“海边”按钮后，页面效果如图 11-10 所示。

图 11-9　初始效果

图 11-10　切换相册

11.2.3 “手风琴”折叠面板

“手风琴”折叠面板

“手风琴”折叠面板在网页中比较常见。其实现方式是结合折叠面板组件和卡片组件，并且为每个折叠面板组件添加 data-parent 属性。该属性的属性值为目标元素，其含义为展开此折叠面板时，关闭目标元素下所有其他折叠面板。

【例 11-7】为明日学院官方网站读书页面设计“手风琴”式导航。关键代码如下：

```
<div class="bg-dark" style="max-height: 40px">
    <div class="container">
```

```
<!--此处省略导航部分的代码-->
        <div class="row justify-content-center">
            <div class="col-12 col-sm-3 col-md-2 collapse1" id="collapse1">
                <div class="card">
                    <div class="card-header" style="background:#fffbdc">
                        <a href="#back" class="text-dark" data-toggle="collapse">后端开发</a>
                    </div>
                    <div class="collapse" id="back" data-parent="#collapse1">
                        <div class="card-body p-0" style="background:#d1ecf1">
                            <ul class="list-group list-group-flush">
                                <li class="list-group-item bg-transparent">Java</li>
                                <li class="list-group-item bg-transparent">JavaWeb</li>
                                <li class="list-group-item bg-transparent">PHP</li>
                                <li class="list-group-item bg-transparent">C#</li>
                                <li class="list-group-item bg-transparent">C++</li>
                                <li class="list-group-item bg-transparent">VC++</li>
                            </ul>
                        </div>
                    </div>
                </div>
                <!--省略其他导航项的代码-->
            </div>
            <div class="d-none d-sm-block col">
                <img src="images/pic.jpg" class="img-fluid" alt="">
            </div>
        </div>
    </div>
</div>
```

运行本例后，页面的效果如图 11-11 所示。

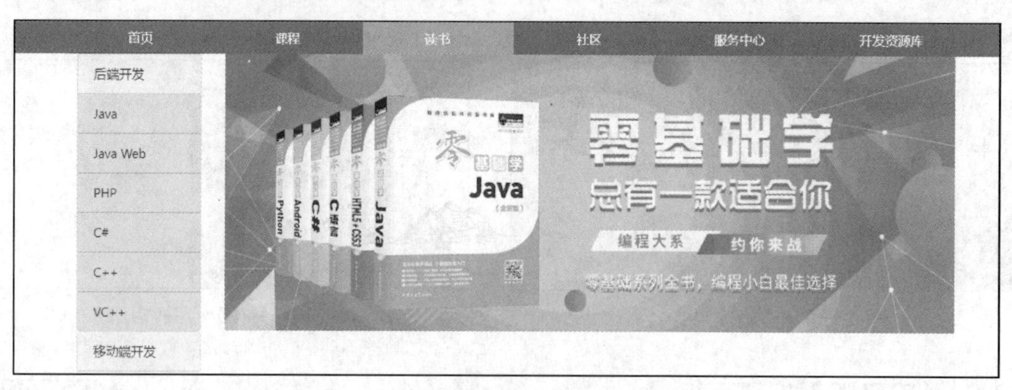

图 11-11　展开读书页面的侧边导航

11.2.4　折叠面板组件的选项、方法和事件

折叠面板组件的选项、方法和事件

1. 折叠面板组件的选项

折叠面板组件主要提供了以下两个自定义选项。

☑　data-parent：其值为目标元素，当目标元素下的某个折叠面板被打开时，目标元素下的其他折叠面板将自动隐藏。

☑ data-toggle：用于调用折叠块元素。

两选项的使用示例如下：

```
<div class="d-flex justify-content-around">
    <button type="button" class="btn btn-info" data-toggle="collapse" data-target="#collapse1">开关
1</button>
    <button type="button" class="btn btn-info" data-toggle="collapse" data-target="#collapse2">开关
2</button>
</div>
<div id="coll">
    <div class="collapse bg-success" id="collapse1" data-parent="#coll" style="width:200px;
height:200px">这是折叠面板1</div>
    <div class="collapse bg-warning" id="collapse2" data-parent="#coll" style="width:200px;
height:200px">这是折叠面板2</div>
</div>
```

代码的运行结果如图 11-12 和图 11-13 所示。

图 11-12　单击开关 1 时的效果

图 11-13　单击开关 2 时的效果

2. 折叠面板组件的方法

折叠面板组件提供了以下 6 个方法，通过这 6 个方法我们可以直接对折叠面板进行手动操作，例如展开或隐藏面板等。具体方法及其对应的功能如表 11-1 所示。

表 11-1　Bootstrap 预设的折叠面板组件的方法及其功能

方法	功能
collapse(option)	激活内容作为折叠面板，并且将选项加入 object 内
collapse("toggle")	手动切换折叠面板的展开或折叠状态
collapse("show")	手动展开折叠面板
collapse("hide")	手动隐藏折叠面板
collapse("dispose")	销毁折叠面板

例如，下面的代码就可以手动打开一个折叠面板：

```
$("#collapse").collapse("show")
```

3. 折叠面板组件的事件

除了上述 6 个方法外，折叠面板组件还提供了 4 个事件，具体事件及其含义如下。

☑ show.bs.collapse：调用 show 方法时触发该事件，即该事件会在折叠面板展开之前被触发。

☑ shown.bs.collapse：show 方法调用完成后触发该事件。

☑ hide.bs.collapse：调用 hide 方法时触发该事件，即该事件会在折叠面板隐藏之前被触发。

☑ hidden.bs.collapse：hide 方法调用完成后触发该事件。

例如下面的代码可以分别实现在展开和隐藏折叠面板前后弹出警告框：

```
<script>
    $("#collapse").on("show.bs.collapse", function () {
        alert("即将展开折叠面板")
    })
    $("#collapse").on("shown.bs.collapse", function () {
        alert("已经展开折叠面板")
```

```
    })
    $("#collapse").on("hide.bs.collapse", function () {
      alert("即将隐藏折叠面板")
    })
    $("#collapse").on("hidden.bs.collapse", function () {
      alert("已经隐藏折叠面板")
    })
</script>
```

【例 11-8】制作一个类似"手风琴"的导航，即依次仅展开一个二级导航菜单，并且每次展开之前和展开二级菜单后，都弹出提示。关键代码如下：

```
<div class="" style="height:40px;background:#f5c6cb">
    <nav class="nav nav-pills nav-justified container" id="coll">
        <li class="nav-item">
            <a href="#e" class="nav-link" data-toggle="collapse">后端开发</a>
            <ul class="list-group collapse" id="e" data-parent="#coll">
                <li class="list-group-item list-group-item-warning">Java</li>
                <li class="list-group-item list-group-item-warning">Java Web</li>
                <li class="list-group-item list-group-item-warning">PHP</li>
                <li class="list-group-item list-group-item-warning">C#</li>
                <li class="list-group-item list-group-item-success">JSP</li>
            </ul>
        </li>
    <!--省略其他导航项的代码-->
    </nav>
</div>
<script type="text/javascript" src="js/jQuery-v3.4.0.js"></script>
<script type="text/javascript" src="js/bootstrap.min.js"></script>
<script>
    $(".collapse").on("show.bs.collapse", function () {
      alert("即将展开折叠面板")
    })
    $(".collapse").on("shown.bs.collapse", function () {
      alert("已经展开折叠面板")
    })
</script>
```

在浏览器中运行本例，然后展开二级菜单，可看到展开前后的效果分别如图 11-14 和图 11-15 所示。

图 11-14　展开折叠面板之前弹出提示

图 11-15　展开折叠面板后弹出提示

11.3　轮播组件

轮播动画是网站中必不可少的一部分。Bootstrap 提供了轮播组件，通过轮播组件我们可以快速实现轮播动画，并且可以自定义轮播动画的切换方式、切换时间等。

轮播组件的使用

11.3.1 轮播组件的使用

1. 添加轮播效果

现如今，轮播图几乎是网站中必不可少的一部分。Bootstrap 提供了轮播组件来实现轮播效果，其使用方法就是为元素添加类名.carousel。通过添加类名.slide，轮播图便具有过渡动画效果，轮播图的图片则被放置在.carousel-inner 容器中。添加轮播效果的示例代码如下：

```
<div id="carousel" class="carousel slide container" data-ride="carousel">
    <div class="carousel-inner">
        <div class="carousel-item active">
            <img src="pic1.jpg" class="d-block w-100" alt="">
        </div>
        <div class="carousel-item">
            <img src="pic2.jpg" class="d-block w-100" alt="">
        </div>
    </div>
</div>
```

上述代码中为图片添加了类名.d-block 和.w-100，这是为了修正浏览器预设的图像对齐带来的影响。

【例 11-9】实现在导航下方显示轮播图的效果。关键代码如下：

```
<div id="carousel" class="carousel slide container" data-ride="carousel">
    <div class="carousel-inner">
        <div class="carousel-item active">
            <img src="images/size1.jpg" class="d-block w-100" alt="">
        </div>
        <div class="carousel-item">
            <img src="images/size2.jpg" class="d-block w-100" alt="">
        </div>
<!--省略轮播动画的其他页面的代码-->
    </div>
</div>
<script type="text/javascript">
    //为被单击的导航项设置透明度
    $(document).ready(function () {
        $("li").click(function () {
            $(".nav-item").css("background", "transparent");
            $(this).css("background", "rgba(255,255,255,0.3)")
        })
    })
</script>
```

本例运行的结果如图 11-16 所示。

图 11-16　轮播图效果

2. 为轮播图添加左右切换的控制器

很明显前文创建的轮播图仅有定时切换的效果，这显然是不能令广大用户满意的，而 carousel 轮播图组件提供了左右切换按钮和状态指示器。首先来看如何实现左右切换轮播图的效果。

左右切换按钮是通过设置<a>标签来实现的，示例代码如下：

```
<a href="#carousel" class="carousel-control-prev" data-slide="prev">
    <span class="carousel-control-prev-icon"></span>
</a>
<a href="#carousel" class="carousel-control-next" data-slide="next">
    <span class="carousel-control-next-icon"></span>
</a>
```

上述代码中，href 属性值表示控制器的目标轮播图；class="carousel-control-prev"和 class="carousel-control-next"可以设置切换按钮的 CSS 样式，其中前者是设置向左切换的按钮样式，后者是设置向右切换的按钮样式；data-slide 属性用于设定切换按钮是向左切换或向右切换；而 class="carousel-control-prev-icon"和 class="carousel-control-next-icon"则用于添加对应的按钮图标。

【例 11-10】制作编程学习网站的导航与轮播图，并且轮播图需具有定时切换和手动左右切换的功能。关键代码如下：

```
<!--此处省略顶部导航菜单的代码-->
<div class="row mx-0 mx-sm-3">
    <!--此处省略轮播图左侧的垂直导航菜单的代码-->
    <div id="carousel" class="col carousel slide container" data-ride="carousel">
      <div class="carousel-inner">
          <div class="carousel-item active">
              <img src="images/size1.jpg" class="d-block w-100" alt="">
          </div>
          <div class="carousel-item">
              <img src="images/size2.jpg" class="d-block w-100" alt="">
          </div>
           <!--省略轮播动画中其他图片的代码-->
      </div>
      <a class="carousel-control-prev h-100" href="#carousel" role="button" data-slide="prev">
          <span class="carousel-control-prev-icon"></span>
          <span class="sr-only">previous</span>
      </a>
      <a class="carousel-control-next" href="#carousel" role="button" data-slide="next">
          <span class="carousel-control-next-icon"></span>
          <span class="sr-only">next</span>
      </a>
   </div>
</div>
```

在浏览器中运行本例，可看到效果如图 11-17 所示。

图 11-17　为轮播图添加左右切换功能

3. 为轮播图添加状态指示器

为轮播图添加状态指示器可以通过列表来实现，列表项的数量要与轮播图中的图片数量相等。其示例代码如下：

```
<ol class="carousel-indicators">
    <li data-target="#carousel" data-slide-to="0"class="active"></li>
    <li data-target="#carousel" data-slide-to="1"></li>
    <li data-target="#carousel" data-slide-to="2"></li>
    <li data-target="#carousel" data-slide-to="3"></li>
    <li data-target="#carousel" data-slide-to="4"></li>
</ol>
```

上述代码中，各参数的含义如下。

☑ .carousel-indicators：可以理解为状态指示器的容器。

☑ data-target：状态指示器控制的目标轮播图。

☑ data-slide-to：指示器指向的轮播图，轮播图从 0 开始计数。

【例 11-11】在页面中添加轮播图，并且在轮播图下方添加状态指示器。关键代码如下：

```
<!--此处省略轮播图顶部的导航菜单的代码-->
<!--添加状态指示器，因为有5张轮播图片，所以添加5个li标签-->
<div id="carousel" class="carousel slide overflow-hidden container" data-ride="carousel">
    <ol class="carousel-indicators">
        <li data-target="#carousel" data-slide-to="0"class="active"></li>
        <li data-target="#carousel" data-slide-to="1"></li>
        <li data-target="#carousel" data-slide-to="2"></li>
        <li data-target="#carousel" data-slide-to="3"></li>
        <li data-target="#carousel" data-slide-to="4"></li>
    </ol>
    <div class="carousel-inner">
        <div class="carousel-item active">
            <img src="images/size1.jpg" class="d-block w-100" alt="">
        </div>
        <div class="carousel-item">
            <img src="images/size2.jpg" class="d-block w-100" alt="">
        </div>
        <!--省略其余3张轮播图片的代码-->
    </div>
    <a href="#carousel" class="carousel-control-prev" data-slide="prev">
        <span class="carousel-control-prev-icon"></span>
    </a>
    <a href="#carousel" class="carousel-control-next" data-slide="prev">
        <span class="carousel-control-next-icon"></span>
    </a>
</div>
```

本例运行的结果如图 11-18 所示。

图 11-18　含有状态指示器的轮播图

11.3.2 设置轮播组件的风格

设置轮播组件的风格

1. 为轮播图添加提示文字

轮播图组件除了具有轮播功能外，还可以为每张轮播图添加对应的提示文字、链接等。为轮播图添加提示文字的示例代码如下：

```
<div id="carousel" class="carousel slide " data-ride="carousel">
    <div class="carousel-inner">
        <div class="carousel-item active">
            <img src="pic1.jpg" class="w-100" alt="">
            <div class="carousel-caption">
                <h3>图片标题</h3><a href="#">内容解说</a>
            </div>
        </div>
    </div>
</div>
```

【例 11-12】设计明日学院官网的体系课程页面，并且在体系课程的侧边添加最新活动的轮播图。关键代码如下：

```
<div class="container">
    <div class="row justify-content-center">
     <div class="col align-self-start">
         <h4 class="py-3">最新活动</h4>
         <div id="carousel" class="carousel slide " data-ride="carousel">
             <div class="carousel-inner">
                 <div class="carousel-item active">
                     <img src="images/pic1.jpg" class="w-100" alt="">
                     <div class="carousel-caption d-none d-md-block py-0" style=
                     "background:rgba(0,0,0,0.5)">
                         <a href="#" class="text-white">画桃花游戏</a>
                     </div>
                </div>
                <div class="carousel-item">
                    <img src="images/pic3.jpg" class="w-100" alt="">
                    <div class="carousel-caption d-none d-md-block py-0" style=
                    "background:rgba(0,0,0,0.5)">
                        <a href="#" class="text-white">三天打渔，两天晒网</a>
                    </div>
                 </div>
                 <div class="carousel-item">
                     <img src="images/pic4.jpg" class="w-100" alt="">
                     <div class="carousel-caption d-none d-md-block py-0" style=
                     "background:rgba(0,0,0,0.5)">
                         <a href="#" class="text-white">统计学习成绩</a>
                     </div>
                 </div>
             </div>
             <a href="#carousel" class="carousel-control-prev" data-slide="prev">
                 <span class="carousel-control-prev-icon"></span>
             </a>
```

```
                <a href="#carousel" class="carousel-control-next" data-slide="next">
                    <span class="carousel-control-next-icon"></span>
                </a>
            </div>
        </div>
    </div>
</div>
```

其运行结果如图 11-19 所示。

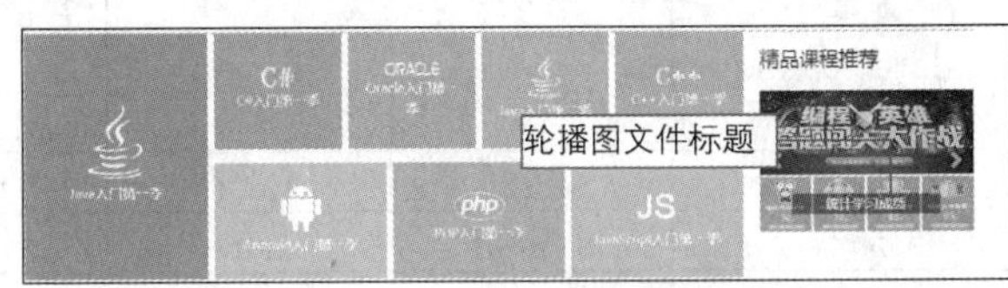

图 11-19　显示轮播图的标题

2. 设置轮播图的切换方式

轮播图组件中的轮播动画除了轮播效果外，还包括渐入渐出式的动画效果。若要使用渐入渐出动画，则需要添加类名.carousel-fade。示例代码如下：

```
<div id="carousel" class="carousel slide container carousel-fade" data-ride="carousel">
    <div class="carousel-inner">
        <div class="carousel-item active"><img src="pic1.jpg" class="d-block w-100" alt=""></div>
        <div class="carousel-item"><img src="pic2.jpg" class="d-block w-100" alt=""></div>
        <div class="carousel-item"><img src="pic3.jpg" class="d-block w-100" alt=""></div>
    </div>
</div>
```

其运行结果如图 11-20 所示。

图 11-20　渐入渐出式动画效果

3. 设置轮播项目的间隔时间

轮播组件的轮播图自动轮播的时间间隔为 5000 ms，但是间隔时间并非固定不变的。我们可以设置单个轮播动画的间隔时间，具体方法是为.carousel-item 设置 data-interval 属性。例如下面的代码可设置第一张轮播图的间隔时间为 10 000 ms，第二张轮播图的间隔时间为 2000 ms，第三张轮播图的间隔时间为默认间隔：

```
<div id="carousel" class="carousel slide container carousel-fade" data-ride="carousel">
    <div class="carousel-inner">
        <div class="carousel-item active" data-interval="10000">
            <img src="images/pic1.jpg" class="d-block w-100" alt="">
        </div>
        <div class="carousel-item" data-interval="2000">
            <img src="images/pic2.jpg" class="d-block w-100" alt="">
        </div>
        <div class="carousel-item">
            <img src="images/pic3.jpg" class="d-block w-100" alt="">
        </div>
    </div>
</div>
```

11.3.3　轮播组件的选项、方法和事件

轮播组件的选项、方法和事件

1. 轮播组件的选项

轮播组件提供了以下 5 个选项。通过这 5 个选项，我们可以设置轮播动画的相关参数，例如设置轮播动画的间隔时间等。具体选项信息如表 11-2 所示。

表 11-2　Bootstrap 预设的轮播图组件的选项

属性	属性值类型	默认值	说明
data-interval	number	5000	设置轮播项目的时间间隔（单位：ms），若值为 false，则轮播组件不会自动滚动
data-keyboard	boolean	true	表示是否对键盘事件做出响应。若值为 true，则可以通过键盘上的左、右方向键切换轮播图
data-pause	string、boolean	"hover"	若值为"hover"，则鼠标指针在动画屏幕上时暂停轮播动画，移开后恢复轮播动画；若值为 false，则动画不受鼠标指针位置的影响
data-ride	string	false	手动循环第一个项目后，自动播放轮播动画
data-wrap	boolean	true	轮播是否连续循环

例如，下面的代码就可以设置轮播动画不再循环播放：

```
<div id="carousel" class="carousel slide" data-ride="carousel" data-wrap="false">
</div>
```

2. 轮播组件的方法

轮播组件提供了以下 7 个方法。通过这 7 个方法我们可以直接对轮播组件进行手动操作，具体信息如表 11-3 所示。

表 11-3　Bootstrap 预设的轮播组件的方法

方法	功能
carousel(option)	初始化轮播组件并执行轮播
carousel("cycle")	从左到右循环播放
carousel("pause")	通过事件停止轮播图的播放
carousel("number")	将轮播循环到特定的帧
carousel("prev")	循环轮播到上一个项目
carousel("next")	循环轮播到下一个项目
carousel("dispose")	销毁轮播组件

例如，下面的代码就可以实现手动向左切换轮播图的效果：

```
<script type="text/javascript">
    $("#carousel").carousel("prev")
</script>
```

3. 轮播组件的事件

除了上述的选项和方法以外，轮播组件还提供了两个事件，具体事件及其含义如下。

☑ slide.bs.carousel：调用 slide 方法时触发该事件，即该事件会在调用 slide 方法之前被触发。

☑ slid.bs.carousel：轮播完成后触发该事件。

以上两个事件都具有如下 4 个附加属性。

☑ direction：轮播滚动的方向（值为"left"或"right"）。

☑ relatedTarget：作为活动项目，滑动到指定的 DOM 元素。

☑ from：当前项目的索引。

☑ to：下一项目的索引。

例如下面的代码就可以实现播放轮播动画后，弹出当前显示图片的索引的效果：

```
<script type="text/javascript">
    $("#carousel").on('slid.bs.carousel',function(e){
       alert(e.to)
```

```
    })
</script>
```

【例 11-13】自定义轮播组件的切换按钮，并实现通过按钮切换轮播动画的效果。关键代码如下：

```
<div id="carousel" class="carousel slide container" data-ride="carousel">
    <div class="carousel-inner">
        <div class="carousel-item active">
            <img src="images/size1.jpg" class="d-block w-100" alt="">
        </div>
    <!--省略其余3张轮播图片的代码-->
    </div>
    <div class="d-flex justify-content-around">
        <button type="button" class="btn btn-sm btn-warning" onclick="direction('prev')">向左切换
        </button>
        <button type="button" class="btn btn-sm btn-primary" onclick="animation()">动画切换
        </button>
        <button type="button" class="btn btn-sm btn-warning" onclick="direction('next')">向右切换
        </button>
    </div>
</div>
<script type="text/javascript">
    function direction(a) {
    //设置轮播图向左或向右切换
        $("#carousel").carousel(a)
    }
    //切换轮播动画
    function animation() {
        $("#carousel").toggleClass("carousel-fade")
    }
</script>
```

其运行结果如图 11-21 所示。

图 11-21　自定义轮播图控制按钮

11.4　大块屏组件

大块屏组件

大块屏组件是一个轻量级的、非常灵活的组件。它引用了.jumbotron，目的在于构建一个超大的界面，便于更加醒目地在网站上展示关键的营销信息。该组件适用于一些营销类或内容类网站。

在<div>标签中添加类名.jumbotron 即可创建大块屏组件，用户可以在该组件中添加文本、图片等内容。

如果希望大块屏全屏显示且不含有圆角，可以添加类名.jumbotron-fluid，然后使用.container

或.container-fluid 包括内容。

在网页中添加大块屏的示例代码如下：

```
<div class="jumbotron"></div>
```

【例 11-14】在购物网站中添加文字广告和图片。关键代码如下：

```
<div class="jumbotron p-0 bg-success">
    <div class="container">
        <div class="row justify-content-center">
            <div class="col text-white d-flex flex-column justify-content-around align-items-end
            my-5">
                <h2>不一样的视觉体验</h2><h4>SUHD超高清</h4>
              <h4>曲面电视Ks8800</h4><h4>诠释亮度水平</h4>
              <h4>栩栩如生的色彩体验</h4>
           </div>
           <div class="col"><img src="images/tv.png" alt="" class="img-fluid"></div>
        </div>
    </div>
</div>
```

其运行结果如图 11-22 所示。

图 11-22　大块屏显示网页广告

11.5　本章小结

本章主要介绍了 Bootstrap 中的一些组件，主要包括滚动监听、折叠面板、轮播以及大块屏组件。这几个组件所实现的功能都是网站中非常常用的，例如轮播图动画、折叠面板等。添加轮播图、折叠面板等效果时，只需要按照书中所讲的内容或者 Bootstrap 的文档说明，添加正确的结构，然后将标签里的内容修改为所需内容即可。

上机指导

仿制游戏中贸易中心展示的轮播图效果。具体效果如图 11-23 所示。

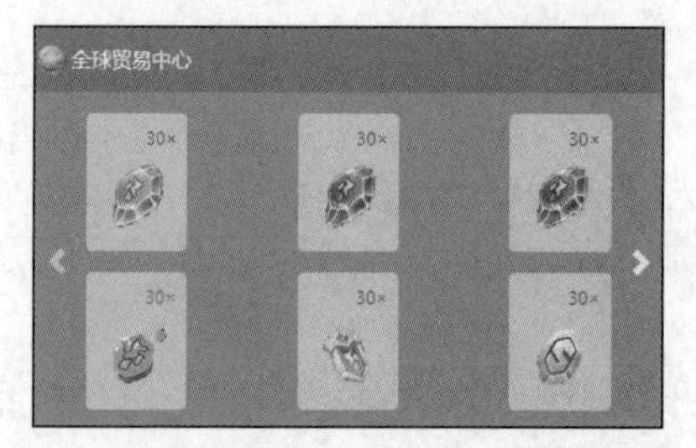

图 11-23　游戏中贸易中心的轮播图效果

开发步骤如下。

首先添加轮播图组件 carousel 的标签结构，然后在每一个轮播页面中添加商品图片和数量，具体代码如下：

```
<div style="width: 500px;height: 300px;margin: 0 auto">
    <div class="bg-primary text-dark d-flex align-items-center py-2">
        <img src="images/p19.png" width="30" alt=""><span class=" text-white">全球贸易中心
        </span>
    </div>
    <div id="carouselExampleControls" class="carousel slide bg-info" data-ride="carousel">
        <div class="carousel-inner">
            <div class="carousel-item active">
                <div class="d-flex justify-content-around my-3">
                    <div class="bg-warning p-2 rounded-lg">
                        <p class="initialism text-right mb-0">30 × </p>
                        <img src="images/p1.png" alt="" class="p-2">
                    </div>
                    <div class="bg-warning p-2 rounded-lg">
                        <p class="initialism text-right mb-0">30 × </p>
                        <img src="images/p2.png" alt="" class="p-2">
                    </div>
                    <div class="bg-warning p-2 rounded-lg">
                        <p class="initialism text-right mb-0">30 × </p>
                        <img src="images/p3.png" alt="" class="p-2">
                    </div>
                </div>
                <!--此处省略第一个轮播图第二行内容的代码-->
            </div>
            <!--此处省略其余轮播图页面的代码-->
        </div>
        <a class="carousel-control-prev" href="#carouselExampleControls" role="button"
        data-slide="prev"
           style="width: 8%;">
            <span class="carousel-control-prev-icon"></span>
        </a>
        <a class="carousel-control-next" href="#carouselExampleControls" role="button"
        data-slide="next"
           style="width: 8%;">
            <span class="carousel-control-next-icon"></span>
        </a>
    </div>
</div>
```

习题

（1）如何为<body>标签添加滚动监听？

（2）如何为<body>标签以外的其他元素添加滚动监听？

（3）使用 Bootstrap 中的折叠面板时，手动显示和隐藏折叠面板需要调用什么方法？

（4）使用 Bootstrap 添加轮播组件时，自定义切换图片时间间隔的选项是什么？

Chapter 12

第12章

第三方插件的使用

本章要点

- 第三方插件——日期选择器的使用
- 第三方插件——对话框插件的使用
- 第三方插件——颜色选择器的使用

12.1 日期选择器

日期选择器（bootstrap-datepicker）是网站中常用的小插件，它可以帮助用户快速选择日期。这里所讲解的日期选择器插件是 Bootstrap 的附加组件。

12.1.1 日期选择器的初级应用

日期选择器的初级应用

日期选择器是一款比较灵活的日期选择插件，它不仅可以帮助用户快速选择日期，还具有定义日历标题、高亮显示日期以及设置起始星期等多种功能。使用该插件之前需要将该插件下载到本地；可以从 GitHub 网站上下载。下载完成后，需在 HTML 文件中引入 Bootstrap 相关文件和日期选择器相关文件，然后就可以在网页中添加日期选择器了。

日期选择器可以应用于 input 文本框或者输入框组，通过 datepicker()方法调用。在浏览器中单击文本框或输入框组，即可激活日期选择器。下面通过一段示例代码演示日期选择器的使用：

```
<!DOCTYPE html>
<html lang="en">
<head>
    <meta charset="UTF-8">
    <meta name="viewport" content="width=device-width,initial-scale=1.0"/>
    <title>默认的日期选择器</title>
    <link href="dist/css/bootstrap.css" rel="stylesheet" type="text/css">
    <link href="dist/css/bootstrap-datepicker.min.css" rel="stylesheet" type="text/css">
</head>
```

```
<body>
<input type="text" id="time1">
<script type="text/javascript" src="dist/js/jQuery-v3.4.0.js"></script>
<script type="text/javascript" src="dist/js/bootstrap.js"></script>
<script type="text/javascript" src="dist/js/bootstrap.bundle.js"></script>
<script type="text/javascript" src="dist/js/bootstrap-datepicker.min.js"></script>
<script type="text/javascript">
    $("#time1").datepicker()
</script>
</body>
</html>
```

在浏览器中运行本例时，单击文本框，可看到运行效果如图 12-1 所示。

图 12-1　默认的日期选择器

【例 12-1】设计一个定时发送邮件的页面。在该页面中，用户可以添加收件人、邮件标题以及发送时间；单击“发送”按钮后，可弹出是否按指定日期发送邮件的提示框。具体代码如下：

```
<form class="container rounded" style="border:5px solid #b5da8b;background:#d6e6e8" >
    <h4>定时发送邮件</h4>
    <div class="row my-3">
        <div class="col-sm-auto col-md-2 col-xl-1 col-form-label">收件人</div>
        <input type="text" class="form-control col" id="sendfor">
    </div>
    <!--此处省略添加主题、附件、图片等的代码-->
    <div class="row my-3">
        <div class="col-sm-auto col-md-2 col-xl-1 col-form-label initialism">发送时间</div>
        <input type="text" class="form-control col" id="time1">
    </div>
    <div class="row my-3">
        <div class="col-sm-auto col-md-2   col-xl-1 col-form-label">正文</div>
        <textarea class="form-control col" id="txt"></textarea>
    </div>
    <div class="d-flex justify-content-around mb-3">
        <button type="button" class="btn btn-primary" onclick="send()">发送</button>
        <button type="button" class="btn btn-warning">保存草稿</button>
    </div>
</form>
<script type="text/javascript">
    //默认的日期选择器
    $("#time1").datepicker()
    function send(){if($("#sendfor").val()==""||$("#title").val()==""||$("#time1").val()==""||$
    ("#txt1").val()==""){
                alert("请填写完整信息")
        }
```

```
        else{
            alert("确定要在"+$("#time1").val()+"日发送该邮件吗")
        }
    }
</script>
```

在浏览器中运行本例，可看到定时发送邮件的页面，如图 12-2 所示。添加邮件内容后，单击“发送”按钮，效果如图 12-3 所示。

图 12-2　定时发送邮件页面

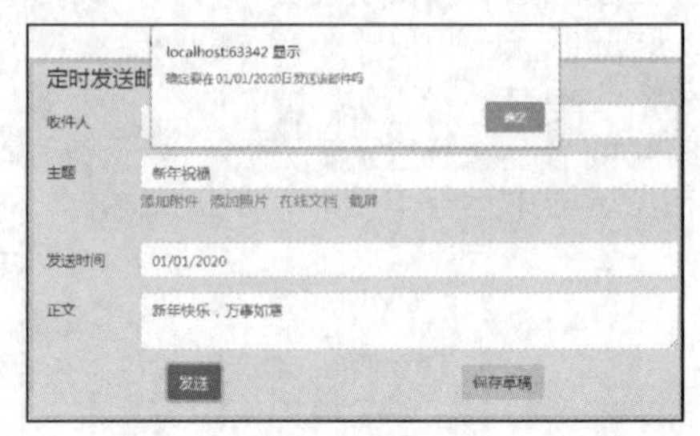

图 12-3　单击“发送”按钮后，弹出定时发送提示框

12.1.2　日期选择器的高级应用

日期选择器的高级应用

日期选择器插件还提供了诸多选项、方法以及事件，用于设置日期的起始星期、日历标题等。

1. 日期选择器的相关选项

日期选择器中提供了诸多选项，这些选项可以增强日期选择器的实用性。读者可以通过 data-date-*属性设置参数值，也可以在 datepicker()方法中添加参数。例如要设置日期格式，可以在 datepicker()方法中添加 format 参数，也可以直接在<input>标签中添加 data-data-format 属性。由于选项较多，这里仅展示部分常用的选项，具体如表 12-1 所示。

表 12-1　日期选择器中常用的选项

选项名	可选的取值/取值类型	含义
autoClose	true、false（默认值）	选择日期后是否立即关闭日期选择器
assumeNearbyYear	true、false（默认值）	若输入的年份为两位数，则自动补全为四位数
clearBtn	true、false（默认值）	若值为 true，则日期选择器下方有一个“clear”按钮，单击该按钮可以清除所选日期。若 autoClose 的值也为 true，则单击该按钮后还会关闭日期选择器
Container	body	将日期选择器弹出窗口附加到特定元素上
dateDisabled	string、array	按指定日期格式格式化单个日期字符串
daysOfWeekDisabled	string、array	选择禁用星期几
disableTouchKeyboard	true、false（默认值）	若值为 true，则不会在移动设备上显示键盘
enableOnReadonly	true（默认值）、false	若值为 false，则日期选择器不会显示在只读日期选择器字段上
endDate	date、string	设置最后日期，其后面的日期将会被禁用
forceParse	true（默认值）、false	若值为 true，当用户输入了无效日期时，选择器将强制解析该值并且将输入的值返回给指定格式的有效日期

续表

选项名	可选的取值/取值类型	含义
format	string（默认值为 mm/dd/yyyy）	指定日期的格式
immediateUpdates	true、false（默认值）	若值为 true，则选择年、月、日时，立即更新输入值；反之，选择完年、月、日后更新输入值
inputs	array	在所选元素上显示创建
keyboardNavigation	true（默认值）、false	是否允许通过键盘上的方向键进行导航
language	string	月份和日期名称所使用的语言
maxViewMode	number	设置查看模式的最大限制
minViewMode	number	设置查看模式的最小限制
multidate	true、false（默认值）	是否可以选择多个日期
multidateSeparator	string	生成日期时，出现在日期之间的字符串
startDate	Date、string	可以选择的最早时间
startView	number、string	打开日期选择器时，应显示的视图
templates	object	生成日期选择器某些部分的内容
title	string	作为日期选择器的标题显示在视图上方
todayBtn	"linked"、true、false（默认值）	若值为"linked"，则单击下方的“today”按钮，即可选中当天日期；若值为 true，则单击下方按钮时，视图下方仅显示“today”按钮；若值为 false，则视图中不显示“today”按钮
todayHighlight	true、false（默认值）	突出显示当前日期
weekStart	0～6 的整数，默认值为 0	设置起始星期数

例如，下面这段代码就是通过 data-date-format 属性来设置日期格式的，并且在 datepicker() 方法中设置了在日期选择器中显示第几周以及高亮显示当天日期：

```
<input type="text" id="time1" data-date-format="yyyy/MM/DD">
  $("#time1").datepicker({
    calendarWeeks:true,        //是否显示第几周
    todayHighlight: true       //高亮显示当天日期
  })
</script>
```

其运行结果如图 12-4 所示。

图 12-4　添加日期选择器的选项

2. 日期选择器的相关方法

日期选择器插件还提供了一些方法，读者可以手动调用这些方法。当然，实际上当用户对日期选择器进行操作时，也会调用其中的一些方法。日期选择器插件相关方法的可设置参数以及作用如表 12-2 所示。

表 12-2　日期选择器中常用的方法

方法名	参数类型/格式	作用
destory		删除日期选择器
show		显示日期选择器
hide		隐藏日期选择器

续表

方法名	参数类型/格式	作用
update	date(string|date|array)	使用给定参数或输入框中的日期更新日期选择器
setDate	date	设置内部日期，date 被假定为本地日期对象，将转换为世界协调时（Universal Time Coordinated，UTC）供内部使用
setUTCDate	date(date)	设置内部日期，date 被假定为 UTC 日期对象，并不会进行转换
setDates	date 或[date,date]	设置内部日期列表，并且接受多个日期参数
clearDates		清除日期
setUTCDates	date 或[date,date]	设置内部日期列表，每个 date 都被假定为 UTC 日期对象，并且不会转换
getDate		返回所选内容中第一个日期选择器的内部日期对象的本地化日期对象
getUTCDate		返回所选内容中第一个日期选择器的内部 UTC 日期对象，原样且未转换为本地时间
getDates		返回所选内容中第一个日期选择器的内部日期对象的列表
getUTCDates		返回所选内容中第一个日期选择器的 UTC 日期对象的列表，该列表原样且未转换为本地时间
getStartDate		返回日期选择器的下限日期
getEndDate		返回日期选择器的上限日期
setStartDate	date	为日期选择器设置下限日期
setEndDate	date	为日期选择器设置上限日期
setDatesDisabled	date(string,array)	设置禁用的日期
setDaysOfWeekDisabled	daysOfWeekDisabled	设置禁用星期几
setDaysOfWeekHighlighted	daysOfWeekHighlighted	设置突出显示星期几

例如，设置页面打开后立即显示日期选择器，并且通过按钮可以清除所选日期的代码如下：

```
<input type="text" id="time1">
<button type="button" class="btn btn-primary" onclick="clearDate1()">清除日期</button>
<script type="text/javascript">
    //默认日期选择器
    $("#time1").datepicker("show")
    //清除日期
    function clearDate1() {
        $("#time1").datepicker("clearDates")
    }
</script>
```

上述代码在浏览器中运行的初始效果如图 12-5 所示。当页面加载完成后，立即显示日期选择器，在选择日期后，单击“清除日期”按钮可立即清除文本框中的日期，如图 12-6 所示。

图 12-5 日期选择器初始效果

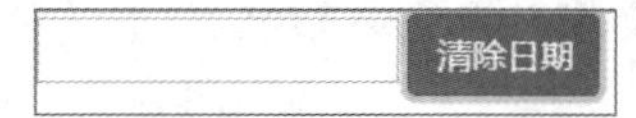

图 12-6 清除日期后的效果

3. 日期选择器的相关事件

除了提供选项和方法外，日期选择器插件还提供了一些事件，具体如表 12-3 所示。

表 12-3 日期选择器中常用的事件

事件名	说明
clearDate	清除日期时触发此事件
show	显示日期选择器时触发此事件
hide	隐藏日期选择器时触发此事件
changeDate	视图中的日期更改时触发此事件
changeMonth	视图中的月份更改时触发此事件
changeYear	视图中的年份更改时触发此事件
changeDecade	视图由世纪视图更改为十年视图时触发此事件
changeCentury	视图由十年视图更改为世纪视图时触发此事件

例如下面的代码设定了默认的日期，如果用户要在网页中更改日期，就会弹出日期更改的提示框：

```
<input type="text" id="time1" value="2020/01/01" data-date-format="yyyy/mm/dd">
<script type="text/javascript">
    $("#time1").datepicker().on("changeDate", function (e) {
        alert("确定更改日期吗")
    })
</script>
```

图 12-7 更改日期时弹出提示框

上述代码的具体运行效果如图 12-7 所示。

【例 12-2】设计一个页面，实现添加日程的功能。要求用户在页面中添加事项及日期后，将所添加的事项和日期添加到日程列表中。具体代码如下：

```
<form class="rounded p-3" style="width:400px;margin:20px auto;background:#c9eef3;min-height:300px;border:3px solid #f3a32e">
    <div class="row align-items-center my-3">
        <div class="col-auto">添加事项</div>
        <div class="col"><input type="text" class="form-control" id="todo1"></div>
    </div>
    <div class="row align-items-center">
        <div class="col-auto">添加日期</div>
        <div class="col"><input type="text" class="form-control" id="time1"></div>
    </div>
    <div class="d-flex mx-5 my-3">
```

```
            <button type="button" class="btn btn-primary btn-block" onclick="mess()">确定添加</button>
        </div>
        <p class="h4">已添加日程</p>
        <ul class="list font-weight-bold" id="list" style="">
        </ul>
    </form>
    <script type="text/javascript">
        //默认日期选择器
        var todo1 = "";
        $("#time1").datepicker({
            daysOfWeekHighlighted: [0, 6],
            showWeekDays: true,
            title: "添加日程",
            // multidate: true,
            autoclose: true,
            format: "yyyy/mm/dd"
        })

        function mess() {
            var time1 = $("#time1").val();
            if ($("#todo1").val() == "" || $("#time1").val() == "") {
              alert("请完善日期")
            }
            else {
                var timeTxt = time1.substring(0, 4) + "年" + time1.substring(5, 7) + "月" +
                time1.substring(8, 10) + "日";
                todo1 += "<li class='border-bottom border-secondary'><p class='d-inline-block m-0
                py-2'>" + timeTxt + "</p><p class='d-inline-block ml-4 text-danger m-0 py-2'>" +
                $("#todo1").val() + "</p></li>";
                $("#list").html(todo1)
                $("#todo1").val("");
                $("#time1").val("")
              }
        }
    </script>
```

代码编写完成后，在浏览器中运行本例，可看到添加事项的表单如图 12-8 所示。添加事项和日期后，单击“确定添加”按钮即可将事项添加到日程列表，如图 12-9 所示。

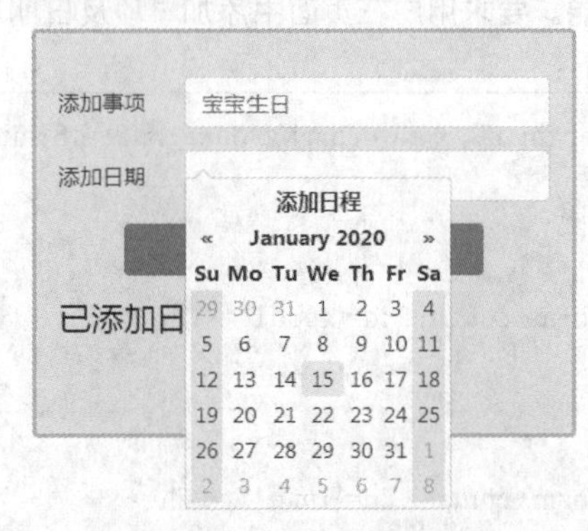

图 12-8 添加事项及日期

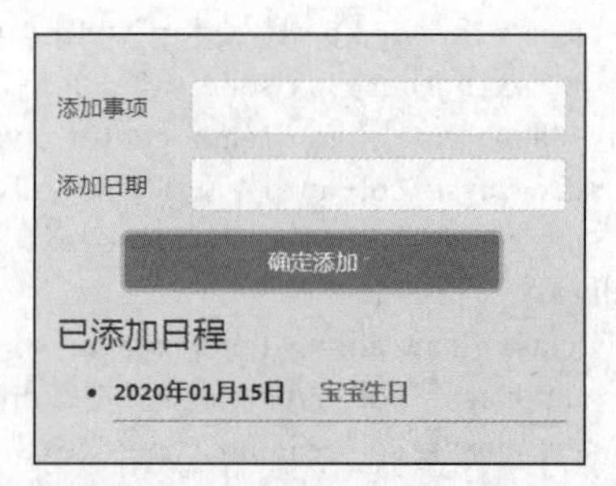

图 12-9 将事项添加到日程

12.2 对话框插件

bootbox.js 是一个小型的 JavaScript 库，可让您使用 Bootstrap 模态创建编程对话框，而不必进行创建、管理或删除任何 DOM 元素或 JavaScript 时间处理程序的操作。对话框插件（bootbox）提供 3 种功能，即警告框 alert()、确认框 confirm()以及含表单控件的提示框 prompt()，其目的是让使用 Bootstrap 模态变得更容易。

12.2.1 警告框

警告框

1. 相关文件的下载

俗话说“工欲善其事，必先利其器。”在使用对话框插件之前，需要下载相关的文件，具体包括 bootbox.js（或者 bootbox.min.js）、bootbox.locales.js（或者 bootbox.locales.min.js）以及 bootbox.all.js（或者 bootbox.all.min.js）文件。这些文件都可以从 bootbox.js 网站上下载。

对话框插件是依赖 Bootstrap 和 jQuery 的，其各版本所依赖的 Bootstrap 和 jQuery 版本如表 12-4 所示。

表 12-4 对话框插件各版本所依赖的 Bootstrap 和 jQuery 版本

bootbox	Bootstrap 最低版本	Bootstrap 最高版本	jQuery 最低版本	说明
5.xx	3.0.0	4.xx	1.9.1	此为当前最新版本，更新后可支持 Bootstrap 4，兼容 Bootstrap 3
4.xx	3.0.0	3.4.x	1.9.1	完全重写后可支持 Bootstrap 3.0.0
3.xx	2.2.2	2.3.2	1.8.3	支持 Bootstrap 2 的最新版本
2.xx	2.0.0	2.0.4	1.7.1	Bootstrap 2.1.x 从未得到支持

表 12-4 中 bootbox 5.xx 版本的部分选项，例如 size，需要依赖 Bootstrap 3.1.0 或者更高版本。

在 HTML 页面中引入文件时需要注意顺序，具体引入顺序为“jQuery→Bootstrap→bootbox”，下面以添加一个普通的警告框为例，演示引入文件的顺序：

```
<!DOCTYPE html>
<html lang="en">
<head>
    <meta charset="UTF-8">
    <meta name="viewport" content="width=device-width,initial-scale=1.0"/>
    <title>警告框的基本使用</title>
    <link href="css/bootstrap.min.css" type="text/css" rel="stylesheet">
</head>
<body>
<script type="text/javascript" src="js/jQuery-v3.4.0.js"></script>
<script type="text/javascript" src="js/bootstrap.min.js"></script>
<script type="text/javascript" src="js/bootstrap.bundle.min.js"></script>
<script type="text/javascript" src="js/bootbox.min.js"></script>
```

```
<script type="text/javascript" src="js/bootbox.locales.min.js"></script>
<script type="text/javascript">
    bootbox.alert("这是一个基本的警告框")
</script>
</body>
</html>
```

其运行效果如图 12-10 所示。

图 12-10　使用对话框插件添加警告框

如果 HTML 文件中使用的是 Bootstrap 4，则文件中还需要引入 proper.js 或者 bootstrap.bundle.js 文件。

2. 定义警告框的内容与大小

除了添加默认的警告框，还可以通过设置 message 和 size 属性定义警告框的内容与大小。具体代码如下：

```
bootbox.alert({
    message: "这是一个小尺寸警告框",
    size: "small",
    callback: function () {
      alert(1)
    }
})
```

上述代码中，可以通过设置 message 属性自定义警告框内容，而设置 size 属性可以定义警告框的尺寸，其值可以为"small"或"large"。当 size 属性的值为 small 时，为 Bootstrap 中的.modal-dialog 添加类名.modal-sm；而当 size 属性的值为"large"时，为 Bootstrap 中的.modal-dialog 添加类名.modal-lg。callback 为回调函数，例如上述代码中的回调函数就是弹出警告框，其内容为 1。

例如下面的代码就可以弹出一个大尺寸警告框，并且关闭该警告框后会弹出一个小尺寸的警告框：

```
bootbox.alert({
    message: "这是一个大警告框，关闭该警告框后，会弹出一个更小的警告框",
    size: "large",
    callback: function () {
        bootbox.alert({
            message: "这是一个小警告框",
            size: "small"
        })
    }
})
```

运行上述代码，页面中弹出一个大尺寸的警告框，具体效果如图 12-11 所示。

单击“OK”按钮后，大尺寸警告框关闭，然后弹出小尺寸警告框，页面效果如图 12-12 所示。

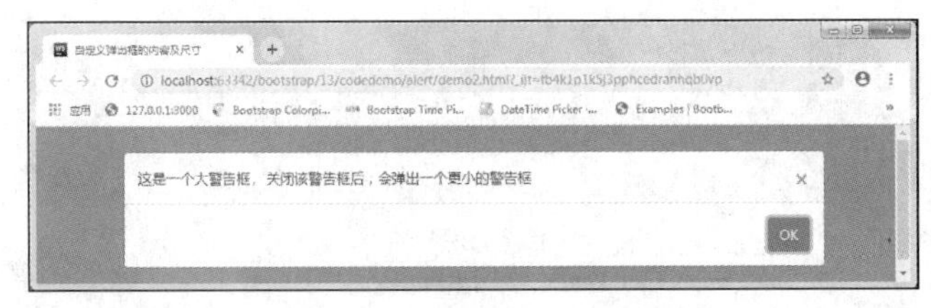

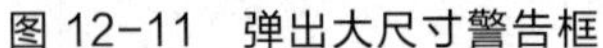

图 12-11　弹出大尺寸警告框

图 12-12　弹出小尺寸警告框

3. 定义警告框的遮罩

除了可以定义警告框的内容、尺寸以及回调函数以外，还可以通过设置 backdrop 属性定义警告框的遮罩，其值可为 true 或 false。其代码如下：

```
bootbox.alert({
    message: "这是一个alert()会话框",
    backdrop: false,
})
```

上述代码中，若 backdrop 属性值为 false，则不显示遮罩；若 backdrop 属性值为 true，则显示遮罩。在定义了 backdrop 属性后，单击警告框的空白处即可关闭警告框。

例如下面的代码就可以实现单击按钮打开不显示遮罩的警告框，单击空白处关闭警告框的效果：

```
<script type="text/javascript">
    function submit1() {
        bootbox.alert({
            message: "这是一个不显示遮罩的警告框，单击空白处可关闭该警告框",
            backdrop: false
        })
    }
</script>
```

运行上述代码，单击按钮打开警告框，其效果如图 12-13 所示。而单击空白处即可关闭警告框。

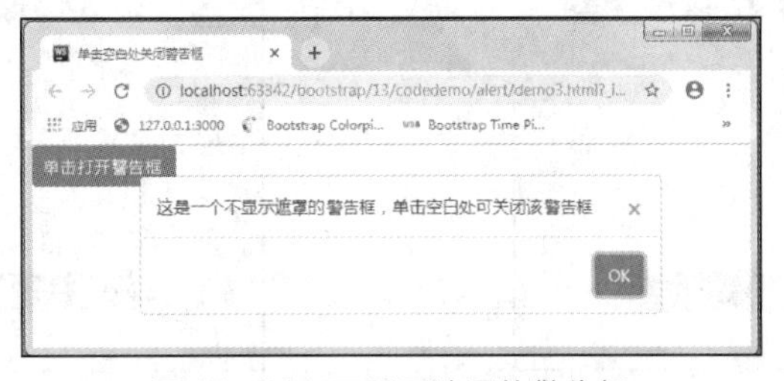

图 12-13　不显示遮罩的警告框

【例 12-3】制作一个编写邮件的页面，并且实现在提交时，判断邮件内容、标题以及收件人是否为空；若某一项的值为空，则弹出对应警告框的效果。关键代码如下：

```
      <!--此处省略邮件页面的代码-->
      <script type="text/javascript">
   function submit1() {
      var text = "",focus="";//text为警告框的内容，focus为回调函数中需要获取焦点的元素
      //判断元素是否为空
      if ($("input").val() == "") {
         text = "请添加收件人";
         focus = $("#user");
      }
```

```
        else if ($("#title").val() == "") {
            text = "请添加标题";
            focus = $("#title");
        }
        else if ($("#text").val() == "") {
            text = "请添加邮件内容";
            focus = $("#text");
        }
        else {
            text = "邮件已发送";
        }
        bootbox.alert({
            message: text,
            backdrop: false,
            size: "small",
            callback: function () {
                if (focus != "")
                    focus.focus();
            }
        })
    }
</script>
```

本例运行的初始效果如图 12-14 所示。当表单中某一项的值为空时，单击“提交”按钮，页面中就会弹出警告框。图 12-15 所示为收件人为空时，弹出警告框的页面效果。

图 12-14　页面初始效果

图 12-15　收件人为空时弹出的警告框

12.2.2　确认框

确认框

1. 确认框的默认样式

除了使用 alert()方法弹出警告框，还可以通过 bootbox.confirm()方法弹出确认框。添加确认框内容和对应的回调函数有两种方式，第一种是直接添加相应内容；第二种是通过设置 message 和 callback 属性添加确认框的内容和回调函数，具体介绍如下。

方式一：直接添加确认框内容和回调函数。

直接添加确认框的内容和回调函数时，确认框的内容和回调函数之间用逗号分隔，其代码如下：

```
bootbox.confirm("确定要关机吗？", function (result){
    if(result){
```

```
        bootbox.alert("即将关机")
      }
      else{
        bootbox.alert("已取消")
      }
})
```

方式二：通过设置 message 和 callback 属性添加确认框内容和回调函数。

通过设置 message 和 callback 属性添加确认框的内容和回调函数的方法与添加警告框的内容和回调函数的方法类似，其代码如下：

```
bootbox.confirm({
    message:"确定要关机吗？",
    callback:function (result){
      if(result){
        bootbox.alert("即将关机")
      }
      else{
        bootbox.alert("已取消")
      }
    }
})
```

上面代码的初始效果如图 12-16 所示。单击“Cancel”按钮后，其效果如图 12-17 所示。

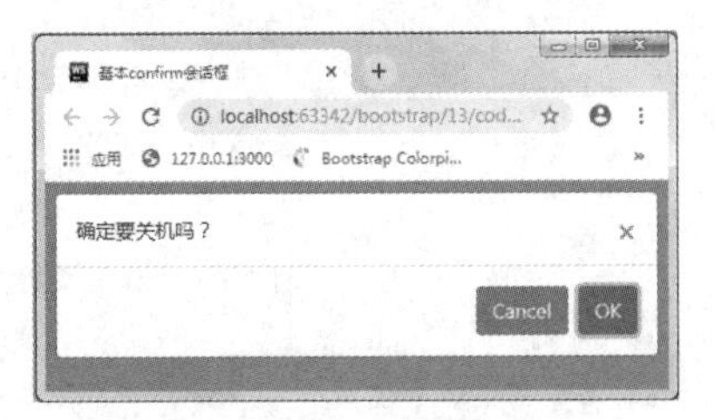

图 12-16　初始效果

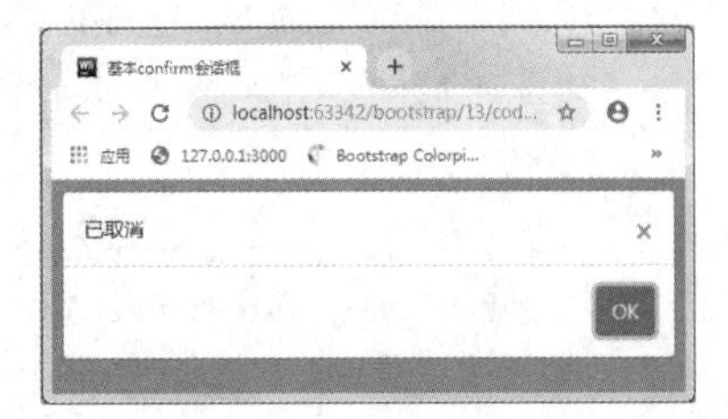

图 12-17　单击“Cancel”按钮后的页面效果

2．自定义确认框的按钮内容及样式

上文介绍的是如何添加一个默认的确认框，确认框的确认按钮的背景颜色默认为蓝色，文字为“OK”；取消按钮的背景颜色默认为灰色，文字为“Cancel”。我们可以通过设置 buttons 属性分别设置按钮上的文字及背景颜色，具体代码如下：

```
bootbox.confirm({
    message: "确定要关机吗？",
    buttons: {
        confirm: {
            label: "确定关机",
            className: "btn-success"
        },
        cancel: {
            label: "取消",
            className: "btn-danger"
        }
    },
    callback: function (result) {
        if (result) {
            bootbox.alert("即将关机")
```

```
        }
        else {
            bootbox.alert("已取消")
        }
    }
})
```

上述代码中，buttons 属性为按钮样式的设置，confirm 属性值为确定按钮的样式和内容，cancel 属性值为取消按钮的样式和内容。在确定按钮和取消按钮的设置中，label 属性值表示按钮上显示的文字，className 属性值为按钮样式类的类名。上述代码的运行效果如图 12-18 所示。

图 12-18　设置确认按钮的内容及样式

3. 自定义确认框的按钮图标

定义确认框按钮时，不仅可以定义内容为文字，还可以定义内容为图标。具体方法就是在 label 属性中添加行内标签，然后为行内标签添加图标对应的类名。为确认框的按钮添加图标的示例代码如下：

```
bootbox.confirm({
    message: "请选择支付方式",
    buttons: {
        confirm: {
            label: "<i class='zi zi_tmBoc'></i>",
            className: "btn-success btn-sm"
        },
        cancel: {
            label: "<i class='zi zi_tmCmbchina'></i>",
            className: "btn-danger btn-sm"
        }
    },
    callback: function (result) {
        if (result) {
            bootbox.alert("已选择中国银行")
        }
        else {
            bootbox.alert("已选择招商银行")
        }
    }
})
```

其运行效果如图 12-19 所示。

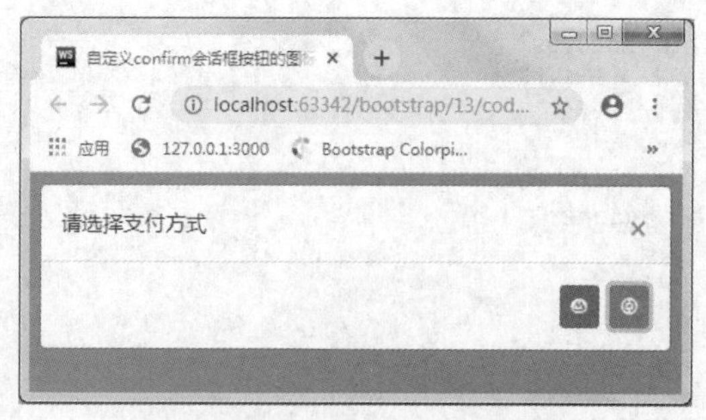

图 12-19　自定义确认框的图标

在确认框的按钮中添加图标的前提是引入了图标库。上面示例代码中的图标使用了 zico 图标库，读者也可以下载自己需要的图标库。

【例 12-4】制作购买手机时选择手机产品参数的页面，并且单击购买按钮时，弹出是否购买对应参数的手机的确认框。具体代码如下：

```
<!--此处省略手机产品参数页面的代码-->
<script type="text/javascript">
    //设置默认情况下选中每一项的第一个参数
    $("#color a").eq(0).addClass('on');
    $("#rom a").eq(0).addClass('on');
    $("#way a").eq(0).addClass('on');
    //设置每一项都只能有一个参数被选中
    for (var i = 0; i < $("a").length; i++) {
        $("a").eq(i).click(
            function () {
                var parentNode = $(this).parent().children();
                for (var j = 0; j < parentNode.length; j++) {
                    parentNode.eq(j).removeClass("on");
                }
                $(this).addClass('on');
            }
        )
    }
    //弹出确认购买确认框
    function buy() {
        var color = $("#color .on").eq(0).text();
        var way = $("#rom .on").eq(0).text();
        var rom = $("#way .on").eq(0).text();
        bootbox.confirm({
            message: "确定要购买手机，颜色：" + color + "\t机型：" + way + "\t存储容量" + rom +
"\t" + "吗？",
            //设置按钮样式
            buttons:{
                confirm:{
                    label:"确定购买",
                    className:"btn-success"
                },
                cancel:{
                    label:"我再想想",
                    className:"btn-warning"
                }
            },
            callback: function (result) {
                if (result) {
                    bootbox.alert("购买成功，订单已生成")
                }
                else {
                    bootbox.alert("订单已取消")
```

```
                    }
                }
            })
        }
        //加入购物车的警告框
         function car1() {
            bootbox.alert({
                message: "已加入购物车",
                size: "small"
            })
        }
</script>
```

完成代码后，运行本例，可看到页面如图 12-20 所示。

选择了相应参数以后，单击“立即购买”按钮，页面中立刻弹出是否购买的确认框，具体如图 12-21 所示。

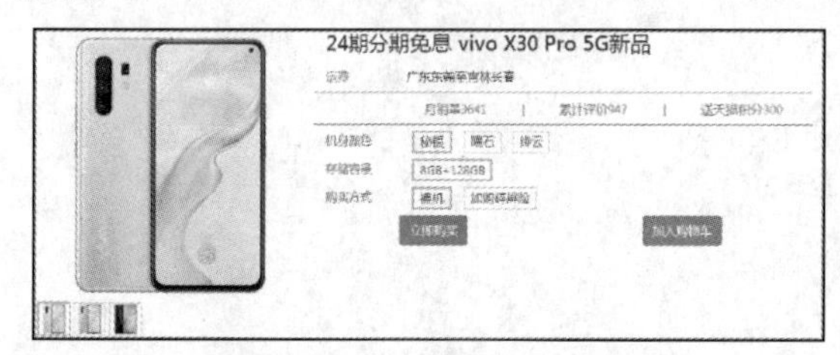

图 12-20　选择手机参数的页面

图 12-21　弹出是否购买相应参数的手机的确认框

12.2.3　含表单控件的提示框

含表单控件的提示框

1. 添加含表单控件的提示框

JavaScript 中可以通过 prompt()弹出一个含有表单控件的提示框，而对话框插件同样也可以在提示框中添加表单控件，具体方法也是通过 prompt()来实现的。下面通过代码来演示其用法：

```
bootbox.prompt({
    title: "请输入收货地址",
    centerVertical:true,
    callback: function (result) {
        console.log(result);
    }
})
```

上述代码中，prompt()可以调用含表单控件的提示框；title 属性值为提示框的标题；centerVertical 属性表示是否将提示框垂直居中，值为 true 则表示垂直居中，值为 false 则表示将提示框显示在页面顶部（默认值为 false）；而 callback 属性值为提交表单后的回调函数。其运行效果如图 12-22 所示。

图 12-22　垂直居中的提示框

2. 定义提示框语言环境

通过上面的例子，大家可看到 prompt()提示框有两个默认按钮，分别为“Cancel”和“OK”按钮。我们可以通过 locale 属性设置按钮上所显示文字的语言环境，例如设置 locale 属性值为“zh_CN”，可以使按钮上的文字显示为中文（即按钮上显示的文字为“取消”和“确认”），具体代码如下：

```
bootbox.prompt({
    title: "自定义会话框",          //会话框标题
    value: "你好",
    locale: "zh_CN",               //设置按钮显示中文
    callback: function (result) {
        alert("按钮上显示的是中文")
    }
})
```

（1）提示框的默认 locale 属性值为“en”（英语）。
（2）若按钮上的文字被重新定义，则 locale 属性无效。

3. 在提示框中添加单选框

对话框插件除了可以添加文本框以外，还支持 input 各类型的输入控件，其具体实现方法就是通过设置 inputType 属性，其属性值与 HTML 中<input>标签的 type 属性值相同。以添加单选框为例，具体代码如下：

```
bootbox.prompt({
    title: "品种选择",
    message:"请选择宠物品种",
    // locale:"custom",
    inputType:"radio",
    inputOptions: [{
        text: "阿拉斯加",
        value: "阿拉斯加"
    }, {
        text: "拉布拉多",
        value: "拉布拉多"
    }],
    callback: function (result) {
        bootbox.alert("您选择了"+result)
    }
})
```

其运行效果如图 12-23 所示。

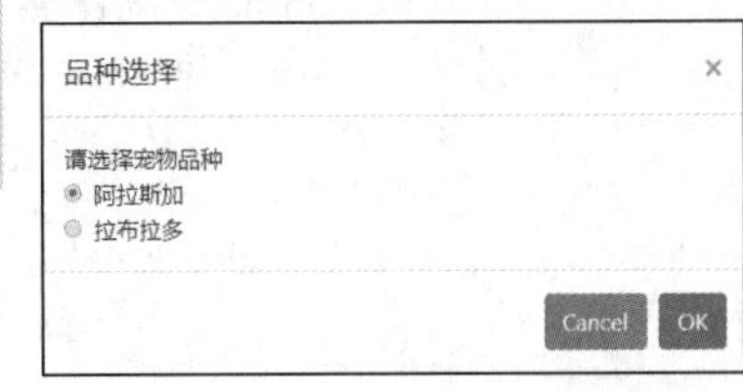

图 12-23　提示框中添加单选框

在页面中添加 input 输入控件以后，还可以通过输入控件的对应样式类来设置其 CSS 样式。对话框插件中输入控件对应的 inputType 属性值及类名如表 12-5 所示。

表 12-5　对话框插件中各输入控件的类名

TnputType 属性值	类名	说明
text	bootbox-input-text	
password	bootbox-input-password	
email	bootbox-input- email	
textarea	bootbox-input-textarea	
select	bootbox-input- select	
checkbox	bootbox-input- checkbox	复选框被包装在类名.bootbox-checkbox-list 中
radio	bootbox-input- radio	单选框被包装在类名.bootbox-radiobutton-list 中

续表

TnputType 属性值	类名	说明
date	bootbox-input- date	
time	bootbox-input- time	
number	bootbox-input- number	
range	bootbox-input- range	

【例 12-5】制作一个登录页面，实现当单击“登录”按钮时，页面中弹出提示框，提示用户输入验证码。具体代码如下：

```
<!--此处省略登录页面的代码-->
<script type="text/javascript">
    function showPrompt() {
        bootbox.prompt({
            title: "验证码已发送",
            message: "<p class='text-secondary'>请输入验证码</p>",
            inputType: "text",
            buttons:{
                confirm:{
                    label:"确认",
                    className:"btn-success"
                },
                cancel:{
                    label:"取消",
                    className:"btn-danger"
                }
            },
            callback: function (result) {
                if (result == "") {
                    bootbox.alert("验证码不能为空");
                    return false;
                }
                else{
                    return true;
                }
            }
        })
    }
</script>
```

代码完成后，在浏览器中运行本例，其初始效果如图 12-24 所示。用户单击“登录”按钮后，弹出验证码输入提示框，效果如图 12-25 所示。

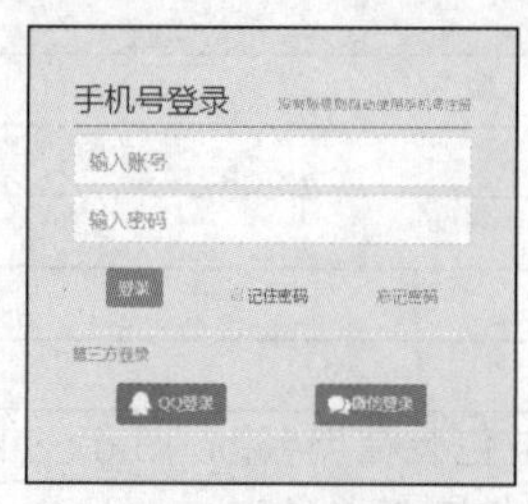

图 12-24　页面初始效果

图 12-25　验证码输入提示框

12.2.4 自定义对话框

自定义对话框

1. 自定义对话框的内容

除了警告框、确认框以及含表单控制的提示框以外，用户还可以自定义对话框。下面通过代码具体讲解：

```
var dialog = bootbox.dialog({
    title: "申请提交",
    message: "<div class='text-center'>正在审核……</div>",
    size: "small"
})
dialog.init(function () {
    setTimeout(function () {
        dialog.find('.bootbox-body').html('申请成功')
    }, 3000)
})
```

上述代码中，title 属性值为对话框的标题，message 属性值为对话框的内容，size 属性值表示对话框的尺寸。init()方法则可以修改对话框的内容，例如上述代码在浏览器中的运行效果如图 12-26 所示，而 3 秒以后，对话框的内容修改为“申请成功”，如图 12-27 所示。

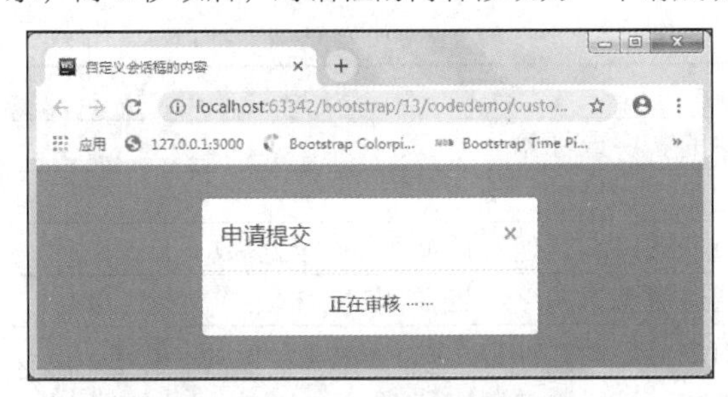

图 12-26　对话框的初始样式

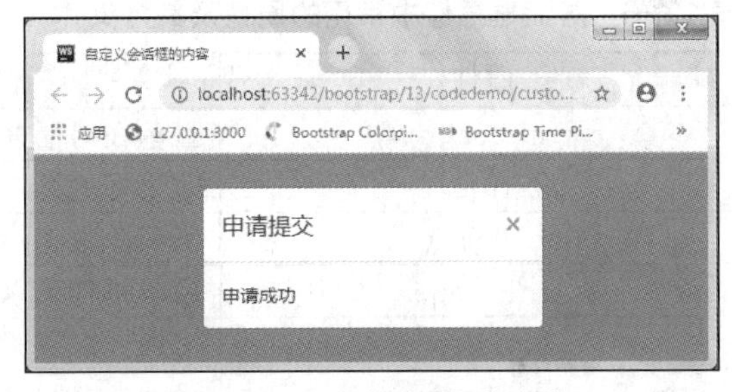

图 12-27　改变对话框的内容

2. 自定义对话框的按钮

前文介绍的对话框插件定义的对话框所包含的按钮都为一个或两个，而通过 dialog 定义的对话框可以自定义按钮的数量，并且分别为其添加样式及回调函数等。例如下面的代码为自定义对话框添加了 3 个按钮：

```
bootbox.dialog({
    title: "自定义对话框的按钮及回调函数",
    message: "<div class='text-center'>单击不同的按钮会调用不同的函数</div>",
    buttons: {
        cancel: {
            label: "关闭",
            className: "btn-danger",
            callback: function () {
                alert("关闭对话框成功")
            }
        },
        customBtn: {
            label: "这是一个自定义的按钮",
            className: "btn-success",
            callback: function () {
```

```
                alert("你单击了一个自定义按钮")
                return false;
            }
        },
        ok: {
            label: "提交",
            className: "btn-info",
            callback: function () {
                alert("成功提交对话框")
            }
        }
    }
})
```

其效果如图 12-28 所示。

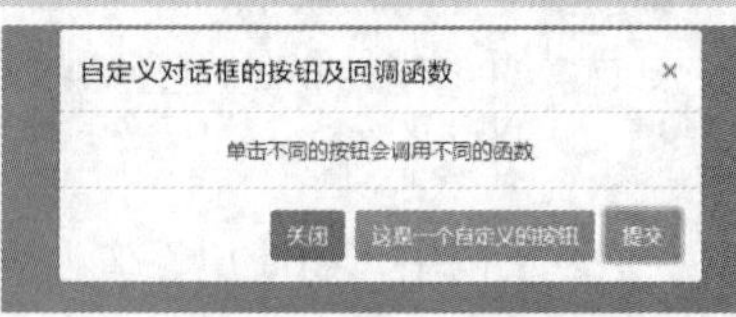

图 12-28　自定义对话框的按钮

3．对话框插件中对话框的属性

前文介绍的对话框内容及样式的定义都是对对话框各属性的设置，例如 message、title 及 size 等。表 12-6 所展示的是对话框插件中常用的一些属性及其含义。

表 12-6　对话框插件中常用的属性及其含义

属性	含义
message	显示在对话框中的文字或标签
title	对话框的标题
callback	回调函数，除警告框外，其他对话框可提供无参数
onEscape	用户是否可以通过键盘上的 Esc 键关闭对话框
onShow	添加一个回调函数，该函数被绑定到 show.bd.modal 事件上
onShown	添加一个回调函数，该函数被绑定到 shown.bd.modal 事件上
onHide	添加一个回调函数，该函数被绑定到 hide.bd.modal 事件上
onHidden	添加一个回调函数，该函数被绑定到 hidden.bd.modal 事件上
show	是否立即显示对话框
backdrop	是否显示背景（遮罩）
CloseButton	对话框是否具有关闭按钮
animate	对对话框进行动画处理
className	应用于对话框包裹的附加类
size	将 Bootstrap 对话框大小的样式类添加到对话框的包装类上
buttons	通过 JavaScript 对象定义按钮的样式

例如下面的代码就可以添加一个自定义的对话框，并且为对话框添加了对话框信息、标题等内容：

```
bootbox.dialog({
    title:"自定义对话框",                          //对话框标题
    message: "这是一个没有关闭按钮×的对话框",       //对话框信息
    buttons:{                                      //定义按钮
        cancel:{                                   //取消按钮
            label:"我知道了",                      //按钮上显示的文字
            className:"btn-danger"                 //为按钮添加类名，从而设置按钮样式
        }
    },
```

```
    onHide:function(e){              //对话框被关闭前的提示
        bootbox.alert("这个对话框即将被关闭")
    }
})
```

上述代码的初始运行效果如图 12-29 所示。而单击“我知道了”按钮后，就会提前弹出警告框，如图 12-30 所示。

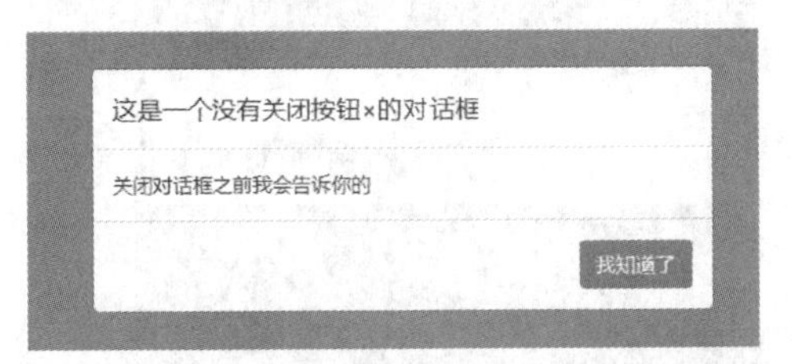

图 12-29　自定义对话框的信息、标题等

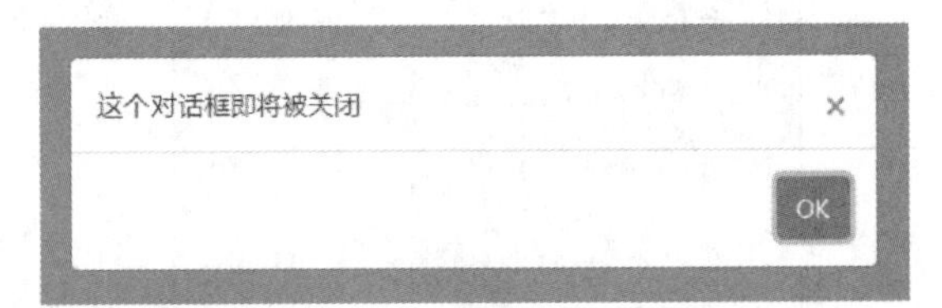

图 12-30　对话框关闭前的提示

【例 12-6】 制作关联手机号页面，实现单击“提交”按钮时，弹出一个对话框，让用户确定是否需要提交的效果。用户可以单击“取消”或者“提交”按钮，也可以单击“5 分钟后再次提醒”按钮。若用户单击此按钮，那么关闭当前对话框 5 分钟后，会再次弹出该对话框。关键代码如下：

```
<!--此处省略关联手机号页面的代码-->
<script type="text/javascript">
    function dia() {
        bootbox.dialog({
            message: "<p>确定要提交吗？提交后无法撤销</p>",
            //按钮样式及回调函数
            buttons: {
                cancel: {
                    label: "取消",
                    className: "btn-danger",
                    callback: function () {
                        bootbox.alert("已取消")
                    }
                },
                //自定义按钮
                noclose: {
                    label: "5分钟后再次提醒",
                    className: "btn-primary",
                    callback: function () {
                      setTimeout("dia()", 300000)
                    }
                },
                ok: {
                    label: "提交",
                    className: "btn-success",
                    callback: function () {
                        bootbox.alert("提交成功")
                    }
                }
            }
        })
```

```
    }
</script>
```

实例的初始运行效果如图 12-31 所示。单击页面中的“提交”按钮后，页面中会弹出自定义对话框，如图 12-32 所示。单击对话框中间的按钮，对话框就会关闭，并且 5 分钟后会再次弹出该对话框。

图 12-31　页面初始效果

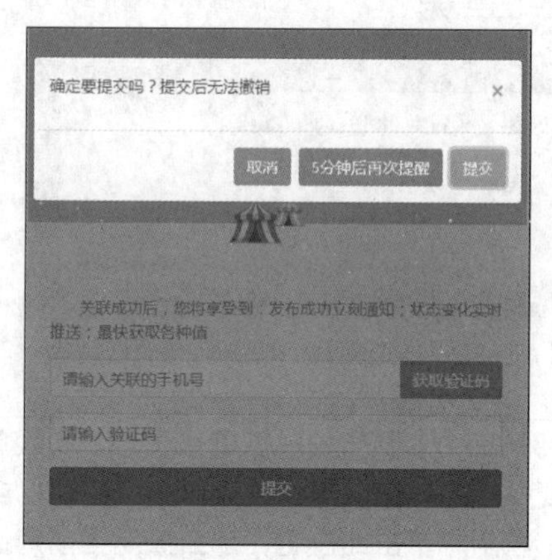

图 12-32　单击“提交”按钮后弹出对话框

12.3　颜色选择器

颜色选择器（colorpicker）是比较常见的一个较小的插件。因为 Bootstrap 中并没有对表单中的颜色选择输入控件（input type=color）的样式进行优化，所以当我们要使用颜色选择输入控件时，可以通过第三方插件来进行添加。

12.3.1　颜色选择器的初级应用

颜色选择器的初级应用

1. 颜色选择器的下载与使用

颜色选择器可以帮助我们快速地选择颜色，它支持多种格式，如 HEX、RGB、RGBA、HSL、HSLA 等。首先需要下载颜色选择器组件。如果用户需要编译后的 CSS 文件和 JavaScript 文件，则需要通过 npm 安装 bootstrap-colorpicker，具体方法是在下载 bootstrap-colorpicker 压缩包以后，在计算机“开始”菜单处搜索“cmd”，然后在 DOS 环境下添加代码“npm install bootstrap-colorpicker”，如图 12-33 所示。

图 12-33　安装颜色选择器

编译完成后，将 dist 文件复制到项目文件中，接下来就可以使用颜色选择器了。

添加颜色选择器最简单的方法就是先添加一个文本框，然后为文本框添加 colorpicker()方法。例如下面的代码就可以添加一个基本的颜色选择器：

```
<!DOCTYPE html>
```

```
<html lang="en">
<head>
    <meta charset="UTF-8">
    <meta name="viewport" content="width=device-width,initial-scale=1.0"/>
    <title>默认的颜色选择器</title>
    <link href="dist/css/bootstrap.css" type="text/css" rel="stylesheet">
    <link href="dist/css/bootstrap-colorpicker.min.css"type="text/css" rel="stylesheet">
</head>
<body>
<form class="container">
   <input type="text" id="color">
</form>
<script type="text/javascript" src="dist/js/jQuery-v3.4.0.js"></script>
<script type="text/javascript" src="dist/js/bootstrap.js"></script>
<script type="text/javascript" src="dist/js/bootstrap.bundle.js"></script>
<script type="text/javascript" src="dist/js/bootstrap-colorpicker.min.js"></script>
<script type="text/javascript">
   $(function () {$("#color").colorpicker()})
</script>
</body>
</html>
```

运行上述代码，可以看到一个普通的文本框。单击该文本框时，其效果如图 12-34 所示。选择不同的颜色时，文本框中会自动显示对应的颜色值。

2. 颜色选择器指定默认值

当然，colorpicker()方法并非只能作用于 input 文本框，它还可以作用于输入框组。可以指定 input 文本框的 value 值来设定默认的颜色值，也可以通过 colorpicker()方法来设定。颜色值可以是 RGB 格式、RGBA 格式、HSL 格式以及 HEX 格式。例如指定颜色选择器#color4 的默认颜色值为#168130 的代码如下：

```
<script>
  $(function(){
     $("#color4").colorpicker({"color":"#168130"})
  })
</script>
```

上述代码的运行效果如图 12-35 所示（图中第四个颜色选择器）。

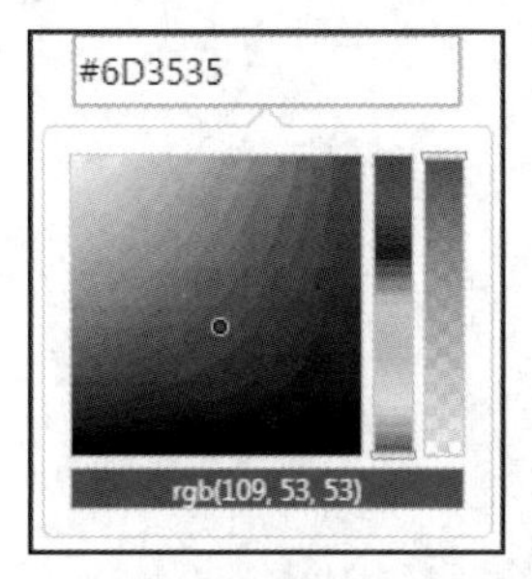

图 12-34　默认颜色选择器效果

#D0F332
rgb(3, 4, 5)
hsl(56, 93%, 63%)
#168130

图 12-35　设置颜色选择器的默认颜色

【例 12-7】制作写信页面，实现用户在页面中自定义书信内容和文字颜色的功能。关键代码如下：

```
   <link href="css/bootstrap.min.css" type="text/css" rel="stylesheet">
```

```
    <link href="css/bootstrap-colorpicker.css" type="text/css" rel="stylesheet">
    <style type="text/css">
        .cont{
            width:900px;
            margin:0 auto;
        }
        /*信件的样式*/
        .cards {
            width: 500px;
            height: 500px;
            padding: 22px 30px 20px;
            font: normal 18px/44px "";
            letter-spacing: 6px;
            text-indent: 50px;
            background: url(images/card1.png) no-repeat;
            background-size: 100% 100%;
        }
    </style>
<div class="cont">
    <!--信件-->
    <div class="cards float-left" id="cards"></div>
    <!--编写信件-->
    <form class="float-left" style="width:390px;margin:0 auto;">
        <!--信件内容-->
        <div class="row form-group">
            <label class="col-auto col-form-label">添加内容:</label>
            <div class="col-auto"><textarea   id="txt" class=" form-control" cols="30" rows="7">
            </textarea></div>
        </div>
        <!--信件中文字颜色-->
        <div class="row form-group">
            <label class="col-auto col-form-label">文字颜色:</label>
            <div class="col-7 input-group" id="color">
                <input type="text" value="#C85C31">
                <span class="input-group-append">
                <span class="input-group-text colorpicker-input-addon"><i></i></span>
                </span>
            </div>
        </div>
        <div class="text-center my-3">
            <button type="button" class="btn btn-primary" onclick="write1()">我写好了</button>
        </div>
    </form>
</div>
<script type="text/javascript">
    $(function () {
        $("#color").colorpicker()
    })
    function write1() {
        var txt = $("#txt").val();
        var color = $("#color input").val();
```

```
        console.log(txt+"\t"+color)
        $("#cards").text(txt);
        $("#cards").css("color",color)
    }
</script>
```

代码完成后，在浏览器中运行本例，可以看到页面左侧是精美的信纸，右侧可以添加书信的内容和设置文字的颜色，如图 12-36 所示。在右侧添加了书信内容并设置好文本颜色以后，单击“我写好了”按钮，左侧的信纸上就会显示指定颜色的书信内容，如图 12-37 所示。

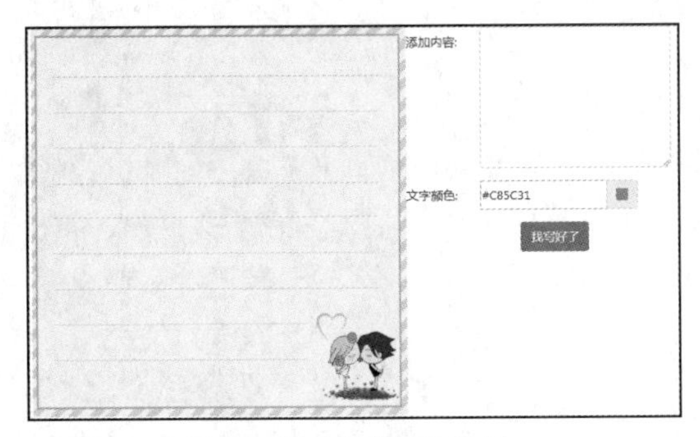

图 12-36　初始页面效果

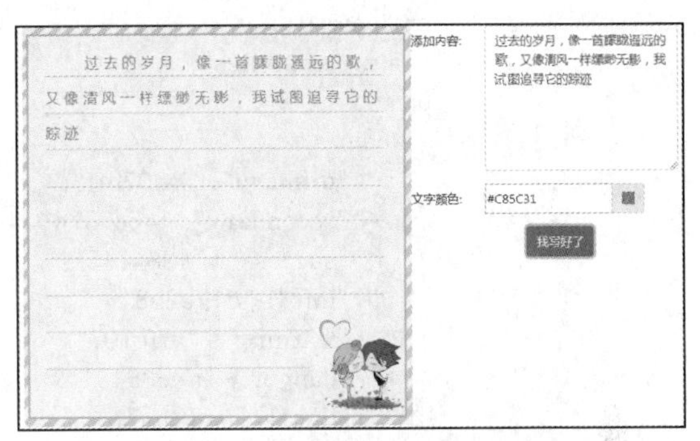

图 12-37　按指定颜色和内容书写的书信

12.3.2　颜色选择器的高级应用

颜色选择器的高级应用

1. 颜色选择器的相关属性

颜色选择器同样提供了一些属性，通过这些属性，用户可以设置颜色值的格式、颜色选择器的布局等。表 12-7 仅展示了部分常用属性的取值及其含义。

表 12-7　颜色选择器中常用的属性及其参数

属性	取值/取值的类型	含义
autoInputFallback	true（默认值）、false	输入内容始终替换为有效颜色
color	string、colorItem、true、false（默认）	设置初始颜色，而忽略元素、输入值或 data-color 中的颜色
extensions	array	扩展类名称及其配置的关联对象。颜色选择器附带了许多绑定扩展：调试器、调色板、预览和色板
fallbackcolor	string、colorItem、true、false（默认）	给定颜色无效时使用的备用颜色
format	"rgb"|"hex"|"hsl"|"auto"|null	强制使用给定的颜色格式
horizontal	true、false（默认）	水平模式布局
inline	true、false（默认）	强制将颜色选择器显示为行内元素

例如，我们知道 Bootstrap 中预设了一些组件中常用颜色的色值，例如-primary 的颜色值就是#007bff，而颜色选择器中的 extensions 属性就可以在颜色选择器中设置常用的颜色及颜色名称。以在颜色选择器中添加 Bootstrap 中常用的颜色为例，其关键代码如下：

```
<form class="container">
    <div class="input-group" id="color1">
        <input type="text" value="#d0f332">
```

```
        <div class="input-group-append">
            <span class="input-group-text colorpicker-input-addon"><i></i></span>
        </div>
    </div>
</form>
<script type="text/javascript">
    $(function () {
        $("#color1").colorpicker({
                format: "hex",
                extensions: [{
                    name: "swatches",
                    options: {
                        colors: {
                            "primary": "#007bff",
                            "secondary": "#6c757d",
                            "success": "#28a745",
                            "info": "#17a2b8",
                            "warning": "#ffc107",
                            "danger": "#dc3545",
                            "light": "#f8f9fa",
                            "dark": "#343a40"
                        }
                    }
                }]
            }
        )
    })
</script>
```

编写完代码后，在浏览器中运行，然后选择输入框组件中右边的附加组件部分，就可以显示颜色选择器。此时我们可以看到，颜色选择器的下方有 8 个颜色框，这 8 个颜色正是在代码中定义的 8 个颜色。当鼠标指针悬停在颜色框上时，会显示该颜色的颜色值及名称，并且单击颜色框后，文本框中会显示被单击的颜色的名称，如图 12-38 所示。

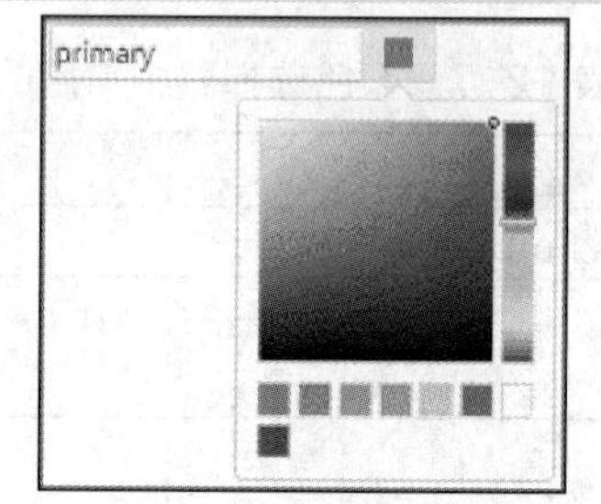

图 12-38　extensions 属性的使用

2. 颜色选择器的相关事件

颜色选择器中除了提供了一些属性之外，还提供了一些事件。通过这些事件，我们可以定义不同情况下的一些操作。具体事件如表 12-8 所示。

表 12-8　颜色选择器中常用的事件及其触发条件

事件	事件的触发条件
colorpickerChange	通过 setValue()以编程方式设置颜色时
colorpickerCreat	创建颜色选择器实例且 DOM 准备就绪时
colorpickerDestroy	当实例被销毁且所有时间均未被绑定时
colorpickerDisable	颜色选择器禁用小部件时
colorpickerEnable	颜色选择器启用小部件时
colorpickerHide	颜色选择器调用 hide()时（可以隐藏小部件）
colorpickerInvalid	当颜色无效且使用备用颜色时

续表

事件	事件的触发条件
colorpickerShow	调用 show()并显示小部件时
colorpickerUpdate	更新小部件时
mousemove	在单击文档对象时（颜色调整向导将移动到单击的位置）
change	选择颜色时（在输入元素上触发）

例如下面的代码通过 colorpickerHide 事件实现当颜色选择器被隐藏时，弹出提示框的效果：

```
<form class="container">
    <input type="text" value="#d0f332" id="color1">
</form>
<script type="text/javascript">
    $(function () {
      $("#color1").colorpicker().on("colorpickerHide",function(){
        alert("该颜色选择器被隐藏")
      })
    })
</script>
```

在浏览器中隐藏颜色选择器时，其效果如图 12-39 所示。

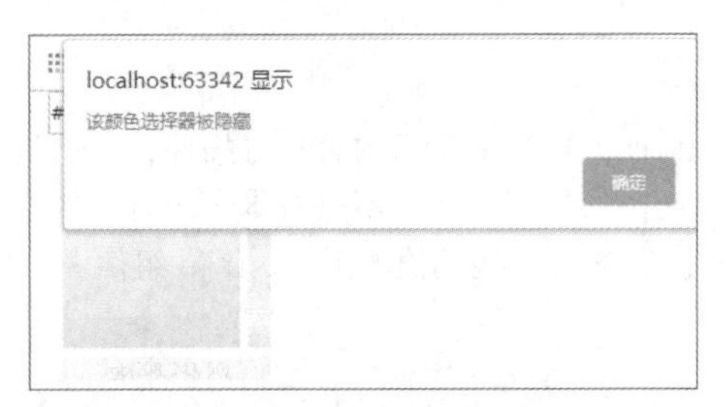

图 12-39 隐藏颜色选择器时弹出提示框

【例 12-8】在页面中添加一张小熊图片，然后通过颜色选择器为小熊填充颜色。具体代码如下：

```
<form class="border border-danger" style="width:330px;margin:0 auto">
    <div class="text-center">
        <img src="images/panda.png" alt="" width="200px">
    </div>
    <div class="form-inline my-3">
        <div class="mx-3">填充颜色:</div>
        <div class="input-group" id="color1">
            <input type="text" value="rgb(134, 231, 221)">
            <div class="input-group-append">
                <span class="input-group-text colorpicker-input-addon"><i></i></span>
            </div>
        </div>
    </div>
</form>
<script type="text/javascript">
    $(function () {
       $(".exam img").css("background-color", "rgb(134, 231, 221)");
       $("#color1").colorpicker()
```

```
            .on("colorpickerChange", function (e) {
                $(".exam img").css("background-color", $("#color1 input").val());
            })
        })
</script>
```

完成代码编写后，在浏览器中运行本例，可看到效果如图 12-40 所示。打开颜色选择器选择颜色后，可看到页面中的小熊被填充为相应颜色，如图 12-41 所示。

图 12-40　默认小熊的颜色

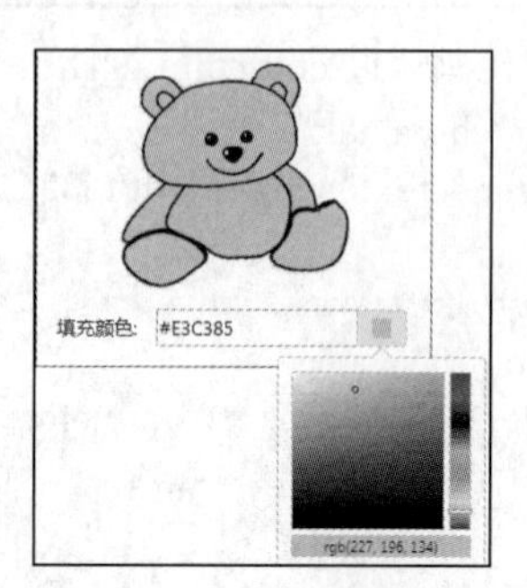

图 12-41　自定义填充颜色的小熊

12.4　本章小结

本章主要介绍了基于 Bootstrap 的 3 个常用的第三方插件，分别是日期选择器、对话框插件和颜色选择器。当然，基于 Bootstrap 的第三方插件不只有本书所讲述的这些。学完本章后，希望读者在掌握这 3 个插件的基础上，能扩展学习一些其他的 Bootstrap 组件。

上机指导

实现修改超市库存信息的功能。图 12-42 所示为商品信息的默认效果，单击“删除”按钮时，页面中会弹出对话框，询问用户是否确认删除；单击“编辑”按钮时，页面中弹出对话框显示商品的信息，读者可以在对话框中修改商品信息，如图 12-43 所示。

编号	名称	类型	库存	操作
JJ00001	沙发	家具	5	删除 编辑
JJ00002	桌子	家具	7	删除 编辑
SH0004	湿巾	生活	2000	删除 编辑
SH0005	毛巾	生活	3000	删除 编辑
CF12120	碗	厨具	500	删除 编辑

图 12-42　超市库存信息默认效果

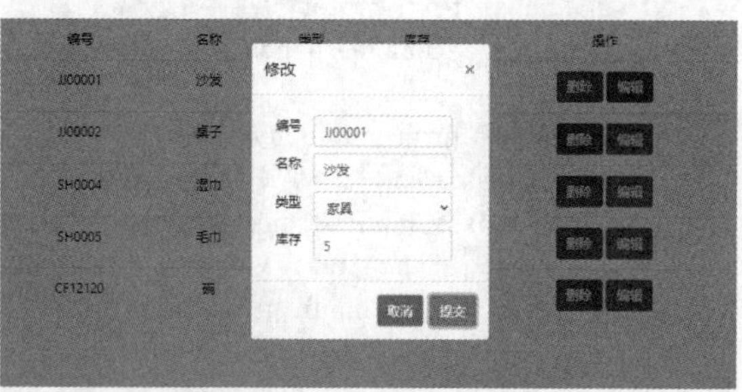

图 12-43　修改商品信息

开发步骤如下。

（1）添加表格展示商品内容，并且在表格最后一列中显示“删除”和“编辑”按钮。具体代码如下：

```
<table class="table text-center">
    <tr>
        <td>编号</td>
```

```
        <td>名称</td>
        <td>类型</td>
        <td>库存</td>
        <td>操作</td>
    </tr>
    <tr>
        <td>JJ00001</td>
        <td>沙发</td>
        <td>家具</td>
        <td>5</td>
        <td>
            <button type="button" class="btn btn-danger">删除</button>
            <button type="button" class="btn btn-success">编辑</button>
        </td>
    </tr>
    <tr>
        <td>JJ00002</td>
        <td>桌子</td>
        <td>家具</td>
        <td>7</td>
        <td>
            <button type="button" class="btn btn-danger">删除</button>
            <button type="button" class="btn btn-success">编辑</button>
        </td>
    </tr>
    <tr>
        <td>SH0004</td>
        <td>湿巾</td>
        <td>生活</td>
        <td>2000</td>
        <td>
            <button type="button" class="btn btn-danger">删除</button>
            <button type="button" class="btn btn-success">编辑</button>
        </td>
    </tr>
    <tr>
        <td>SH0005</td>
        <td>毛巾</td>
        <td>生活</td>
        <td>3000</td>
        <td>
            <button type="button" class="btn btn-danger">删除</button>
            <button type="button" class="btn btn-success">编辑</button>
        </td>
    </tr>
    <tr>
        <td>CF12120</td>
        <td>碗</td>
        <td>厨具</td>
        <td>500</td>
        <td>
```

```
            <button type="button" class="btn btn-danger">删除</button>
            <button type="button" class="btn btn-success">编辑</button>
        </td>
    </tr>
</table>
```

（2）实现单击“删除”和“编辑”按钮时，显示对话框，并且可以在对话框中添加对应的商品信息；当用户单击对话框中的“确认”按钮后，同步更改表格中的商品信息的功能。具体代码如下：

```
<script type="text/javascript">
    $("button").click(function () {
        var ele = $(this).parent().parent()
        if ($(this).text() == "删除") {
          bootbox.confirm("确定要删除该类型", function (result) {
              if (result) {
                ele.remove()
              } else {
                bootbox.alert("已取消")
              }
          })
        } else {
          var dialog = bootbox.dialog({
              title: "修改",
              message: "<div></div>",
              size: "small",
              buttons: {
                  cancel: {
                      label: "取消",
                      className: "btn-danger",
                      callback: function () {
                         bootbox.alert("已取消")
                      }
                  },
                  ok: {
                      label: "提交",
                      className: "btn-success",
                      callback: function () {
                         ele.children().eq(0).text($("#num").val())
                         ele.children().eq(1).text($("#name").val())
                         ele.children().eq(2).text($("#type").val())
                         ele.children().eq(3).text($("#kucun").val())
                         dialog.modal('hide');
                      }
                  }
              }
          })
          dialog.init(function () {
             var start="<div class='container' id='form'>"
             var form1 ="<div class='row my-2 w-100'><label class='col-auto'>编号</label>
                          <input type='text' class='form-control col' id='num' value=" +
                          ele.children().eq(0).text() + "></div> ";
             var form2="<div class='row my-2 w-100'><label class='col-auto'>名称</label><input
```

```
                    type='text' class='form-control col' id='name' value=" + ele.children().eq(1).
                    text() + "></div>"
            var form3="<div class='row my-2 w-100'><label class='col-auto'>类型</label><select
                    class='form-control col' id='type'><option value='家具'>家具</option><option
                    value='生活'>生活</option><option value='厨具'>厨具</option></select></div>"
            var form4="<div class='row my-2 w-100'><label class='col-auto'>库存</label><input
                    type='text' class='form-control col' id='kucun' value=" +ele.children().eq(3).
                    text()+"></div>"
            var end="</div>"
            dialog.find('.bootbox-body').html(start+form1+form2+form3+form4+end);
        })
    }
})
</script>
```

习题

（1）使用第三方插件日期选择器时，用什么方法显示日期？

（2）使用第三方插件对话框插件时，自定义对话框的对象是什么？定义标题和文字的属性分别是什么？

（3）使用第三方插件颜色选择器时，调用日期选择器的方法是什么？

Chapter 13

第13章 综合案例——抖音秀

本章要点

- 项目的开发流程
- Bootstrap 开发项目的方法

13.1 项目概述

抖音是一款音乐创意短视频社交软件。该软件于 2016 年 9 月上线，是一个面向大众的音乐短视频社区。用户可以通过这款软件选择歌曲，拍摄音乐短视频，创作自己的作品。本章我们来模仿抖音 App，做一个响应式页面，如图 13-1 所示。通过学习页面的设计流程，读者可以整体掌握实现响应式视频页面的方法。

图 13-1 抖音秀效果图

13.2 设计流程

抖音秀的设计流程如图 13-2 所示。

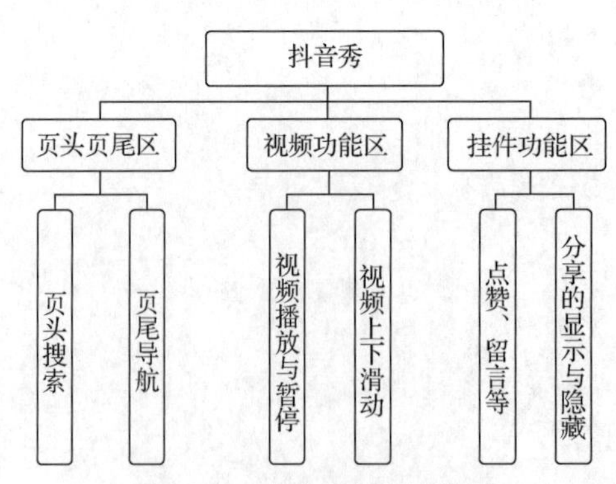

图 13-2 抖音秀的设计流程

13.3 系统预览

由于抖音秀是模仿手机 App 抖音短视频设计的，因此在浏览器中打开它后，需要按 F12 键将浏览设备切换为手机，然后刷新页面，方可看到效果，如图 13-3 所示。单击视频中的播放按钮，即可播放视频；使用鼠标指针模拟向上滑动，即可切换视频，如图 13-4 所示。

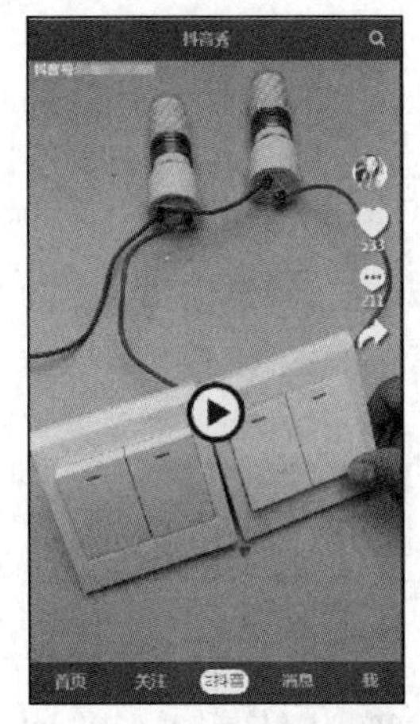

图 13-3 抖音秀页面效果图

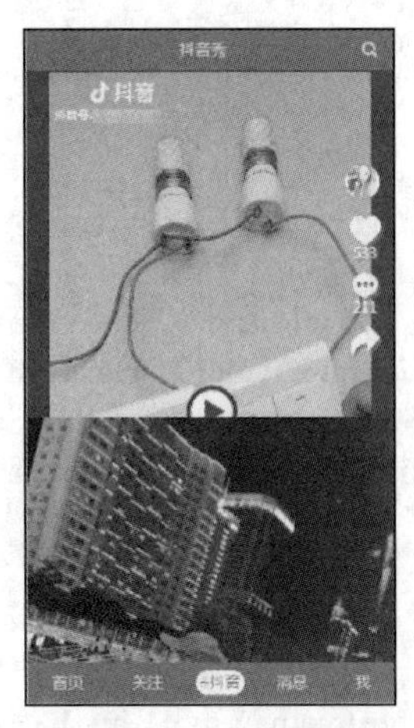

图 13-4 上滑切换视频

13.4 开发工具准备

操作系统：Windows 7、Windows 8、Windows 10。

开发工具：WebStorm。

13.5 抖音秀的实现

13.5.1 页头页尾区

页头页尾区主要通过 Bootstrap 中的<nav>标签实现，再通过添加样式类 fixed-top 和 fixed-bottom 将页头和页尾分别固定在页面的顶部和底部。具体过程如下。

（1）打开 WebStorm 开发工具，然后新建一个 HTML 文件，引入相关 CSS 文件以及 JS 文件，其代码如下：

```
<!DOCTYPE html>
<html>
<head>
    <meta charset="utf-8">
    <meta content="width=device-width, initial-scale=1" name="viewport">
    <title>抖音秀</title>
    <link rel="stylesheet" href="CSS/bootstrap.css" type="text/css">
    <link rel="stylesheet" href="CSS/video.css" type="text/css">
    <link rel="stylesheet" href="CSS/H5FullScreenPage.css" type="text/css">
    <link rel="stylesheet" href="CSS/page-animation.css" type="text/css">
</head>
```

```
<body>

<script src="js/bideo.js"></script>
<script src="js/main.js"></script>
<script src="js/zepto.min.js"></script>
<script type="text/javascript" src="js/H5FullScreenPage.js"></script>
</body>
</html>
```

（2）在<body>标签中布局页头、页尾，具体代码如下：

```
<!--页头区域-->
<div class="fixed-top">
    <div class="nav py-1 justify-content-between align-items-center" style="background-color:
    #463d3d">
        <a href="javascript:void(0)" class="nav-link"></a>
        <a href="javascript:void(0)" class="nav-link disabled text-white">抖音秀</a>
        <a href="javascript:void(0)" class="nav-link disabled text-white"><img src=
        "images/search.png" class="author-avatar" width="30"> </a>
    </div>
</div>
<!--页头区域-->
<!--页尾区域-->
<div class="fixed-bottom nav py-1 justify-content-around" style="background:#463d3d">
    <a href="#/more" class="nav-item nav-link text-white">首页</a>
     <a href="#/category" class="nav-item nav-link text-white">关注</a>
     <a href="#/more" class="nav-item align-self-center rounded-pill bg-white text-dark p-1">≡抖
     音</a>
     <a href="#/more" class="nav-item nav-link text-white">消息</a>
     <a href="#/more" class="nav-item nav-link text-white">我</a>
</div>
<!--页尾区域-->
```

上述代码所实现的页头、页尾的效果如图 13-5 所示。

图 13-5　页头、页尾效果

13.5.2 视频功能区

视频功能区的功能主要包括视频的播放与暂停、视频的上下拖曳，其实现过程如下。

（1）添加视频及播放、暂停按钮等。本项目中添加了3个视频项目，具体代码如下：

```
<!--视频区域-->
<div class="H5FullScreenPage-wrap container-fluid" style="padding:44px 0 0px 0">
    <div class="item item1">
        <video class="background_video w-100" loop="loop">
            <source src="video/1.mp4" type="video/mp4">
        </video>
        <div class="overlay"></div>
        <div class="video_controls">
            <span class="play" title="0">
                <img src="images/play.png" width="100">
            </span>
            <span class="pause" title="0" style="display:none">
                <img src="images/pause.png" width="90">
            </span>
        </div>
    </div>
    <div class="item item2">
         <video class="background_video w-100" loop="loop">
             <source src="video/2.mp4" type="video/mp4">
         </video>
         <div class="overlay"></div>
         <div class="video_controls">
             <span class="play" title="1">
             <img src="images/play.png" width="100">
             </span>
             <span class="pause " title="1" style="display:none">
             <img src="images/pause.png" width="90">
             </span>
        </div>
    </div>
    <div class="item item3">
        <video class="background_video w-100" loop="loop">
            <source src="video/3.mp4" type="video/mp4">
        </video>
        <div class="overlay"></div>
        <div class="video_controls">
            <span class="play" title="2">
            <img src="images/play.png" width="100">
            </span>
            <span class="pause " title="2" style="display:none">
            <img src="images/pause.png" width="90">
            </span>
        </div>
    </div>
</div>
<!--视频区域-->
```

（2）添加<script>标签，并在该标签中添加 JavaScript 代码以实现拖曳视频的效果，具体代码如下：

```
<script type="text/javascript">
    H5FullScreenPage.init({
        'type': 2
    });
</script>
```

（3）新建 JavaScript 文件，命名为 main.js，实现视频的播放与拖曳功能。该功能通过初始化 Bideo 对象并设置该对象的各个参数实现，具体代码如下：

```
(function () {
    var bv = new Bideo();
    bv.init({
        videoEl: document.querySelectorAll('.background_video'),
        container: document.querySelectorAll('body'),
        resize: true,
        isMobile: window.matchMedia('(max-width: 768px)').matches,
        playButton: document.querySelectorAll('.play'),
        pauseButton: document.querySelectorAll('.pause'),
    });
}());
```

具体实现的拖曳视频的效果如图 13-6 所示。

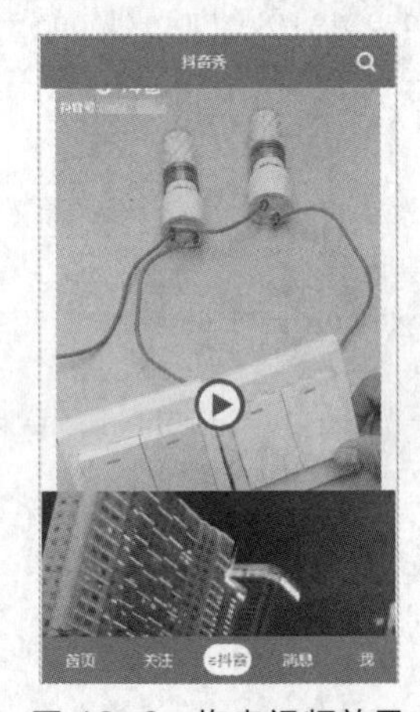

图 13-6　拖曳视频效果

13.5.3　挂件功能区

挂件功能区主要包含显示个人头像、点赞、留言和分享的功能。具体实现过程如下。

（1）添加挂件功能区的图标，包括个人头像、关注、留言和分享图标，并且为分享图标添加单击事件。具体代码如下：

```
<!--挂件区域-->
<div class="play-page ">
    <div class="turnoff position-absolute" style="top:20%;right:0%">
        <ul class="list-unstyled text-center text-white">
            <li><img id="avatar" src="images/head.jpeg" class="rounded-circle" width="50"></li>
            <li><img src="images/love.png" width="30">
                <p>533</p></li>
```

```
            <li><img src="images/mess.png" width="30">
               <p>211</p></li>
            <li onclick="shareId();"><img src="images/share.png" width="30"></li>
        </ul>
    </div>
```

（2）实现复制链接模块（该模块为用户单击分享图标后显示的内容）的布局，并且为该模块中的“取消”按钮添加单击事件。具体代码如下：

```
    <div class="share-background" style="display: none;">
        <div class="share-pannel text-center"><h6>分享</h6>
            <ul class="list-unstyled">
                <li class="text-left ml-2">
                    <img src="images/link.png" alt="" class="rounded-circle bg-secondary">
                    <p class="initialism">复制链接</p>
                </li>
            </ul>
        <div onclick="shareCancel();" class="text-center text-white"><p>取消</p></div>
        </div>
    </div>
</div>
<!--挂件区域-->
```

（3）添加 JavaScript 代码，实现单击分享图标时，显示复制链接功能模块，以及单击“取消”按钮时，隐藏复制链接功能模块的效果。具体代码如下：

```
<script type="text/javascript">
    function shareId() {
        var shareDOM = document.querySelector('.share-background');
        shareDOM.style.display = 'block';
    }
    function shareCancel() {
        var shareDOM = document.querySelector('.share-background');
        shareDOM.style.display = 'none';
    }
</script>
```

其效果如图 13-7 所示。

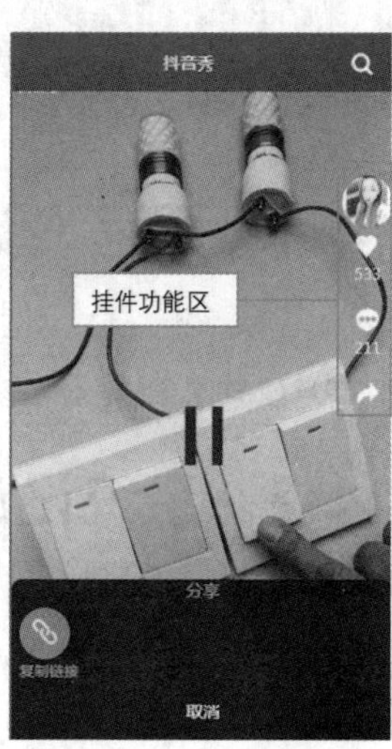

图 13-7　单击分享图标时显示复制链接模块

13.6　本章小结

本章主要介绍了使用 Bootstrap 及第三方插件 H5FullScreenPage 开发项目抖音秀的过程。通过该项目的制作，希望读者能够了解项目的开发流程，并在编写源码时，能够灵活地使用插件实现相关的样式和功能。

Chapter 14

吃了么外卖网

第14章 课程设计——吃了么外卖网

本章要点

- 项目的开发流程
- Bootstrap中网格系统布局的使用
- Bootstrap中相关组件的使用

14.1 课程设计目的

本课程设计将制作一个外卖网站——吃了么外卖网。通过制作该网站，读者可以了解项目的设计流程及如何使用 Bootstrap 构建响应式网页，并且可以灵活使用 Bootstrap 中的插件。

14.2 系统设计

14.2.1 项目概述

吃了么外卖网按用户类型分为买家版和商家版，网站中主要包括以下内容：

☑ 首页展示；
☑ 用户（买家和商家）注册、登录功能；
☑ 商家留言板功能；
☑ 店铺页面商品信息展示功能；
☑ 订单查看功能；
☑ 评论功能；
☑ 后台管理评论信息功能。

14.2.2 系统功能结构

吃了么外卖网共分为两个部分，前台主要实现商品展示与销售，后台主要是对网站中的商品信息、留言信息和订单信息进行有效的管理等。其详细功能结构如图 14-1 所示。

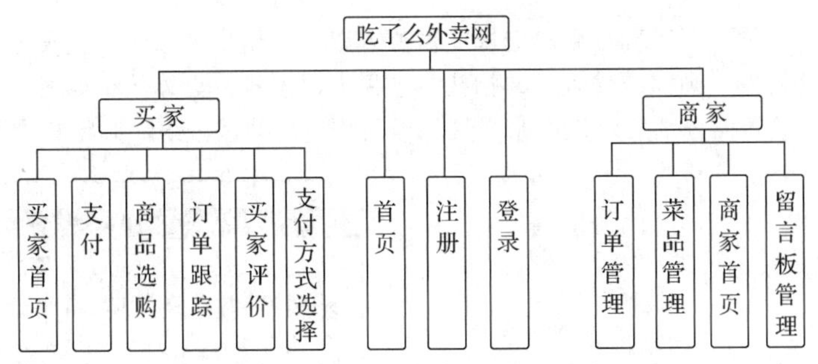

图 14-1　吃了么外卖网详细功能结构

14.2.3　文件夹组织结构

在吃了么外卖网项目中，文件夹组织结构如图 14-2 所示。

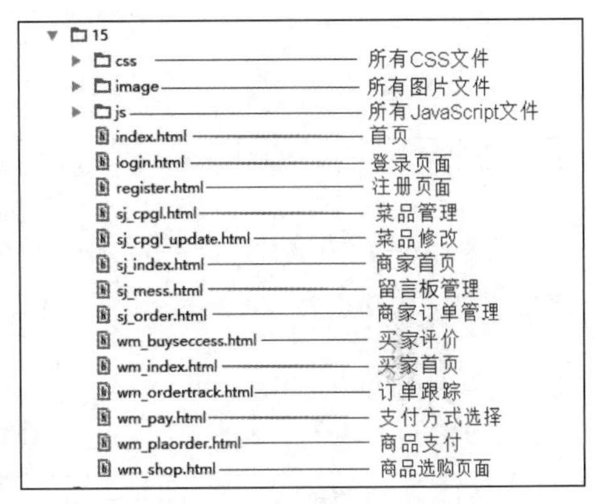

图 14-2　文件夹组织结构

14.2.4　系统预览

下面仅展示部分主要页面效果。

☑　首页。首页内容包括页头、页尾和主体部分，主体部分为菜品展示，包括中餐、西餐、水果、饮品以及服务介绍，具体如图 14-3 所示。该网站中所有页面的页头、页尾均相同，故其余页面中不再展示页头和页尾。

☑　买家商品选择页面。该页面分类展示店铺里的所有商品信息，并且单击商品下方加号可以将商品加入购物车。当加入购物车的商品总价格大于或等于 20 时，“满 20 起送”按钮变为红色的“立即下单”按钮，此时用户可以下单。具体效果如图 14-4 所示。

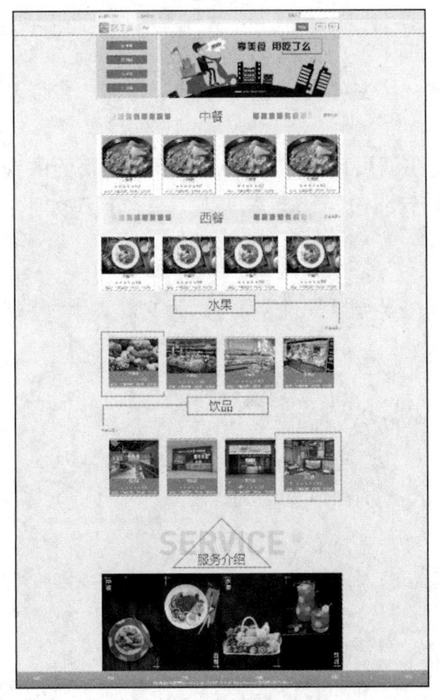

图 14-3　吃了么外卖网首页

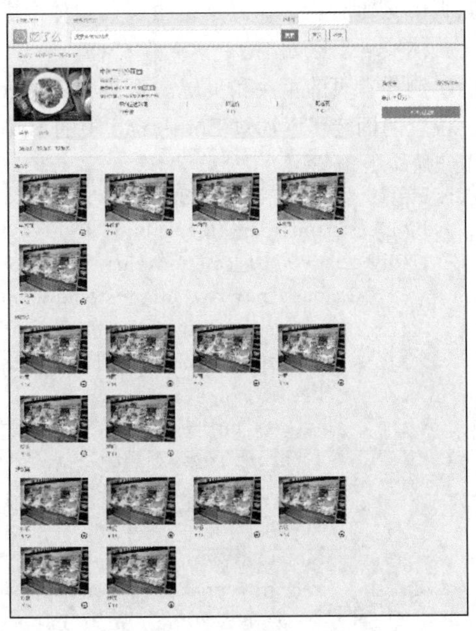

图 14-4　买家商品选择页面

☑ 支付页面。支付页面出现在用户选择支付方式以后，用户在该页面需要选择收货地址，还可以留言。如果需要开发票，则需要输入发票抬头和纳税人识别号，具体效果如图 14-5 所示。

☑ 商家首页。该页面分别展示该商家当天、当周和当月的销售统计排行，如图 14-6 所示。

图 14-5 支付页面

图 14-6 商家首页

14.3 首页、登录页面以及注册页面的实现

14.3.1 首页的实现

首页由 3 部分构成，分别是页头、主体内容以及页尾，而主体内容包括导航、轮播广告以及美食分类。具体实现步骤如下。

（1）制作首页的页头和页尾。页头和页尾分别被固定在网页顶部和底部，且不会随页面的滚动而滚动。位置的固定可以通过 Bootstrap 中的.fixed-top 和.fixed-bottom 来实现。具体代码如下：

```
<!--顶部开始-->
<div id="top" class="fixed-top">
    <div class="top1 container-fluid" style="background: #ece9e9 ">
        <div class="top1_con container">
            <ul class="nav row align-items-center">
                <li class="bg-light col-3 col-sm-2 col-md-2 py-2 d-none d-sm-block"><a href="#"
                class="text-dark">Hi 你吃了吗?</a>
                </li>
                <li class="mr-auto col"><a href="login.html" class="">登录</a><a
                    href="register.html">注册</a></li>
                <li class="col-auto">
                  <label>地址：</label>
                  <input id="city">
                  <script type="text/javascript">
                     $("#city").click(function (e) {
                       SelCity(this, e);
```

```
                console.log("inout", $(this).val(), new Date())
              });
            </script>
          </li>
        </ul>
      </div>
    </div>
    <div class="top2 container-fluid" style="background-color:rgb(247, 242, 242)">
      <div class="container">
        <div class="row justify-content-between align-items-center">
          <a href="index.html" class="col-3 col-sm-2 col-md-2 bg-light py-2"><img
          src="image/logo.gif"class="img-fluid"></a>
          <div class="col input-group rounded-lg">
            <input type="text" class="form-control" placeholder="搜索">
            <div class="input-group-append">
              <button class="btn btn-primary">搜索</button>
            </div>
          </div>
          <div class="col-auto">
            <a href="index.html" class="btn btn-outline-primary mx-1 btn-sm">首页</a>
            <a href="wm_index.html" class="btn btn-outline-primary mx-1 btn-sm">外卖</a>
          </div>
        </div>
      </div>
    </div>
  </div>
  <!--顶部结束-->
  <!--底部开始-->
  <footer id="sj_footer" class="fixed-bottom">
    <div class="text-white">
      <div class="nav pt-3 justify-content-around d-flex">
        <a href="index.html" class="text-white nav-item">首页</a>
        <a href="#" class="text-white nav-item">|</a>
        <a href="wm_index.html" class="text-white nav-item">外卖</a>
       <!--省略网站底部相似代码-->
      </div>
      <div class="text-center pb-2">
        <p>吉林省明日科技有限公司Copyright ©2007-2018, All Rights Reserved 吉ICP备10002740号
        -2 </p>
       </div>
     </div>
  </footer>
  <!--底部结束-->
```

（2）实现主体内容。主体内容包括两部分，第一部分为导航和轮播广告，第二部分为美食分类展示和广告。第一部分使用的是 Bootstrap 中的导航组件 nav 和轮播组件 carousel，关键代码如下：

```
    <div class="row" id="banner">
      <!--导航-->
      <nav class="col-12 col-md-3 nav text-center flex-row table-primary py-3 px-md-5
      flex-md-column justify-content-around align-items-stretch">
        <a href="wm_index.html" class="nav-link text-white bg-primary rounded-lg"><img
```

```
            src="image/zc.png" width="20"class="mr-md-1">中餐</a>
            <a href="wm_index.html" class="nav-link text-white bg-primary rounded-lg"><img
            src="image/xc.png" width="20"class="mr-md-1">西餐</a>
            <a href="wm_index.html" class="nav-link text-white bg-primary rounded-lg"><img
            src="image/sg.png" width="20"class="mr-md-1">水果</a>
            <a href="wm_index.html" class="nav-link text-white bg-primary rounded-lg"><img
            src="image/yp.png" width="20"class="mr-md-1">饮品</a>
        </nav>
        <!--导航-->
        <!--轮播图-->
        <div class="col-12 col-md-9 carousel slide overflow-hidden" id="carousel">
            <ol class="carousel-indicators">
                <li data-target="#carousel" data-slide-to="0" class="active"></li>
                <li data-target="#carousel" data-slide-to="1"></li>
                <li data-target="#carousel" data-slide-to="2"></li>
                <li data-target="#carousel" data-slide-to="3"></li>
            </ol>
            <div class="carousel-inner">
                <div class="carousel-item active">
                    <img src="image/banner.jpg" class="d-block w-100" alt="">
                </div>
                <!--省略添加其余3张轮播图的代码-->
            </div>
            <a href="#carousel" class="carousel-control-prev" data-slide="prev">
                <span class="carousel-control-prev-icon"></span>
            </a>
            <a href="#carousel" class="carousel-control-next" data-slide="next">
                <span class="carousel-control-next-icon"></span>
            </a>
        </div>
        <!--轮播图-->
    </div>
```

美食分类部分包括中餐、西餐、水果、饮品和服务介绍，关键代码如下：

```
<!--美食分类 中餐-->
    <div id="dinner1">
        <div class="row justify-content-between align-items-center ">
            <div class="col-auto"></div>
            <h2 class="col my-5 text-center mr-auto display-4">中餐</h2>
            <a href="wm_index.html" class="col-auto">查看全部></a>
        </div>
        <ul class="row list-unstyled bg-white">
            <li class="col-12 col-md-3">
              <div class="row m-1 py-1 border border-primary text-center rounded-lg">
                  <div class="col-5 col-md-12 p-0"><a href="wm_shop.html"><img
                  src="image/din_1.jpg"class="img-fluid"></a></div>
                   <div class="col-7 col-md-12 p-0 d-flex flex-column justify-content-between">
                      <h6>川菜馆</h6>
                      <div>
                           <ul class="list-unstyled list-inline d-inline-block">
                               <li class="list-inline-item m-0"><img src="image/eva.png"
                               width="15"></li>
```

```
                        <li class="list-inline-item m-0"><img src="image/eva.png"
                        width="15"></li>
                        <li class="list-inline-item m-0"><img src="image/eva.png"
                        width="15"></li>
                        <li class="list-inline-item m-0"><img src="image/eva.png"
                        width="15"></li>
                        <li class="list-inline-item m-0"><img src="image/eva.png"
                        width="15"></li>
                        <li class="list-inline-item m-0"><span class=" d-inline-block">5分
                        </span></li>
                    </ul>

                </div>
                <div class="food_sc initialism text-secondary">
                    <span>起送：15</span><span>配送费：2</span><span>时间：38分钟</span>
                </div>
            </div>
        </div>
    </li>
    <!--此处省略类似代码-->
  </ul>
</div>
<!--此处省略西餐、果品、饮品等类别的代码-->
```

上述代码所实现的 PC 端首页的效果如图 14-7 所示，而在移动端的效果如图 14-8 所示。

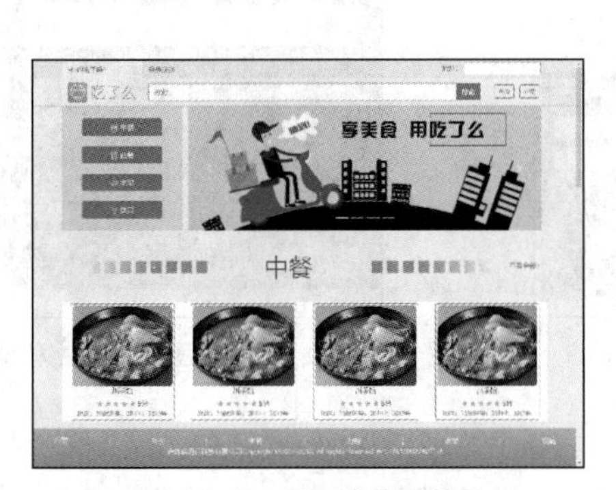

图 14-7　PC 端首页效果

图 14-8　移动端首页效果

14.3.2　登录页面的实现

登录页面包括通过账号密码登录和第三方登录，关键代码如下：

```
<div class="container" style="margin:65px auto 90px">
  <div class="row" style="background:url('image/logo_bg.jpg') no-repeat">
    <div class="offset-md-8 offset-sm-4 col-12 col-sm p-4 my-4 rounded-lg"
```

```
        style="background:rgba(0,0,0,0.8)">
            <h4 class="text-white py-2 pb-0">账号登录</h4>
            <form class="pt-1">
                <div><input type="text" class="form-control mb-3" placeholder="手机号/用户名/
                邮箱"></div>
                <div><input type="password" class="form-control mt-3" placeholder="密码"></div>
                <div class="d-flex justify-content-end"><a href="#" class="for_pass text-white">忘
                记密码?</a></div>
                <div class="d-flex justify-content-center mt-4">
                    <button class="btn btn-primary px-5">登录</button>
                </div>
                <div class="text-white my-1">还没有账号? <a href="register.html">免费注册
                </a></div>
                <div class="text-white text-center">
                    <div class="my-2">————用合作网站账号登录————</div>
                    <div class="my-3">
                        <a href="#" class="mx-2"><img src="image/wx_icon.png" alt=""> </a>
                        <a href="#" class="mx-2"><img src="image/wb_icon.png" alt=""></a>
                    </div>
                </div>
            </form>
        </div>
    </div>
</div>
```

具体实现的效果在 PC 端如图 14-9 所示，而在移动端如图 14-10 所示。

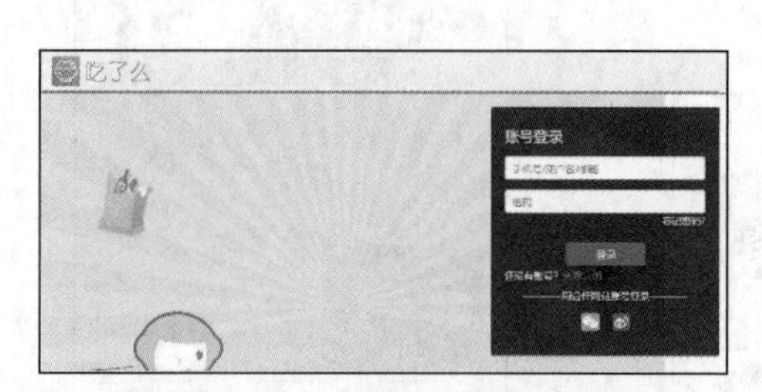

图 14-9　吃了么登录页面（PC 端）

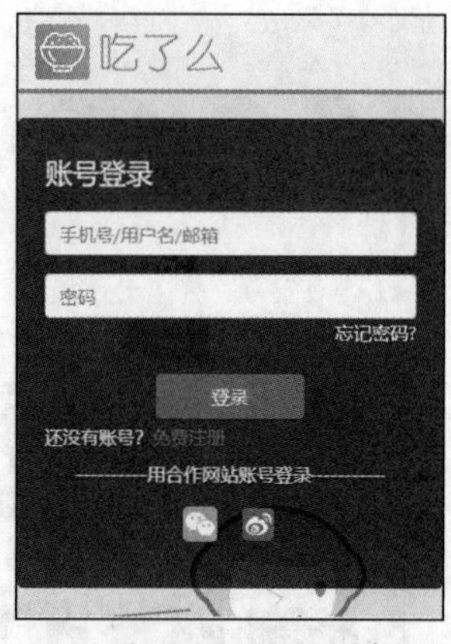

图 14-10　吃了么登录页面（移动端）

14.3.3　注册页面的实现

注册页面中需要用户填写相关信息及用户类型。当用户类型为商家时，用户注册页面中需要用户填写店铺名称、主营类型以及注册地址；而当用户类型为买家时，这部分是隐藏的。具体实现步骤如下。

（1）制作注册表单，关键代码如下：

```
<div id="register_main" style="margin:90px auto" class="container">
    <form class="container">
        <div class="form-group row"><label class="col-auto col-sm-2">账号</label><input
        type="text"   class="form-control col"></div>
```

```
        <div class="form-group row"><label class="col-auto col-sm-2">创建密码</label><input
        type="text" class="form-control col"></div>
      <!--此处省略添加确认密码等信息的代码-->
  <!--上传头像-->
  <div class="row align-items-center">
      <div class="col-auto col-sm-2">头像</div>
      <div class="img_yulan">
          <img id="preview" width="100" height="100"/>
      </div>
      <input type="file" class=" ml-2" name="file" id="head" onchange="imgPreview('preview','head')">
  </div>
        <div class="row my-2 justify-content-center">
            <button class="btn btn-primary">同意以下协议并注册</button>
        </div>
    </form>
  </div>
```

（2）在注册表单的代码中添加店铺用户需要填写的表单代码，具体包括店铺名称、主营类型和店铺地址，然后通过 JavaScript 代码设置该部分的显示或隐藏。具体代码如下：

```
  <div class="form-group row" onchange="showsj()">
      <label class="col-auto col-sm-2">用户类型</label>
      <div class="col-auto form-check-inline">
          <input name="mjsj" type="radio" class="form-check-input" id="mj" checked/>
          <label class="form-check-label" for="mj">买家</label>
      </div>
      <div class="col-auto form-check-inline">
          <input name="mjsj" type="radio" class="form-check-input" id="sj"/>
          <label class="form-check-label" for="sj">商家</label>
      </div>
  </div>
  <div id="sj_regist" style="display: none">
      <div class="form-group row">
          <label class="col-form-label col-auto">店铺名称</label>
          <input type="text" class="col form-control">
      </div>
    <!--省略相似代码-->
     <div class="form-group row">
         <label class="col-auto">店铺地址</label>
         <textarea class="form-control col" placeholder="请填写详细地址"></textarea>
     </div>
  </div>
  <script type="text/javascript">
      function showsj() {
          if ($("#sj").is(":checked")) {
              $("#sj_regist").show()
          } else {
              $("#sj_regist").hide()
          }
      }
  </script>
```

上述代码实现的效果在 PC 端如图如图 14-11 所示，在移动端如图 14-12 所示。

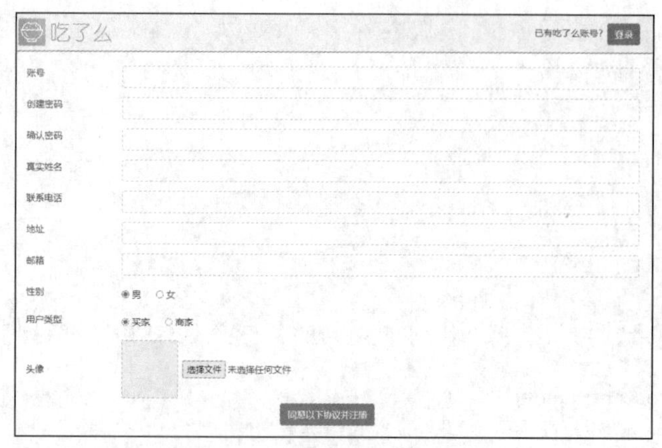

图 14-11　注册页面（PC 端）

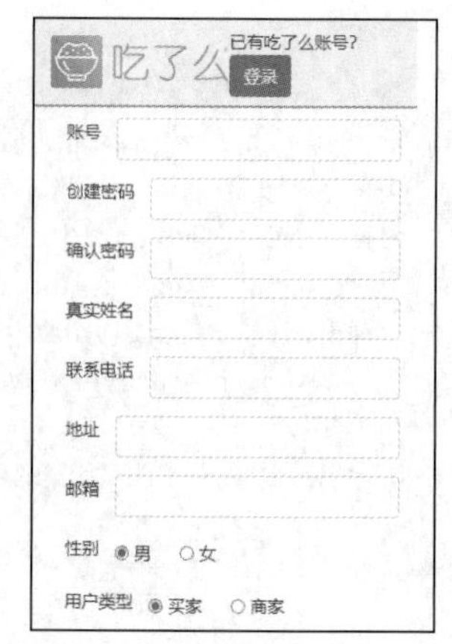

图 14-12　注册页面（移动端）

14.4　商家版功能实现

14.4.1　商家首页

商家首页统计商家每天、每周以及每月总销售额和销量排名前 5 的商品。主体内容包括导航和销售统计，具体实现步骤如下：

（1）实现导航。导航中包括订单管理、菜品管理、留言板管理以及店铺信息，具体代码如下：

```
<nav class="bg-primary">
    <ul class="nav align-items-center p-3">
        <li class="nav-item mx-3"><img src="image/order.png" width="20"> <a href="sj_order.html"
        class="text-white">订单管理</a>
        </li>
        <li class="nav-item mx-2"><img src="image/cpgl.png" width="20"> <a href="sj_cpgl.html"
        class="text-white">菜品管理</a>
        </li>
        <li class="nav-item mr-auto mx-2"><img src="image/liuyan.png" width="20"> <a
        href="sj_mess.html"  class="text-white">留言板管理</a>
         </li>
         <li class="nav-item mx-5 text-white">注册时间:2019.1.3</li>
         <li class="nav-item text-white mx-2">综合评分：<b class="text-danger h4">95分</b></li>
    </ul>
</nav>
```

（2）添加店铺名称及销售统计，周销售统计与月销售统计的代码与日销售统计的代码类似，所以此处仅展示日销售统计的代码。其代码如下：

```
<div class="text-center my-2">
    <span class="d-inline-block">店铺名称：</span>
    <h2 class="d-inline-block">中国兰州牛肉拉面</h2>
</div>
<div class="my-5 selltable">
    <ul class="list-unstyled d-flex bg-warning p-3">
        <li class="list-inline-item text-white mx-3">销售统计 -</li>
        <li class="list-inline-item text-white bg-danger rounded-circle mr-auto px-1">天</li>
```

```
        <li class="list-inline-item">销售额:5000元</li>
    </ul>
    <table class="bg-warning border border-warning text-center table-bordered">
        <tr class="table-warning">
            <td class="py-2 text-danger">排名</td>
            <td>菜品</td>
        </tr>
        <tr>
            <td class="text-danger py-2"><img src="image/guanjun.png">1</td>
            <td>兰州清真牛肉拉面</td>
        </tr>
        <tr class="table-warning">
            <td class="py-2 text-danger">2</td>
            <td>兰州炒饭</td>
        </tr>
<!--省略相似代码-->
    </table>
<!--周销售统计和月销售统计的代码与日销售统计的代码类似，故省略-->
</div>
```

具体实现的效果如图 14-13 所示。

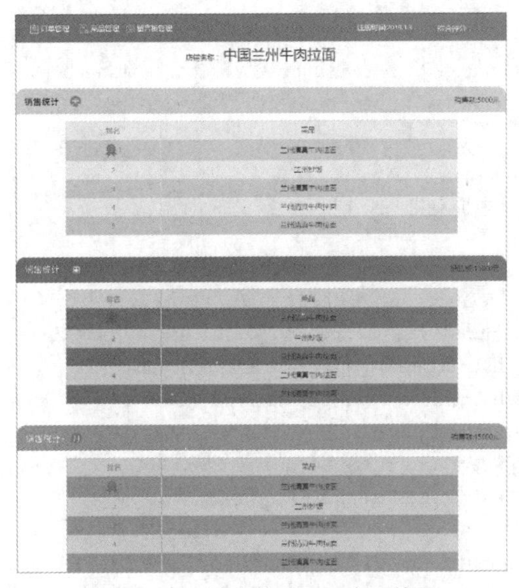

图 14-13　销售统计页面实现效果

14.4.2　订单管理页面

订单管理页面主要展示商家的订单信息，并且将订单信息分类展示，主要分为待审核、进行中、配送中、已完成和已取消的订单。单击不同的类别即可显示不同状态的订单，该部分主要通过 Bootstrap 中的 nav 组件实现。其关键代码如下：

```
<ul class="nav nav-pills nav-justified">
    <li class="nav-item"><a href="#order_list1" class="nav-link active show" data-toggle="tab">待审核</a></li>
    <li class="nav-item"><a href="#order_list2" class="nav-link" data-toggle="tab">进行中</a></li>
```

```
        <li class="nav-item"><a href="#order_list3" class="nav-link" data-toggle="tab">配送中</a></li>
        <li class="nav-item"><a href="#order_list4" class="nav-link" data-toggle="tab">已完成</a></li>
        <li class="nav-item"><a href="#order_list5" class="nav-link" data-toggle="tab">已取消</a></li>
    </ul>
    <div class="tab-content">
        <div class="tab-pane fade active show table-responsive-md" id="order_list1">
            <!--待审核订单信息-->
            <table class="table">
                <tr>
                    <td>下单时间</td>
                    <td>顾客手机</td>
                    <td>送餐地址</td>
                    <td>餐品</td>
                    <td>金额</td>
                    <td>是否接受</td>
                </tr>
                <tr>
                    <td>2019.1.14 10:04</td>
                    <td>137****2856</td>
                    <td>长春市二道区</td>
                    <td>牛肉拉面</td>
                    <td>16</td>
                    <td>
                        <button class="btn btn-success">接受</button>
                        <button class="btn btn-danger">拒绝</button>
                    </td>
                </tr>
    <!--此处省略其余待审核订单信息的代码-->
              </table>
              <!--订单信息分页-->
              <div class="row justify-content-center">
                  <ul class="list-unstyled list-inline col-12 col-sm-6 text-center">
                      <li class="list-inline-item m-2">当前显示</li>
                      <li class="list-inline-item border m-2">20</li>
                      <li class="list-inline-item border m-2">30</li>
                      <li class="list-inline-item border m-2">200</li>
                      <li class="list-inline-item m-2">条信息</li>
                  </ul>
                  <ul class="pagination col-12 col-sm-6 justify-content-center">
                      <li class="page-item"><a class="page-link" href="#"><</a></li>
                      <li class="page-item"><a class="page-link" href="#">1/1</a></li>
                      <li class="page-item"><a class="page-link" href="#">></a></li>
                      <li class="page-item"><input type="text" class="form-control"
                      style="width:40px"></li>
                      <li class="page-item">
                          <button type="button" class="btn btn-primary mx-2">GO</button>
                      </li>
                </ul>
            </div>
        </div>
        <!--此处省略其余分类下订单信息的代码-->
```

```
</div>
```

具体实现的效果如图 14-14 所示。

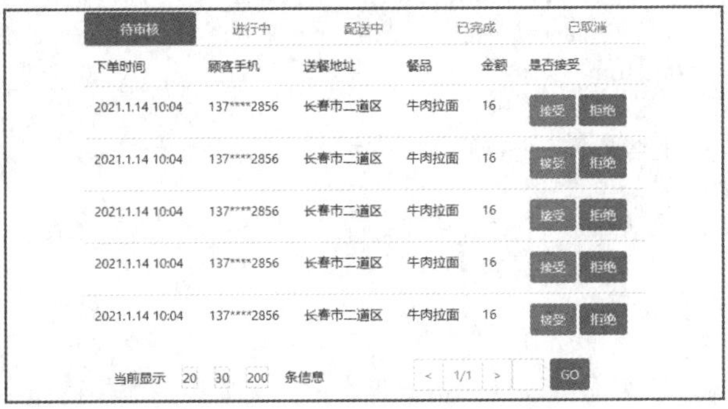

待审核 进行中 配送中 已完成 已取消

下单时间	顾客手机	送餐地址	餐品	金额	是否接受
2021.1.14 10:04	137****2856	长春市二道区	牛肉拉面	16	接受 拒绝
2021.1.14 10:04	137****2856	长春市二道区	牛肉拉面	16	接受 拒绝
2021.1.14 10:04	137****2856	长春市二道区	牛肉拉面	16	接受 拒绝
2021.1.14 10:04	137****2856	长春市二道区	牛肉拉面	16	接受 拒绝
2021.1.14 10:04	137****2856	长春市二道区	牛肉拉面	16	接受 拒绝

当前显示 20 30 200 条信息 < 1/1 > GO

图 14-14 显示待审核订单效果

14.4.3 菜品管理和菜品修改页面

商家菜品管理部分由两个页面组成，分别是菜品管理页面和菜品修改页面。菜品管理页面展示已添加的菜品信息，单击菜品管理页面中的“修改”按钮，即可跳转至菜品修改页面，在该页面可修改菜品信息。具体实现步骤如下。

（1）布局菜品管理页面。该页面的菜品信息部分主要由 table 组件实现，而每一个菜品信息后面都有一个“修改”按钮和“删除”按钮。单击“修改”按钮，可跳转至菜品修改页面。其代码如下：

```
<!--中间部分-->
<div id="main" class="container" style="margin:60px auto 90px">
    <div class="add_cp">
        <div class="breadcrumb bg-transparent">
            <a href="index.html" class="breadcrumb-item">首页</a>
            <a href="sj_cpgl.html" class="breadcrumb-item active">菜品管理</a>
        </div>
        <div class="my-5">
            <table class="table text-center table-sm">
                <tr class="table-info">
                    <td>商品名称</td><td>价格</td>
                    <td class="d-none d-sm-table-cell">餐盒价格</td>
                    <td class="d-none d-sm-table-cell">无限</td>
                    <td >商品分类</td><td>图片展示</td><td>管理</td>
                </tr>
                <tr>
                    <td>兰州炒饭</td><td>15</td>
                    <td class="d-none d-sm-table-cell">1.4</td>
                    <td class="d-none d-sm-table-cell">无限</td>
                    <td>
                        <select>
                            <option value="炒饭类">炒饭类</option>
                            <option value="炒面类">炒面类</option>
                            <option value="汤面类">汤面类</option>
                        </select>
                    </td>
                    <td><img src="image/cf.jpg"></td>
```

```
                <td style="vertical-align: middle">
                    <a href="sj_cpgl_update.html" class="cpup_btn btn btn-success  btn-sm
                    d-block d-sm-inline-block">修改</a>
                    <button class="btn btn-danger d-block btn-sm d-sm-inline-block">删除
                    </button> </td>
                </tr>
                <!--此处省略其余内容的代码-->
            </table>
            <!--添加菜品信息分页，该部分源码与订单管理页面的分页代码类似，故省略-->
        </div>
    </div>
</div>
```

（2）制作菜品修改页面。菜品修改页面是一张表单，需要用户添加商品名称、商品价格、餐盒价格、商品库存以及上传商品图片。填写完信息以后，单击“点击修改”按钮，即可修改完成，并跳转至菜品管理页面。具体代码如下：

```
<div class="text-center">
    <h5 class="rounded-lg py-2 px-4 border-info text-info border d-inline-block">菜品修改</h5>
    <form class="container">
        <div class="row">
            <div class="col form-group row align-items-center">
                <label class="col-auto col-sm-3">商品名称</label>
                <input type="text" class="col form-control">
            </div>
            <div class="col form-group row align-items-center">
                <label class="col-auto col-sm-3">商品价格</label>
                <input type="text" class="col form-control">
            </div>
        </div>
        <div class="row">
            <div class="col form-group row align-items-center">
                <label class="col-auto col-sm-3">餐盒价格</label>
                <input type="text" class="col form-control">
            </div>
            <div class="col form-group row align-items-center">
                <label class="col-auto col-sm-3">商品库存</label>
                <input type="text" class="col form-control">
            </div>
        </div>
        <div class="row form-group">
            <div class="col-12 col-md-6 row align-items-center">
                <label class="col-auto col-sm-3 ">商品图片</label>
                <div class="img_yulan"><img id="preview"/></div>
                <div class="custom-file col mx-4">
                    <input type="file" class="custom-file-input" id="imgbox"
                            onchange="imgPreview('preview','imgbox')">
                    <label class="custom-file-label " data-browse="选择文件"></label>
                </div>
            </div>
        </div>
        <a href="sj_cpgl.html" class="btn btn-warning px-5 text-white rounded-0">点击修改</a>
```

```
    </form>
</div>
```

上面代码所实现的菜品管理页面效果如图 14-15 所示，菜品修改页面如图 14-16 所示。

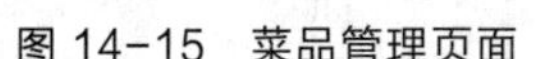
图 14-15　菜品管理页面

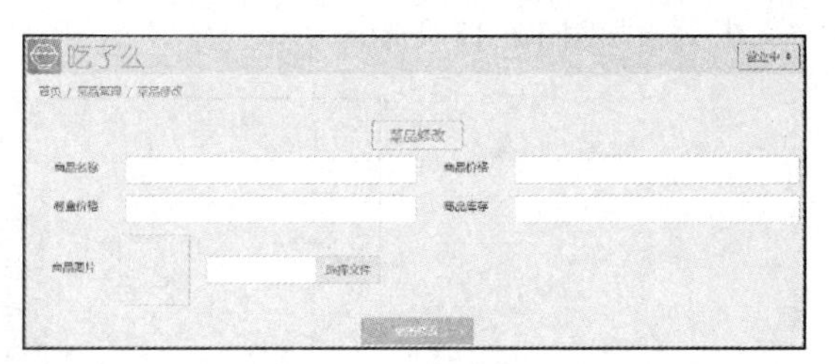

图 14-16　菜品修改页面

14.4.4　留言板管理页面

留言板管理页面主要显示留言信息，单击“好评”“中评”或“差评”选项卡即可显示对应的评论内容。具体代码如下：

```
<nav class="nav nav-tabs justify-content-center" role="tablist">
    <a href="#good1" class="nav-link active nav-item mx-2" data-toggle="tab">好评</a>
    <a href="#normal1" class="nav-link nav-item mx-2" data-toggle="tab">中评</a>
    <a href="#bad1" class="nav-link nav-item mx-2" data-toggle="tab">差评</a>
</nav>
<div class="tab-content">
    <!--好评-->
    <div class="tab-pane fade show active" id="good1" role="tabpanel">
        <table>
            <tr>
                <td width="7%">头像</td>
                <td width="16%">用户名</td>
                <td width="11%">下单时间</td>
                <td width="9%">餐品</td>
                <td width="24%">晒图</td>
                <td width="33%">评价</td>
            </tr>
            <tr>
                <td>
                    <img src="image/cf.jpg" class="rounded-circle" width="40">
                </td>
                <td>用户名</td>
                <td>2019.1.14 10:04</td>
                <td>炒饭</td>
                <td>
                     <img src="image/cf.jpg" class="img-fluid mx-2">
                     <img src="image/cf.jpg" class="img-fluid mx-2">
                     <img src="image/cf.jpg" class="img-fluid mx-2">
                </td>
                <td>好吃好吃好吃好吃好吃好吃好吃好吃好吃好吃好吃好吃好吃好吃好吃</td>
            </tr>
<!--此处省略其他好评内容的代码-->
        </table>
```

```
<!--此处省略分页代码-->
    </div>
    <!--此处为中评和差评的代码，其与好评的代码类似，故省略-->
</div>
```

其效果如图 14-17 所示。

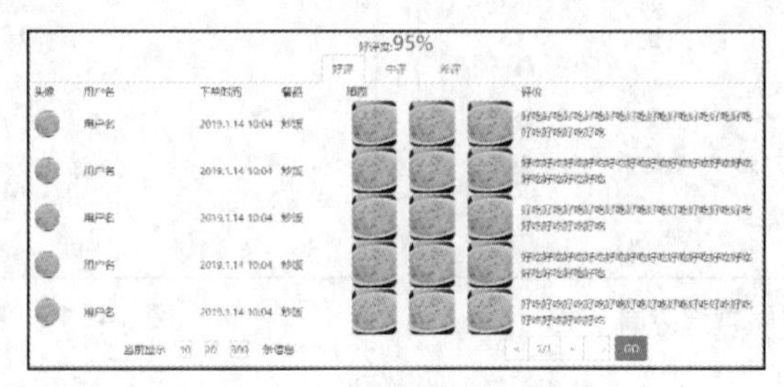

图 14-17　留言板管理页面

14.5　买家版功能实现

14.5.1　买家首页

买家首页根据用户选择的美食类型展示对应的商家，而美食类型包括中餐/家常菜、西餐、婚宴等。展示商家时，PC 端多列展示，而移动端仅展示一列，具体实现步骤如下。

（1）实现美食类型筛选功能，一次只能选中一种美食类型。其代码如下：

```
<ul class="wm_list list-unstyled d-flex flex-wrap my-2 bg-white">
    <li class="active px-4 py-1 my-1 mx-3 rounded-pill">全部</li>
    <li class="px-4 py-1 my-1 mx-3 rounded-pill">中餐/家常菜</li>
    <li class="px-4 py-1 my-1 mx-3 rounded-pill">西餐</li>
   <!--此处省略其余美食类型的代码-->
</ul>
<script type="text/javascript">
    $('.wm_list li').click(function () {
       for (var i = 0; i < $('.wm_list li').length; i++) {
          $('.wm_list li').eq(i).removeClass("active")
       }
       $(this).addClass("active");
    })
</script>
```

（2）添加符合条件的商家列表。关键代码如下：

```
<div class="row my-2 dj-list">
    <div class="col-12 col-md-3">
        <dl class="row m-1 py-1 text-center bg-light">
            <dt class="col-5 col-md-12 p-0"><a href="wm_shop.html"><img src=
            "image/din_2.jpg"class="img-fluid"></a></dt>
            <dd class="col-7 col-md-12 p-0 d-flex flex-column justify-content-between">
                 <h6>川菜馆</h6>
                 <ul class="list-unstyled list-inline d-inline-block">
                     <li class="list-inline-item m-0"><img src="image/eva.png" width="15"></li>
                     <li class="list-inline-item m-0"><img src="image/eva.png" width="15"></li>
                     <li class="list-inline-item m-0"><img src="image/eva.png" width="15"></li>
```

```
                <li class="list-inline-item m-0"><img src="image/eva.png" width="15"></li>
                <li class="list-inline-item m-0"><img src="image/eva.png" width="15"></li>
                <li class="list-inline-item m-0"><span class=" d-inline-block">5分</span></li>
            </ul>
            <div class="initialism text-secondary">
                <span>起送：15</span><span>配送费：2</span><span>时间：38分钟</span>
            </div>
        </dd>
    </dl>
  </div>
  <!--其余商家的代码与上述代码类似，故省略-->
 </div>
<!--此处省略商家列表分页的代码-->
```

本页面在 PC 端的实现效果如图 14-18 所示。

图 14-18 买家首页效果

14.5.2 商品选购页面

商品选购页面展示店铺信息、店铺销售的美食以及店铺评价，其实现步骤如下：

（1）添加店铺信息。关键代码如下：

```
<div class="row align-items-stretch">
  <div class="col-md-3 col-5"><img src="image/din_2.jpg" class="img-fluid"></div>
  <div class="col d-flex flex-column justify-content-between">
    <p class="mb-0"><span class="h5">中国兰州拉面</span><span class="badge
    badge-primary">证</span></p>
    <span class="text-danger initialism">综合评分：5分</span>
    <p class="initialism mb-0"><span>接单时间: 06:00—21:00</span><span class="badge
    badge-success">营业中</span></p>
    <span class="initialism d-none d-md-block">商户地址：经济开发区东方广场</span>
    <ul class="list-unstyled d-flex justify-content-around">
      <li class="d-none d-md-inline-block"><span class="d-inline d-md-block">平均送达时间
      </span><span class="d-inline d-md-block">21分钟</span></li>
      <li class="d-none d-md-inline-block">|</li>
      <li><span class="d-inline d-md-block">起送价</span><span class="d-inline
      d-md-block">￥15</span>
      </li>
      <li>|</li>
      <li><span class="d-inline d-md-block">配送费</span><span class="d-inline
      d-md-block">￥3.5</span>
      </li>
    </ul>
  </div>
```

```
</div>
```

（2）添加店铺在售的商品，并且当用户选购商品时，右侧的购物车中会显示选购商品的总价，而“评价”选项卡中，会分别显示好评、中评以及差评内容。具体代码如下：

```
<div class="nav nav-tabs mt-3" role="tablist">
    <a href="#order" class="nav-item nav-link active show " data-toggle="tab">菜单</a>
    <a href="#pingjia" class="nav-item nav-link" data-toggle="tab">评价</a>
</div>
<div class="tab-content">
    <div class="tab-pane fade show active" id="order" role="tabpanel">
        <ul class="fixedmeau list-inline list-unstyled rounded-lg p-3 bg-light border ">
            <li class="list-inline-item"><a href="#" class="text-dark">汤面类</a></li>
            <li class="list-inline-item"><a href="#" class="text-dark">炒面类</a></li>
            <li class="list-inline-item"><a href="#" class="text-dark">炒饭类</a></li>
        </ul>
        <div class="food">
            <p>汤面类</p>
            <div class="row">
                <dl class="col-12 col-sm-4 col-md-3 d-flex flex-row flex-md-column ">
                    <dt class="col-6 col-md-auto">
                        <img src="image/sgd_4.jpg" class="img-fluid">
                    </dt>
                    <dd class="col-6 col-md-auto d-flex flex-column d-md-block justify-
                    content-between">
                      <div>牛肉面</div>
                      <div class="d-flex justify-content-between">
                          <span class="mr-auto">￥18</span>
                          <div>
                              <button class="minus mx-1" style="display:none"><span class=
                              "minus_icon">-</span></button>
                              <span class="mx-1" style="display:none">0</span>
                              <button class="add mx-1"><span class="add_icon">+</span></button>
                            </div>
                        </div>
                    </dd>
                </dl>
                <!--此处省略其余汤面类美食的代码-->
            </div>
        </div>
      <div class="shop_car card bg-light rounded-lg">
          <div class="shop_car_title card-header">
              <span>购物车</span><a href="javascript:void(0)" class="clear_shopcar float-right">清空购物
              车</a>
              <div class="clr"></div>
          </div>
          <div class="shop_car_con mx-3">
              <p>总计:￥<span id="totalpriceshow" class="h3 text-danger d-inline">0</span>元</p>
              <button class="shop_btn btn btn-secondary btn-block ">￥20元起送</button>
          </div>
          <script language="javascript" type="text/javascript">
              $(function () {
```

```
        //加的效果
        $(".add").click(function () {
          $(this).prevAll().css("display", "inline-block");
          var n = $(this).prev().text();
          var num = parseInt(n) + 1;
          if (num == 0) {
            return;
          }
          $(this).prev().text(num);
          var danjia = ($(this).parent().prev().text()).substring(1);  //获取单价
          var a = $("#totalpriceshow").html();                          //获取当前所选总价
          $("#totalpriceshow").html(a * 1 + danjia * 1);                //计算当前所选总价
          jss();
        });
        //减的效果
        $(".minus").click(function () {
          var n = $(this).next().text();
          var num = parseInt(n) - 1;
          $(this).next().text(num);                                     //减1
          var danjia = ($(this).parent().prev().text()).substring(1);  //获取单价
          if (num < 0) {
            $(this).next().css("display", "none");
            $(this).css("display", "none");
            jss();                                                      //改变按钮样式
            return;
          }
         var a = $("#totalpriceshow").html();                           //获取当前所选总价
         $("#totalpriceshow").html(a * 1 - danjia * 1);                 //计算当前所选总价
         if ($("#totalpriceshow").html() <= 0) {
           $(this).next().css("display", "none");
           $(this).css("display", "none");
           $("#totalpriceshow").html(0);
           jss();                                                       //改变按钮样式
           return;
         }
         jss();
    });
  })
  $(".shop_btn").click(function () {
    //window.location.href="wm_plaorder.html";
    var menu = $(".menu_li").children();                                //获取所有菜品
    if (menu.length > 0) {
      $.each(menu, function (i, ele) {
        $(ele).find(".num").html();
        alert($(ele).find(".num").html());
      });
    }

})
function jss() {
   var m = $("#totalpriceshow").html();
```

```
            if (m >= 20) {
                $(".shop_btn").removeClass("btn-secondary");
                $(".shop_btn").addClass("btn-danger");
                $(".shop_btn").text("立即下单");
            } else {
                $(".shop_btn").removeClass("btn-danger");
                $(".shop_btn").addClass("btn-secondary");
                $(".shop_btn").addClass("满20起送");
            }
        };
        $(".clear_shopcar").click(function () {
            $(".bill_btn .minus").css("display", "none");
            $(".bill_btn i").text(0);
            $(".bill_btn i").css("display", "none");
            $(".shop_btn").css("display", "none");
            $(".shop_btn1").css("display", "inline-block");
            $("#totalpriceshow").html(0);
        });
        $(".shop_btn").click(function () {
            var m = $("#totalpriceshow").html();
            if (m >= 20) {
                window.location.href = "wm_plaorder.html";
            }
        })
    </script>
            </div>
        </div>
        <div class="tab-pane" id="pingjia" role="tabpanel">
            <div class="Praise_degree row align-items-center my-3 bg-light">
                <p class="col-4 text-center"><span class="d-block">好评度</span><span
                        class="d-block h3 text-danger">95%</span></p>
                <ul class="col-8 list-inline">
                    <li class="list-inline-item m-1 px-3 py-1 border border-dark">好吃</li>
                    <li class="list-inline-item m-1 px-3 py-1 border border-dark">好吃</li>
                    <li class="list-inline-item m-1 px-3 py-1 border border-dark">好吃</li>
                    <li class="list-inline-item m-1 px-3 py-1 border border-dark">好吃</li>
                    <li class="list-inline-item m-1 px-3 py-1 border border-dark">好吃</li>
                    <li class="list-inline-item m-1 px-3 py-1 border border-dark">好吃</li>
                    <li class="list-inline-item m-1 px-3 py-1 border border-dark">好吃</li>
                    <li class="list-inline-item m-1 px-3 py-1 border border-dark">好吃</li>
                </ul>
            </div>
            <ul class="eval_nav d-flex justify-content-center nav-tabs" role="tablist" style="background:
            #ece9e9;">
                <a href="#good" class="nav-item nav-link mx-3 py-2 active" data-toggle="tab">好评</a>
                <a href="#normal" class="nav-item nav-link mx-3 py-2" data-toggle="tab">中评</a>
                <a href="#bad" class="nav-item nav-link mx-3 py-2" data-toggle="tab">差评</a>
            </ul>
            <div class="tab-content" role="tabpanel">
                <div class="tab-pane fade show active" id="good">
                    <ul class="list-unstyled">
```

```
                <li class="row align-items-center border-top border-bottom my-2 py-2
                border-dark">
                    <div class="col-3">
                        <span class="d-block">我是用户名</span>
                        <img src="image/cf.jpg" class="img-fluid">
                    </div>
                    <div class="col">
                        <div class="row align-items-center">
                            <div class="col-12 col-md-4 text-center">
                                <span class=" h4 d-inline-block d-md-block mx-md-1">兰州炒饭</span>
                                <span class="d-inline-block d-md-block mx-md-1">2019.1.6</span>
                            </div>
                            <div class="col-12 col-md-8">
                                <p>很好吃很好吃很好吃很好吃很好吃很好吃很好吃很好吃很好吃很好吃很
                                好吃很好吃很好吃很好吃很好吃很好吃很好吃很好吃很好吃很好吃很好吃很
                                好吃很好吃很好吃很好吃很好吃很好吃很好吃很好吃。</p>
                                <div class="d-flex justify-content-start">
                                    <div class="mx-2"><img src="image/a1.png" class=
                                    "img-fluid"></div>
                                    <div class="mx-2"><img src="image/a2.png" class=
                                    "img-fluid"></div>
                                    <div class="mx-2"><img src="image/a3.png" class=
                                    "img-fluid"></div>
                                    <div class="mx-2"><img src="image/a4.png" class=
                                    "img-fluid"></div>
                                    <div class="mx-2"><img src="image/a5.png" class=
                                    "img-fluid"></div>
                                </div>
                            </div>
                        </div>
                    </div>
                </li>
            </ul>
        </div>
    </div>
</div>
</div>
```

具体实现的商品选购页面效果如图 14-19 所示，而评价页面如图 14-20 所示。

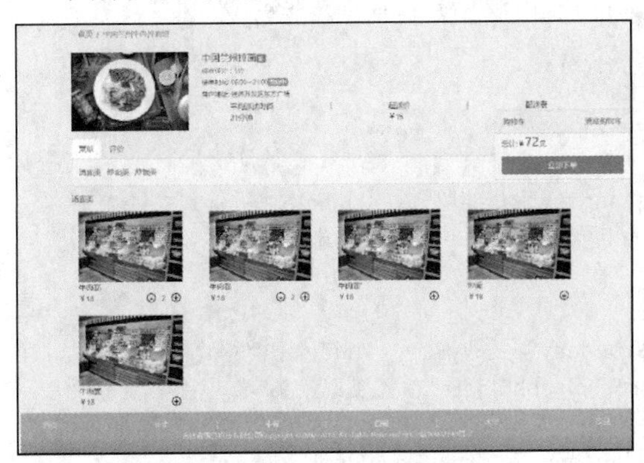

图 14-19　商品选购页面

图 14-20　店铺评价页面

14.5.3 商品支付页面

商品支付页面包括 3 部分，第 1 部分为订单中的菜品，第 2 部分为订单信息，第 3 部分为添加收货地址。具体实现步骤如下。

（1）添加订单中的菜品。具体代码如下：

```
<div class="col-md-6 col-12">
    <div class="text-center"><img src="image/sure_list_bg.png" class="img-fluid"></div>
    <ul style="background:rgb(154,229,250)" class="list-unstyled p-4">
        <li class="d-flex justify-content-between m-2 p-3"><span>菜品</span><span>价格/份数
        </span></li>
        <li class="d-flex justify-content-between m-3 p-3" style="border:1px dashed #333;"><span>
        牛肉面</span><span>￥18*2</span></li>
        <li class="d-flex justify-content-between m-3 p-3" style="border:1px dashed #333;"><span>
        炒饭</span><span>￥12*2</span>
        </li>
        <li class="d-flex justify-content-between m-3 p-3" style="border:1px dashed #333;"><span>
        炒面</span><span>￥15</span>
        </li>
        <li class="d-flex justify-content-between m-2 p-3"><span>合计</span><span>￥75</span>
        </li>
    </ul>
</div>
```

（2）添加送餐详情。送餐详情包括送餐地址、留言、发票信息等，具体代码如下：

```
<div class="sure_xx  col-md-6 col-12">
    <div class="d-flex justify-content-between">
        <p>送餐详情</p>
        <p onclick="address1()">新增收货地址</p>
    </div>
    <form action="wm_pay.html">
        <div class="row p-2">
            <select class="form-control custom-select custom-select-lg bg-transparent
            text-warning" style="border:1px #eb8b02 dashed;">
            <option selected value="address1">吉林省二道区东方广场中意之尊4栋**室 李先生
            137****5888</option>
            <option value="address2">吉林省长春市南关区解放大路**号</option>
            <option value="address3">吉林省长春市绿原区解放大路**号</option>
            <option value="address4">吉林省二道区东方广场中意之尊4栋**室 李先生
            137****5888</option>
            </select>
        </div>
        <div class="row my-3">
            <label class="col-auto col-sm-3 text-secondary">我要留言：</label>
            <input type="text" class="col form-control" placeholder="少辣 加米饭">
        </div>
        <div class="row my-3">
            <label class="col-auto col-sm-3 text-secondary">发票信息：</label>
            <input type="text" class="col form-control" placeholder="输入发票抬头">
        </div>
        <div class="row my-3 pb-5" style="border-bottom: 2px #666 dashed;">
            <label class="col-auto col-sm-3 text-secondary"></label>
```

```
            <input type="text" class="col form-control" placeholder="输入纳税人识别号">
        </div>
        <div class="d-flex my-5 justify-content-between">
            <div>您需要支付：<span class="h3 text-danger">￥75</span></div>
            <button class="go_pay btn btn-danger">去付款</button>
            <div></div>
        </div>
    </form>
</div>
```

（3）制作添加收货地址页面。该页面是单击“新增收货地址”链接后弹出的对话框，具体代码如下：

```
<script type="text/javascript">
          function address1() {
              var dialog=bootbox.dialog({
                  title: "新增收货地址",
                  message: "<div></div>",
                  size:"large",
                  centerVertical:true,
                  buttons: {
                      cancel: {
                          label: "取消",
                          className: "btn-danger"
                      },
                     ok: {
                        label: "保存",
                        className: "btn-primary",
                        callback: function () {

                        }
                     }
                  }
              })
              dialog.init(function () {
                  var formstart="<form class='form'>"
                  var html1="<div class='row align-items-center my-2'><div class='col-suto col-md-3'>
                  收货人</div><div class='col'><input type='text' class='form-control'> </div></div>"
                  var html2="<div class='row align-items-center my-2'><div class='col-suto col-md-3'>
                  所在地区</div><div class='col'><input type='text' class='form-control'> </div></div>"
                  var html3="<div class='row align-items-center my-2'><div class='col-suto col-md-3'>
                  详细地址</div><div class='col'><input type='text' class='form-control'> </div></div>"
                  var html4="<div class='row align-items-center my-2'><div class='col-suto col-md-3'>
                  手机号码</div><div class='col'><input type='text' class='form-control'> </div></div>"
                  var html5="<div class='custom-control custom-checkbox'><input
                  type='checkbox' class='custom-control-input' id='setAutoAddr'> <label class=
                  'custom-control-label' for='setAutoAddr'>设为默认地址</label></div>"
                  var formend="</form>"
                      dialog.find('.bootbox-body').html(formstart+html1+html2+html3+html4+html5+
                      formend)
              })
          }
      </script>
```

其实现效果如图 14-21 所示。单击“新增收货地址”链接后，会弹出添加地址的对话框，如图 14-22 所示。

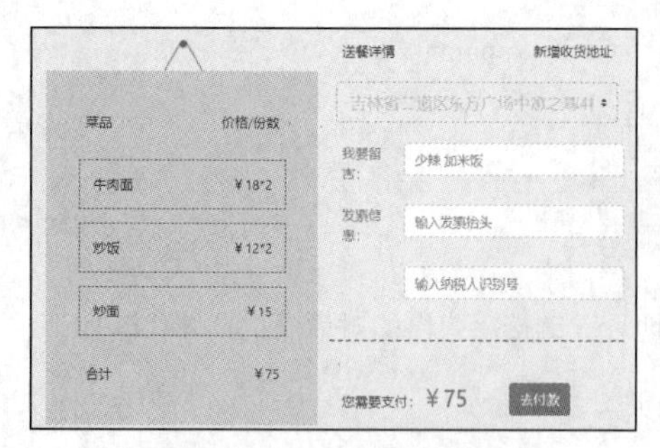

图 14-21　商品支付页面

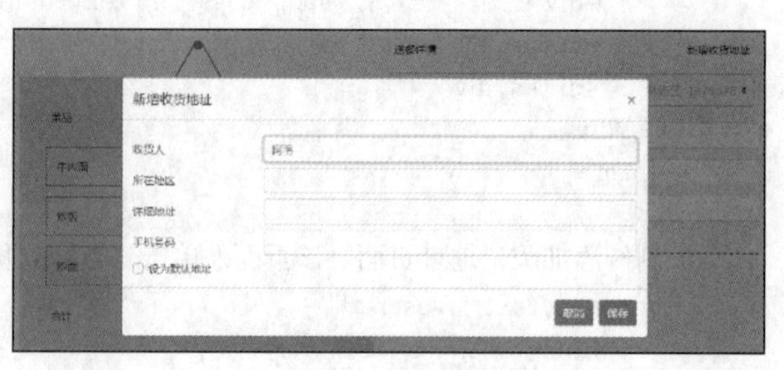

图 14-22　新增收货地址

14.5.4　支付方式选择页面

支付方式选择页面提供两种支付方式，即微信支付和支付宝支付，二者选其一即可。其实现过程如下。

（1）制作支付方式选择页面。具体代码如下：

```
<div class="pay_warn d-flex justify-content-center py-4">
    <div><img src="image/warn.png" width="40"></div>
   <div class=" align-self-end"><span class="h6">请在</span>
       <span class=" h4 text-danger">14:26</span>
       <span class="h6">内完成支付，超时订单会自动取消</span>
    </div>
</div>
<div class="row align-items-center bg-light">
    <div class="col-12 col-md-auto mx-md-2">项目:中国兰州牛肉拉面</div>
    <div class="col-12 col-md-auto mx-md-2 mr-md-auto">订单号:5878820865124</div>
    <div class="col-12 col-md-auto"><h6 class="d-inline-block">应付金额:</h6><h4 class="text-
    danger d-inline-block">¥37.80</h4></div>
</div>
<div class="pay_con">
    <form class="row my-3 align-items-center" id="payWay">
        <div class="custom-control custom-radio col-auto p-2 mx-3">
            <input type="radio" class="custom-control-input" name="pay" id="wx_pay" checked>
            <label class="custom-control-label px-4 py-3" for="wx_pay" style="border:1px solid
            #ffd200">
                <img src="image/wx_icon.png" class="img-fluid">
                <span class="">微信支付</span>
            </label>
        </div>
        <div class="custom-control custom-radio col-auto p-2 mx-3">
            <input type="radio" class="custom-control-input" name="pay" id="zfb_pay">
            <label class="custom-control-label px-4 py-3" for="zfb_pay" style="border:1px solid
            #000">
                <img src="image/zfb.png" class="img-fluid" width="30">
                <span class="">支付宝支付</span>
            </label>
        </div>
```

```
        </form>
        <div class="pay_state w-100 text-right">
            <p class="h6">支付
            <h3 class="text-danger">¥ 37.80</h3></p>
        </div>
        <div class="pay_a d-flex flex-row-reverse justify-content-sm-start align-content-center">
            <a href="wm_ordertrack.html" class="btn btn-primary mx-3">去付款</a>
            <a href="wm_plaorder.html" class=" mx-3">返回修改订单</a>
            <a href="wm_shop.html" class=" mx-3">取消订单</a>
        </div>
    </div>
```

（2）添加 JavaScript 代码，实现在选择支付方式后，对应的支付方式的文字颜色和边框颜色发生改变。具体代码如下：

```
<script type="text/javascript">
        $("#payWay").change(function(){
            var id1 = $('input:radio[name="pay"]:checked').attr("id");
            console.log(id1)
        if (id1 == "wx_pay") {
            $("#wx_pay").next().css({"border-color": "#ffd200", "color": "#ffd200"})
            $("#zfb_pay").next().css({"border-color": "#000", "color": "#000"})
        }
        else {
            $("#zfb_pay").next().css({"border-color": "#ffd200", "color": "#ffd200"})
            $("#wx_pay").next().css({"border-color": "#000", "color": "#000"})
        }
        })
    </script>
```

具体实现的效果如图 14-23 所示。

图 14-23　支付方式选择页面

14.5.5　订单追踪页面

订单追踪页面主要显示订单状态，分为两部分，第一部分为订单的状态，第二部分则是刷新订单、催单等按钮。具体实现过程如下。

（1）订单状态包括 5 部分，分别是商家已接单、骑手正赶往商家取货、骑手拿到货、骑手正在送往目的地和已送达。关键代码如下：

```
<div class="col-9">
    <h4 class="text-primary">预计送达时间:17:15</h4>
    <ul class="list-unstyled">
        <li class="row">
            <div class="col-auto text-center posit_icon">
```

```
            <h3 class="text-white mb-0 p-1">1</h3>
            <div></div>
        </div>
        <div class="col-auto">
            <h4>商家已接单</h4>
            <p style="background: #dacece">商家已接单</p>
        </div>
        <div class="col" style="height: 2px;background: #0b2e13;margin-top: 10px"></div>
        <div class="col-auto mx-1">16:35</div>
    </li>
    <!--此处省略其他订单状态信息的代码-->
  </ul>
</div>
```

（2）添加刷新订单等按钮。具体代码如下：

```
<div class="col-3">
    <button type="button" class="btn btn-primary btn-block my-2" onclick="history.go(0)">刷新订单
    </button>
    <button type="button" class="btn btn-danger btn-block my-2">催单</button>
    <a type="button" href="wm_buyseccess.html" class="btn btn-success btn-block my-2">确认收货
    </a>
    <button type="button" class="btn btn-secondary btn-block my-2">取消订单</button>
</div>
```

订单追踪页面的效果如图 14-24 所示。

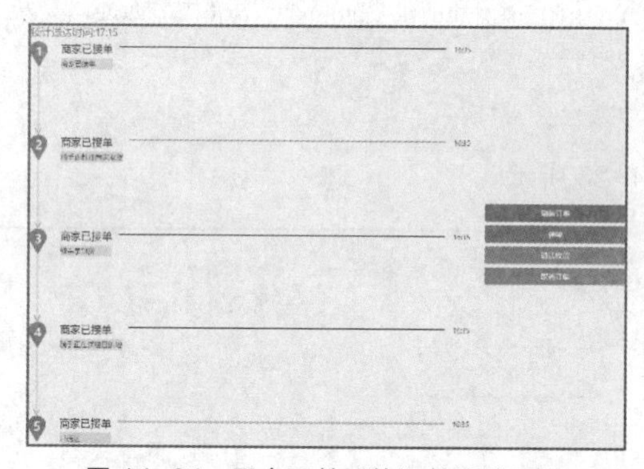

图 14-24 用户下单后的订单追踪页面

14.5.6 买家评价页面

买家评价页面包括两部分，第一部分显示订单信息和状态，第二部分则是评价页面，具体实现过程如下：

（1）显示订单信息。订单信息包括购买的商品及物流状态，关键代码如下：

```
<div class="table-success p-1">
    <table class="table-success text-center container">
        <tr class="p-2 m-1">
            <td colspan="2" class="text-left"><div class="p-2 m-1">订单明细</div></td>
            <td colspan="2" class="text-right">
                <div class="p-2 m-1">本次订单送达时间:50分钟</div>
            </td>
        </tr>
```

```
        <tr class="p-2 m-1">
            <td style="border:1px dashed #000;border-bottom: 0;border-top: 0">
                <div class="p-2 pt-4" style="border-top:1px dashed #000"><span class="float-left">牛肉
                面</span><span class="float-right">￥18*2</span></div>
             </td>
             <td class="">
                 <div class="p-2 m-1"><span class="float-left">餐盒费</span><span class=
                 "float-right">￥1.5*8</span>
                 </div>
             </td>
             <td>
                 <div class="p-2 m-1">商家已接单</div>
             </td>
             <td>
                 <div class="p-2 m-1">2018年10月15日  16:35</div>
             </td>
        </tr>
<!--此处省略订单其他信息的代码-->
    </table>
</div>
```

（2）制作用户评价页面。评价页面包括关键词选择、输入评价、星级评价和图片上传，代码如下：

```
<div class="row">
    <div class="col-12 col-md-6">
        <h4 class="text-center text-danger">送餐评价</h4>
        <div class="d-flex flex-wrap" id="pj">
            <div class="h6 px-2 py-1 m-2 border border-secondary">礼貌热情</div>
            <div class="h6 px-2 py-1 m-2 border border-secondary">快速准时</div>
            <div class="h6 px-2 py-1 m-2 border border-secondary">仪表整洁</div>
            <div class="h6 px-2 py-1 m-2 border border-secondary">风雨无阻</div>
            <div class="h6 px-2 py-1 m-2 border border-secondary">包装完好</div>
            <div class="h6 px-2 py-1 m-2 border border-secondary">送餐及时</div>
        </div>
        <form>
            <textarea placeholder="亲，菜品口味如何，服务是否周到？" class="inp_count form-control"
            maxlength="400"></textarea>
            <span class="wordsNum float-right">0/150</span>
        </form>
        <script type="text/javascript">
            $("#pj div").click(function () {
              $(this).toggleClass("border-danger border-secondary colorRed")
            })
        </script>
        <!--监听数字个数-->
        <script language="javascript" type="text/javascript">
            var checkStrLengths = function (str, maxLength) {
                var maxLength = maxLength;
                var result = 0;
                if (str && str.length > maxLength) {
                  result = maxLength;
                } else {
                  result = str.length;
```

```
            }
            return result;
        }
        $(".inp_count").on('input propertychange', function () {
         //获取输入内容
         var userDesc = $(this).val();
         //判断字数
         var len;
         if (userDesc) {
            len = checkStrLengths(userDesc, 350);
         } else {
             len = 0;
         }
         //显示字数
         $(".wordsNum").html(len + '/350');
        });
    </script>
</div>
<div class="col-12 col-md-6">
    <h4 class="text-center text-danger">送餐评价</h4>
    <div>
        <ul class="list-inline list-unstyled start" id="start1">
            <span class="d-inline-block">口味：</span>
            <li class="list-inline-item"><img src="image/pic_heart01.png"></li>
            <li class="list-inline-item"><img src="image/pic_heart01.png"></li>
            <li class="list-inline-item"><img src="image/pic_heart01.png"></li>
            <li class="list-inline-item"><img src="image/pic_heart01.png"></li>
            <li class="list-inline-item"><img src="image/pic_heart01.png"></li>
        </ul>
        <ul class="list-inline list-unstyled start">
            <span class="d-inline-block">包装：</span>
            <li class="list-inline-item"><img src="image/pic_heart01.png"></li>
            <li class="list-inline-item"><img src="image/pic_heart01.png"></li>
            <li class="list-inline-item"><img src="image/pic_heart01.png"></li>
            <li class="list-inline-item"><img src="image/pic_heart01.png"></li>
            <li class="list-inline-item"><img src="image/pic_heart01.png"></li>
        </ul>
        <script type="text/javascript">
            $(".start .list-inline-item img").click(function () {
                if ($(this).attr("src") == "image/pic_heart01.png") {
                  $(this).parent("li").prevAll("li").children("img").attr("src", "image/pic_heart02.png")
                  $(this).attr("src", "image/pic_heart02.png")
                } else {
                  $(this).parent("li").nextAll("li").children("img").attr("src", "image/pic_heart01.png")
                  $(this).attr("src", "image/pic_heart01.png")
                }
            })
       </script>
                <div class="shai_pic">
                    <ul class="upload-ul list-unstyled">
                        <li class="upload-pick ">
```

```
                    <div class="webuploader-container clearfix" id="goodsUpload"></div>
                  </li>
                </ul>
                <script>
                  $(function () {
                    //上传图片
                    var $tgaUpload = $('#goodsUpload').diyUpload({
                      url: '/uploadFilePath',
                      success: function (data) {},
                      error: function (err) {},
                      buttonText: '',
                      accept: {
                        title: "Images",
                        extensions: 'gif,jpg,jpeg,bmp,png'
                      },
                      thumb: {
                        width: 120,
                        height: 90,
                        quality: 100,
                        allowMagnify: true,
                        crop: true,
                        type: "image/jpeg"
                      }
                    });
                  });
                </script>
              </div>
            </div>
      </div>
  </div>
  <div class="text-center">
      <a href="sj_mess.html" class=" btn btn-primary">提交评价</a>
  </div>
```

其具体效果如图 14-25 所示。

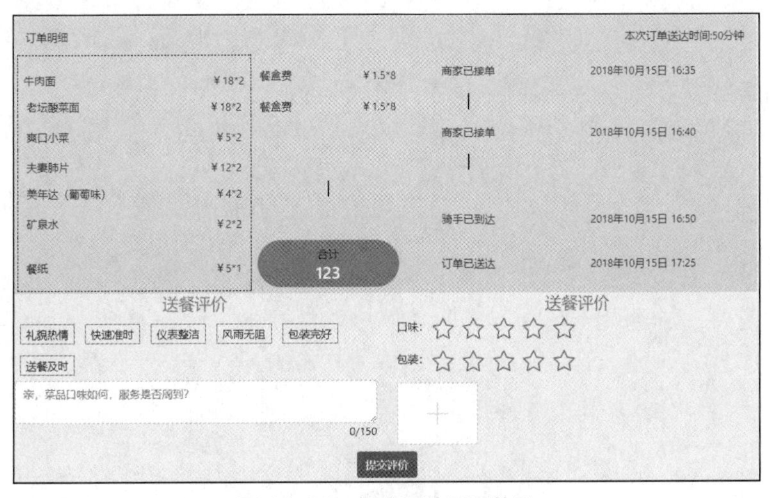

图 14-25　买家评价页面效果

14.6 本章小结

本章主要介绍了使用 Bootstrap 实现吃了么外卖网项目的具体流程。该项目中包括商家部分和买家部分，商家部分包括商家首页、订单管理页面、菜品管理页面和留言板管理页面 4 个模块，而买家部分包括买家首页、商品选购页面、订单页面、支付方式选择页面、订单追踪页面、买家评价页面等内容。通过本项目，用户能够更加熟悉项目的开发流程及 Bootstrap 的使用。